OCDE-FAO Perspectivas Agrícolas 2015-2024

El presente trabajo se publica bajo la responsabilidad del Secretario General de la OCDE. Las opiniones expresadas y los argumentos utilizados en el mismo no reflejan necesariamente el punto de vista oficial de los países miembros de la OCDE o de la FAO.

Tanto este documento como cualquier mapa que se incluya en él se entenderán sin perjuicio respecto al estatus o la soberanía de cualquier territorio, a la delimitación de fronteras y límites internacionales, ni al nombre de cualquier territorio, ciudad o área.

Las denominaciones empleadas en este producto informativo y la forma en que aparecen presentados los datos que contiene no implican, por parte de la Organización de las Naciones Unidas para la Alimentación y la Agricultura (FAO), juicio alguno sobre la condición jurídica o nivel de desarrollo de países, territorios, ciudades o zonas, o de sus autoridades, ni respecto de la delimitación de sus fronteras o límites.

Los nombres de países y territorios que aparecen en esta publicación, siguen la nomenclatura de la FAO.

Por favor, cite esta publicación de la siguiente manera:
OECD/FAO (2015), *OCDE-FAO Perspectivas Agrícolas 2015*, OECD Publishing, París.
DOI: *http://dx.doi.org/10.1787/agr_outlook-2015-es*

OCDE:
ISBN 978-92-64-23211-2 (edición impresa)
ISBN 978-92-64-23212-9 (PDF)

FAO:
ISBN 978-92-5-308808-9 (edición impresa)
ISBN 978-92-5-308814-0 (PDF)

Los datos estadísticos para Israel son proporcionados por y bajo la responsabilidad de las autoridades israelíes competentes. El uso de estos datos por la OCDE es sin perjuicio del estatus de los Altos del Golán, de Jerusalén Este y de los asentamientos israelíes en Cisjordania bajo los términos del derecho internacional.

La posición de las Naciones Unidas sobre la cuestión de Jerusalén se expone en la Resolución 181(II) de la Asamblea General, del 29 de noviembre de 1947, y en resoluciones posteriores de la Asamblea General y del Consejo de Seguridad relativas a esta cuestión.

Créditos de fotografías de portada: © ASO FUJITA/amanaimagesRF/Thinkstock; © agustavop/Thinkstock; © Magone/Thinkstock; © m-kojot/Thinkstock; © luknaja/Thinkstock; © wiratgasem/Thinkstock; © tomasworks/Thinkstock.

Publicado originalmente en 2015 por la Organización para la Cooperación y el Desarrollo Económicos (OCDE) y la Organización de las Naciones Unidas para la Alimentación y la Agricultura (FAO) en inglés con el título: *OECD-FAO Agricultural Outlook 2015* © OCDE/FAO 2015.

La presente traducción al español estuvo a cargo de la Universidad Autónoma Chapingo (UACh). La traducción de los cuadros del Anexo fue preparada por la OCDE. La calidad de la traducción y su correspondencia con la lengua original de la obra son responsabilidad única de los autores de dicha traducción. En caso de discrepancias entre esta traducción al español y la versión original en inglés, solo la versión original se considerará válida.

Coordinación de la edición 2015 en español por la UACh: M.C. Ramón Gómez Castillo y Erandy López Méndez
Revisión técnica por la UACh: Dr. Abel Pérez Zamorano y Dr. Adrián González Estrada
Traducción: Noé Carrillo Márquez y Patricia Domínguez Meneses
Edición: Ing. Laura Milena Valencia
Formación y diagramación: L.D.G. Carlos de la Cruz Ramírez

Las erratas de las publicaciones de la OCDE se encuentran en línea en *www.oecd.org/aboout/publishing/corrigenda.htm.*

Prefacio

El informe Perspectivas Agrícolas 2015-2024 *es un esfuerzo conjunto de la Organización para la Cooperación y el Desarrollo Económicos (OCDE) y la Organización de las Naciones Unidas para la Alimentación y la Agricultura (FAO). Esta obra reúne tanto el conocimiento y experiencia que ambas organizaciones tienen en cuanto a productos básicos, políticas y países, como la aportación de los países colaboradores, para así proveer una evaluación anual de las perspectivas para la próxima década de los mercados nacionales, regionales y mundiales de los productos básicos agrícolas. El capítulo especial sobre Brasil se preparó en colaboración con analistas asociados con el Ministério da Agricultura, Pecuária e Abastecimento (MAPA) y la Empresa Brasileira de Pesquisa Agropecuária (Embrapa). Sin embargo, la OCDE y la FAO son responsables por la información y proyecciones contenidas en este documento, y las opiniones expresadas no reflejan necesariamente las de las instituciones brasileñas.*

La proyección base no es un pronóstico del futuro, sino un escenario plausible con base en supuestos específicos acerca de las condiciones macroeconómicas, el ambiente de políticas agrícolas y comerciales, las condiciones climáticas, las tendencias de productividad de largo plazo y los avances en el mercado internacional. Las proyecciones sobre la producción, el consumo, los inventarios, el comercio y los precios de los distintos productos agrícolas aquí analizados y descritos se refieren al periodo de 2015 a 2024. La evolución de los mercados durante dicho periodo suele describirse con las tasas anuales de crecimiento o cambios porcentuales en el último año, 2024, en relación con el periodo de referencia de tres años de 2012 a 2014.

Las proyecciones individuales de los productos básicos están sujetas al examen crítico por parte de los expertos de instituciones nacionales, otros países colaboradores y organizaciones internacionales de productos básicos, antes de su finalización y publicación en este informe. Los riesgos e incertidumbres en las proyecciones base se examinaron mediante una gama de otros escenarios posibles y análisis estocásticos, los cuales dejan ver que los resultados del mercado pueden diferir de las proyecciones base deterministas.

Las Perspectivas Agrícolas *completas, incluyendo los capítulos detallados de los productos básicos, todo el anexo estadístico y la ampliamente documentada base de datos, incluyendo la información histórica y las proyecciones, están disponibles en la página web conjunta de la OCDE y la FAO:* www.agri-outlook.org. *El reporte publicado* Perspectivas Agrícolas 2015 *provee: una panorámica de la agricultura mundial y sus proyecciones; un análisis profundo del panorama de la agricultura brasileña y la consideración de algunos de los retos que el sector enfrenta; y un resumen de dos páginas de cada producto básico junto con tablas estadísticas asociadas. Los capítulos acerca de productos básicos más detallados se encuentran en la versión de la biblioteca digital de la OCDE.*

Presentación de la edición 2015 en español

El informe sobre las *Perspectivas Agrícolas 2015-2024*, preparado por la Organización para la Cooperación y el Desarrollo Económicos y la Organización de las Naciones Unidad para la Alimentación y la Agricultura, constituye uno de los referentes de información más completos sobre la situación productiva y comercial del sector agropecuario a nivel mundial.

El informe destaca la tendencia hacia una mayor concentración de las exportaciones en pocos países y la dispersión de las importaciones en muchas naciones, lo que significa un riesgo más agudo de dependencia para los países importadores.

Por otra parte, la demanda interna se visualiza como un factor clave para absorber el incremento de la oferta de alimentos, particularmente para los países en desarrollo, lo cual nos motiva a redoblar nuestros esfuerzos en la producción dirigida a los mercados locales, y a mejorar el funcionamiento de los mismos.

Destaca también que, para los países latinoamericanos, el crecimiento de la frontera agrícola sigue siendo uno de los motores principales para el incremento de la producción, lo cual alerta sobre el creciente impacto en los recursos naturales si no se avanza significativamente en formas de producción armoniosas con el medio ambiente.

Se dedica atención especial a Brasil, cuya economía emerge con vigor y se ubica dentro de las diez más grandes y la segunda proveedora de alimentos del planeta. Al mismo tiempo, el desarrollo agrícola se revela como un eje fundamental en el avance logrado por este país sudamericano en la eliminación del hambre y la pobreza. Para las naciones como México, el análisis del caso brasileño puede arrojar importantes lecciones en la propia lucha contra esos fenómenos que flagelan nuestras sociedades.

Esta edición para América Latina, a cargo de la Universidad Autónoma Chapingo, permite que un amplio público de habla hispana, académicos, empresarios, organizaciones de pequeños productores, sociedad civil y gobiernos, tenga acceso a los datos y proyecciones que diferentes especialistas recabaron y procesaron para el informe.

Ponemos a vuestra disposición la presente edición 2015, con el deseo sincero de que la información valiosa aquí contenida sea útil para un mejor conocimiento de la realidad agrícola del mundo. Creemos que ella contribuye a la construcción de políticas agrarias que fortalezcan la seguridad alimentaria en beneficio de las sociedades del planeta, particularmente las de nuestras naciones latinoamericanas.

José Sergio Barrales Domínguez

Rector

Universidad Autónoma Chapingo

Agradecimientos

Perspectivas Agrícolas es un trabajo conjunto de los Secretariados de la OCDE y de la FAO.

En la OCDE, las proyecciones base y el informe de Las *Perspectivas* estuvieron a cargo de miembros de la División de Comercio y Mercados de Agroalimentos de la Dirección de Comercio y Agricultura: Marcel Adenauer, Jonathan Brooks (jefe de la División), Annelies Deuss, Armelle Elasri (coordinador de publicaciones), Hubertus Gay, Céline Giner, Gaëlle Gouarin, Pete Liapis, Claude Nenert, Koki Okawa, Graham Pilgrim y Grégoire Tallard (coordinador de Perspectivas). El Secretariado de la OCDE agradece las contribuciones provistas por los expertos consultores Makgoka Lekganyane (Departamento Sudafricano de Agricultura, Bosques y Pescadería), Stephen MacDonald (Departamento de Agricultura de Estados Unidos de América), Juanita Rafajlovic (Agricultura y Agro-aliementos de Canadá) y Yumei Zhang (Academia Agrícola de Ciencias de la Agricología). La organización de reuniones y la preparación de documentos estuvieron a cargo de Martina Abderrahmane, Marina Giacalone-Belkadi, Aurelia Nicault y Özge Taneli-Ziemann. Eric Espinasse y Frano Ilicic proporcionaron asistencia técnica en la preparación de las bases de datos. Muchos otros colegas del Secretariado de la OCDE y las delegaciones de los países miembros aportaron comentarios de utilidad sobre los primeros borradores del informe.

En la FAO, el equipo de economistas y funcionarios de productos de la División de Comercio y Mercados que contribuyó a esta edición estuvo formado por Abdolreza Abbassian, ElMamoun Amrouk, Pedro Arias, Boubaker BenBelhassen (funcionario principal EST), Concepción Calpe, Emily Carroll, Kaison Chang, Merritt Cluff, Maria Adelaide D'Arcangelo, Michael Griffin, Yasmine Iqbal, Ekaterina Krivonos, Pascal Liu, Holger Matthey (Team Leader), Natalia Merkusheva, Jamie Morrison, Shirley Mustafa, Masato Nakane, Adam Prakash, Shangnan Shui, Timothy Sulser y Peter Thoenes. Agradecemos la experta visita de Shesadri Banerjee del Consejo Nacional de la Investigación Económica Aplicada en la India. Marion Delport y Tracy Davids del Buró de Políticas Alimentarias y Agrícolas en la Universidad de Pretoria conformaron el equipo de consultores. Se contó con la colaboración de Stefania Vannuccini, del Departamento de Pesca y Acuacultura, con soporte técnico de Pierre Charlebois. Marco Colangeli, Olivier Dubois y Michela Morese con su consejo en los recursos naturales y asuntos de biodiesel. La asistencia en investigación y la preparación de bases de datos fueron provistas por Claudio Cerquiglini, Julie Claro, Emanuele Marocco, Marco Milo, Mauro Pace y Pedro Sousa. Muchos otros colegas de la FAO y de instituciones de los países miembros mejoraron la calidad de este informe con sus valiosas aportaciones y comentarios. James Edge, Michelle Kendrick, Yongdong Fu y Juan-Luis Salazar proporcionaron asistencia invaluable con asuntos relacionados con la publicación y comunicación.

El Capítulo 2 de las *Perspectivas*, "La Agricultura de Brasil: Perspectivas y desafíos", es producto de la colaboración entre colegas de Brasil, Paola Fortucci y los Secretariados de la OCDE y de la FAO.

Alan Jorge Bojanic y Gustavo Chianca de la Representación Permanente en Brasil colaboraron con información y sus colegas Katia Lucia dos Santos Medeiros y Helena

Carrascosa proveyeron guía invaluable y comentarios en el primer borrador. Julio Cesar Worman (FAO TCRS) y Juliana Rossetto (FAO Brazil) proveyeron material de sur a sur. Andrea Polo Galante (FAO ESN) colaboró con más infromación acerca de la seguridad alimentaria y el desarrollo en nutrición de Brasil. Este capítulo se enriqueció también de una amplia colaboración por parte de varios expertos brasileños: Antônio Salazar Pessôa Brandão (Universidad de Rio de Janeiro), Jose Gasques, Antonio Luiz Machado de Moraes, Carlos Augusto Mattos Santana, Benedito Rosa (Ministério da Agricultura, Pecuária e Abastecimento), Geraldo Martha, Geraldo Souza (Empresa Brasileira de Pesquisa Agropecuária), Marcelo Castello Branco Cavalcanti, Andre Luiz Ferreira dos Santos, Euler João Geraldo da Silva, Ricardo Nascimento e Silva do Valle, Pedro Nino de Carvalho, Angela Oliveira da Costa (Empresa de Pesquisa Energética), Antonio Carlos Kfouri Aidar, Cesar Cunha Campos, Felippe Cauê Serigatti, Fernando Naves Blumenschein, Inez Lopes, Mauro de Rezende Lopes y Felipe Serigati (Fundação Getulio Vargas).

Nuestro más sincero agradecimiento a los comentarios recibidos por parte de la Comisión Europea, Sergio René Araujo-Enciso de la Unidad Agrilife del Centro Conjunto de Investigación (JRC-IPTS de Sevilla) y Koen Dillen del DG de Agricultura y Desarrollo Rural.

Por último, se agradece la valiosa información y la retroalimentación brindadas por el Comité Consultivo Internacional del Algodón, el Consejo Internacional de Cereales y la Organización Internacional del Azúcar.

Índice

Cuadros

Figuras

Siga las publicaciones de la OCDE en:

 http://twitter.com/OECD_Pubs

 http://www.facebook.com/OECDPublications

 http://www.linkedin.com/groups/OECD-Publications-4645871

 http://www.youtube.com/oecdilibrary

 http://www.oecd.org/oecddirect/

Este libro contiene...

¡Un servicio que transfiere ficheros Excel® utilizados en los cuadros y gráficos!

Busque el logotipo *StatLinks* en la parte inferior de los cuadros y gráficos de esta publicación. Para descargar la correspondiente hoja de cálculo Excel®, solo tiene que introducir el enlace en la barra de direcciones de su navegador incluyendo primero el prefijo *http://dx.doi.org* o bien haga clic en el enlace de la versión electrónica.

Siga a la FAO en:

 www.twitter.com/FAOstatistics
www.twitter.com/FAOnews

www.facebook.com/UNFAO

 www.linkedin.com/company/fao
#AgOutlook

 www.youtube.com/user/FAOVideo

Lista de abreviaturas, acrónimos y siglas

ACP	Países Africanos, Caribeños y del Pacífico
ANP	Agencia Nacional de Petróleo, Gas Natural y Biocombustibles (Brasil)
ARC	Cobertura de Riesgo Agrícola (Instrumento de Ley Agrícola de EUA)
ARC	Cobertura de Riesgo Agrícola
ARC-CO	Cobertura de Riesgo Agrícola basado en un motor de ingreso nacional (Instrumento de Ley Agrícola de EUA)
ARC-IC	Cobertura de Riesgo Agrícola basado en un motor de ingreso individual (Instrumento de Ley Agrícola de EUA)
ASF	Fiebre Porcina Africana
BRICS	Economías emergentes de Brasil, Federación de Rusia, India, China y Sudáfrica
BRIICS	Economías emergentes de Brasil, Federación de Rusia, India, Indonesia, China y Sudáfrica
BSE	Encefalopatía espongiforme bovina
CCC	Corporación de Crédito para Productos Agropecuarios
CEI	Comunidad de Estados Independientes
CET	Arancel externo común
CFP	Política Pesquera Común (Unión Europea)
ChAFTA	Tratado de Libre Comercio de Australia y China
cts/lb	Centavos por libra
CV	Coeficiente de Variación
c.w.e.	Equivalente de peso en canal
DPDP	Programa de Donación de Productos Lácteos (EUA)
DPIB	Deflactor del Producto Interno Bruto
E10	Mezclas de biocombustibles en el combustible para el transporte que representan 10% del volumen de combustible
E100	Mezclas de biocombustibles en el combustible para el transporte que representan 100% del volumen de combustible
E15	Mezclas de biocombustibles en el combustible para el transporte que representan 15% del volumen de combustible
E85	Mezclas de biocombustibles en el combustible para el transporte que representan 85% del volumen de combustible
EBA	Iniciativa Todo Menos Armas (Unión Europea)
EISA Act	Ley de Independencia y Seguridad Energéticas de 2007 (EUA)

El Niño	Condición climática asociada con la temperatura de las principales corrientes marinas
EPA	Agencia de Protección Ambiental (EUA)
est.	Cálculo o estimado
EUA	Estados Unidos de América
f.o.b.	Libre a bordo (Precio de exportación)
FAO	Organización de las Naciones Unidas para la Alimentación y la Agricultura
FDI	Inversión Directa Extranjera
FMI	Fondo Monetario Internacional
FTA	Tratado de libre comercio
G20	Grupo de 20 países en desarrollo y desarrollados importantes (véase el glosario)
GHG	Gases de Efecto Invernadero
GSSE	Estimado de Apoyo General a Servicios
ha	Hectárea
HFCS	Jarabe de maíz rico en fructosa
hl	Hectolitro
IEA	Agencia Internacional de Energía
IFAD	Fondo Internacional para el Desarrollo de la Agricultura
IPC	Índice de precios al consumidor
IPP	Índice de Precios de Productor
ITC	Centro de Comercio Internacional
IUU	Pesca ilegal, no declarada y no reglamentada
kg	Kilogramo
kt	Mil toneladas
La Niña	Condición climática asociada a la temperatura de las principales corrientes marinas
lb	Libra
LDC	Países menos desarrollados
LDP	Leche descremada en polvo
LEP	Leche entera en polvo
lw	Peso en vivo
MERCOSUR	Mercado Común del Sur
MFA	Acuerdo Multi-fibras
MFN	Nación más favorecida
MG	Modificado genéticamente
Mha	Millón de hectáreas
Mm	Mil millones
Mml	Mil millones de litros
Mmt	Mil millones de toneladas
MPP	Programa de Protección de Márgenes
MPS	Apoyo para el Precio de Mercado
Mt	Millón de toneladas
OCDE	Organización para la Cooperación y el Desarrollo Económicos
OMC	Organización Mundial de Comercio

ONU	Organización de las Naciones Unidas
PAC	Política Agrícola Común (Unión Europea)
PCE	Gasto de Consumo Privado
DEPv	Diarrea Epidémica Porcina
PIB	Producto Interno Bruto
PISA	Programa Internacional para la Evaluación de Estudiantes
PLC	Cobertura por Pérdida de Precios
PLF	Productos lácteos frescos
PMA	Países menos adelantados
PPC	Paridad de Poder de Compra
PSE	Estimado de Apoyo al Productor
r.s.e.	Equivalente a azúcar sin refinar
r.t.c.	Listo para cocinarse
RED	Directiva de Energías Renovables en la UE
RFS2	Norma estadounidense para los Combustibles Renovables, que forma parte de la Ley de Independencia y Seguridad Energéticas (EISA)
RTA	Acuerdos Regionales de Comercio
SDA	Afirmación al día
SFP	Régimen de Pago Único por Explotación Agrícola
SMP	Precio Mínimo Legal
SPS	Esquema de pago único (UE)
STAX	Plan de Protección de Ingresos Acumulados (EUA)
t	Tonelada
t/ha	Tonelada/hectárea
TFP	Productividad total de los factores
TLCAN	Tratado de Libre Comercio en América del Norte
TRQ	Cuota arancelaria
TSE	Estimado total de apoyo
UE	Unión Europea
UE15	15 países miembros que conformaron la Unión Europea antes de 2004
UN	Naciones Unidas
UNCTAD	Conferencia de las Naciones Unidas sobre Comercio y Desarrollo
URAA	Acuerdo sobre Agricultura de la Ronda Uruguay
US	Estados Unidos de América
USDA	Departamento de Agricultura de Estados Unidos de América
VAT	Impuesto al valor agregado
WFP	Programa Alimentario Global de las Naciones Unidas

Acrónimos y abreviaturas específicas brasileñas

ABC	Agencia Brasileña de Cooperación
AGF	Adquisiciones del gobierno federal
BNDES	Banco Nacional para el Desarrollo Económico y Social
CIDE	Contribución sobre la Intervención del Dominio Económico

COFINS	Impuesto de contribución social
CONAB	Compañía Nacional de Abastecimiento
Embrapa	Corporación de Investigación Agrícola Brasileña
EPE	Empresa de Investigación Energética
FGV	Fundación Getulio Vargas
IBGE	Instituto Brasileño de Geografía y Estadística
ICMS	Impuesto sobre la circulación de mercancía y servicios
ICO	Organización Internacional del Café
MAPA	Ministro de Agricultura, Ganadería y Abastecimiento Alimentario
MDA	Ministerio de Desarrollo Agrario
PAA	Programa de Adquisición Alimentario de Familias Agrícolas
PGPAF	Programa de Garantía de Precio a la Familia Agrícola
PIS	Impuesto de integración social
PRONAF	Programa Nacional para el Fortalecimiento de la Familia

Tipo de cambio

ARS	Peso argentino
AUD	Dólar australiano
BDT	Taka de Bangladesh
BRL	Real brasileño
CAD	Dólar canadiense
CLP	Peso chileno
CNY	Yuan chino
DZD	Dinar argelino
EGP	Libra egipcia
EUR	Euro
IDR	Rupia de Indonesia
INR	Rupia india
JPY	Yen japonés
KRW	Won coreano
MXN	Peso mexicano
MYR	Ringgit malasio
NZD	Dólar neozelandés
PKR	Rupia pakistaní
RUB	Rublo ruso
SAR	Riyal saudí
UAH	Grivna ucraniana
USD	Dólar estadounidense
UYU	Peso uruguayo
ZAR	Rand sudafricano

Resumen ejecutivo

Los precios de los productos agrícolas y de ganadería mostraron diferentes tendencias en 2014. En cuanto a cultivos, dos años de fuertes cosechas presionaron más los precios de los cereales y las oleaginosas. La escasez de suministros, debido a factores como la reconstrucción del hato y los brotes de enfermedades, influyó en los altos precios de la carne, mientras que los precios de los productos lácteos cayeron abruptamente en relación con los máximos históricos. Se esperan nuevos ajustes a factores de corto plazo en 2015 antes de que cobren fuerza los impulsores de la oferta y la demanda de mediano plazo.

En términos reales, se espera que los precios de todos los productos agrícolas disminuyan en los próximos diez años, pues el crecimiento de la producción, con ayuda de la tendencia de crecimiento de productividad y los bajos precios de insumos, superará los lentos crecimientos de la demanda. Si bien esto es congruente con la tendencia de disminución secular de largo plazo, se prevé que los precios permanezcan en un nivel más alto que en los años anteriores al pico de precio de 2007-2008. La demanda se someterá al consumo per cápita de productos de primera necesidad que se acerque a la saturación en muchas economías emergentes y a la lenta recuperación en general de la economía mundial.

Los cambios más importantes están en la demanda de los países en desarrollo, donde el continuo pero lento crecimiento de la población, el aumento de los ingresos per cápita y la urbanización aumentan la demanda de alimentos. El aumento de ingresos provoca que los consumidores diversifiquen sus dietas al aumentar su consumo de proteínas animales en relación con los almidones. Por esta razón, se espera que los precios de los productos cárnicos y lácteos sean altos en relación con los precios de los cultivos; en cuanto a los cultivos, los precios de los cereales secundarios y semillas oleaginosas para la alimentación aumentarán en relación con los precios de los alimentos básicos. Estas tendencias estructurales se compensan en algunos casos por factores específicos, como una demanda estancada de etanol a base de maíz.

Los bajos precios del petróleo son una fuente de presión a la baja sobre los precios, sobre todo por su impacto en los costos de energía y de fertilizantes. Por otra parte, en virtud de los bajos precios del petróleo proyectados, la producción de biocombustibles de primera generación en general no es rentable sin normativas obligatorias u otros incentivos. No se espera que las políticas generen una significativa mayor producción de biocombustibles en Estados Unidos de América o la Unión Europea. Por otro lado, se espera que el aumento de producción de etanol a base de azúcar en Brasil fluya a partir del aumento en la proporción de mezcla obligatoria en la gasolina y el suministro de incentivos fiscales, mientras que la producción de biodiésel se promueva activamente en Indonesia.

En Asia, Europa y América del Norte la producción agrícola adicional se verá impulsada casi exclusivamente por las mejoras de rendimiento, mientras que en América del Sur se proyectan mejoras de rendimiento y área agrícola adicional. Se espera un crecimiento modesto de la producción en África, aunque mayores inversiones podrían aumentar significativamente los rendimientos y la producción.

Se prevé que las exportaciones de productos agrícolas se concentren en menos países, mientras que las importaciones se dispersen en un mayor número de países. La importancia de los relativamente pocos países que satisfacen los mercados mundiales de algunos productos básicos clave aumenta los riesgos de mercado, como desastres naturales o adopción de medidas comerciales disruptivas. En general, se espera que el comercio aumente más lentamente que en la década anterior, pero manteniendo una participación estable en relación con la producción y el consumo mundiales.

La proyección base actual refleja las condiciones fundamentales de la oferta y la demanda en los mercados agrícolas mundiales. Sin embargo, las *Perspectivas* están sujetas a una serie de incertidumbres, algunas de las cuales se exploran por análisis estocástico. Si se proyectan las variaciones históricas de los rendimientos, los precios del petróleo y el crecimiento económico hacia el futuro, entonces hay una alta probabilidad de al menos un duro golpe a los mercados internacionales en los próximos diez años.

Aspectos sobresalientes de los productos básicos

- Cereales: Las altas reservas y la disminución de los costos de producción impulsan la baja en los precios nominales de los cereales en el corto plazo, mientras que la demanda sostenida y el incremento de los costos de producción aumentarán los precios nominales de nuevo en el medio plazo.
- Semillas oleaginosas: La fuerte demanda de harina proteica impulsará una mayor expansión de la producción de oleaginosas. Esto resultará en una alta contribución de la componente harina para el retorno general de semillas oleaginosas y una mayor expansión en favor de la producción de soya, en especial en Brasil.
- Azúcar: Una mayor demanda de azúcar en los países en desarrollo ayudará a los precios a recuperarse de sus niveles bajos, lo que provocará una mayor inversión en el sector. El mercado dependerá de la rentabilidad del azúcar frente al etanol en Brasil, el principal productor, y permanecerá volátil como resultado del ciclo de producción de azúcar en algunos países productores clave de azúcar de Asia.
- Carne: Se espera que la producción responda a una mejora en los márgenes, con precios menores de cereales forrajeros establecidos para restaurar la rentabilidad de un sector que ha estado operando en un ambiente de costos alimentarios particularmente elevados y volátiles durante la mayor parte de la última década.
- Pescado: Se prevé que la producción pesquera mundial se expandirá casi 20% hacia 2024. Se espera que la acuicultura supere el total de la pesca de captura en 2023.
- Lácteos: Se prevé que las exportaciones de productos lácteos se concentren en los cuatro orígenes principales: Nueva Zelanda, Unión Europea, Estados Unidos de América y Australia, donde las oportunidades para el crecimiento de la demanda interna son limitadas.
- Algodón: Los precios serán suprimidos en el corto plazo por la reducción de las grandes reservas en República Popular China (en lo sucesivo "China"), pero se recuperarán y permanecerán relativamente estables durante el resto del periodo de pronóstico. Hacia 2024, se espera que tanto los precios reales como los nominales permanezcan por debajo de los niveles alcanzados en 2012-2014.
- Biocombustibles: Se espera que el uso de etanol y de biodiésel crezca a un ritmo más lento durante la próxima década. Se prevé que el nivel de producción dependerá de las políticas de los principales países productores. Con precios menores de petróleo, el comercio de biocombustibles permanecerá bajo como porcentaje de la producción mundial.

Brasil

Las *Perspectivas* de este año brindan un enfoque especial en Brasil. Este país se encuentra entre las diez economías más grandes del mundo y es el segundo mayor proveedor mundial de productos para alimentos y agrícolas. Brasil está a punto de convertirse en el proveedor más importante en la satisfacción de la demanda global adicional, en su mayoría procedente de Asia.

Se prevé que el crecimiento de la oferta se verá impulsado por las continuas mejoras en la productividad, con mayores rendimientos de los cultivos, algunas conversiones de pastizales a tierras de cultivo y una producción más intensiva de ganado. Las reformas estructurales y una reorientación del apoyo hacia las inversiones que aumentan la productividad, por ejemplo en infraestructura, podrían fomentar estas oportunidades, como también podrían negociar acuerdos que mejoren el acceso a los mercados extranjeros.

Brasil ha logrado un progreso excepcional en la eliminación del hambre y en la reducción de la pobreza. Las perspectivas de una mayor reducción de la pobreza mediante el desarrollo agrícola se están ampliando en algunos cultivos de alimentos, así como en productos de mayor valor, como café, horticultura y frutas tropicales. La visualización de estas oportunidades demanda una mayor orientación de las políticas de desarrollo rural.

El crecimiento agrícola de Brasil es posible de forma sostenible. Mientras que la oferta adicional continuará proviniendo más de las ganancias de productividad que de los aumentos superficiales, se espera que la presión sobre los recursos naturales se relaje por las iniciativas ambientales y de conservación, como el apoyo a prácticas de cultivo sustentables, la conversión de tierras de cultivo natural y degradada a pastizales y la integración de los sistemas de cultivos y ganadería.

PARTE I

Panorama y capítulo especial

PARTE 1

Capítulo 1

Panorama general de OCDE-FAO *Perspectivas Agrícolas* 2015-2024

En este capítulo se ofrece una visión general de la última serie de proyecciones cuantitativas de mediano plazo para los mercados agrícolas mundiales y nacionales. Las proyecciones abarcan la producción, consumo, existencias, comercio y precios de 25 productos agrícolas para el periodo 2015 a 2024. El capítulo comienza con una descripción del estado de los mercados agrícolas en 2014 y explica los principales supuestos macroeconómicos y de política en que se basan las proyecciones. En las siguientes secciones se examinan las tendencias de consumo y producción, con acento en el consumo de calorías y proteínas. El capítulo también analiza los patrones de comercio que muestran la concentración relativa de las exportaciones y la dispersión de las importaciones de todos los países para los diferentes productos. El capítulo concluye con las proyecciones de precios agrícolas mundiales, que incluyen un análisis estocástico para ilustrar cómo la incertidumbre sobre los niveles ambientales y de rendimiento macroeconómico podría afectar las proyecciones de precios. Durante los próximos diez años se prevé una disminución de los niveles de precios reales de 2014 para todos los productos agrícolas, pero estos se mantendrán por encima de los niveles anteriores a 2007.

Los datos estadísticos para Israel son suministrados por y bajo la responsabilidad de las autoridades israelíes pertinentes. El uso de estos datos por la OCDE es sin perjuicio del estatuto de los Altos del Golán, Jerusalén Este y los asentamientos israelíes en Cisjordania bajo los términos del derecho internacional. La posición de las Naciones Unidas sobre la cuestión de Jerusalén se expone en la Resolución 181 (II) de la Asamblea General, del 29 de noviembre de 1947, y en resoluciones posteriores de la Asamblea General y del Consejo de Seguridad relativas a esta cuestión.

Escenario: divergencia en los mercados agrícolas y ganaderos en 2014

Tras un periodo de precios excepcionalmente altos en los cultivos, las buenas cosechas en regiones clave de producción permitieron el reaprovisionamiento y ocasionaron una baja en los precios durante la campaña comercial de 2013 (véase en el Glosario una definición de campaña comercial). Las condiciones de producción se mantuvieron favorables en 2014 y, en consecuencia, los precios de los cereales, oleaginosas y azúcar disminuyeron aún más. A pesar de la reducción en los precios de los cereales forrajeros, los precios de la carne alcanzaron niveles récord en 2014, pues una reducción en el número de rebaños y múltiples brotes de enfermedades restringieron la respuesta inmediata en la oferta. Los precios de los productos lácteos fueron altos durante la primera parte de 2014, pero cayeron en la segunda mitad del año, mientras que los precios del pescado se redujeron ligeramente en 2014, pero se mantuvieron más altos que en 2013.

La existencia de cosechas récord de maíz y trigo provocó la caída de los precios de los granos y amplias existencias en 2014; así, los precios del trigo alcanzaron su nivel más bajo desde 2010. La producción mundial de arroz fue un poco inferior en 2014 en comparación con 2013, pero los precios internacionales del arroz se mantuvieron bajo presión. El consumo mundial de arroz superó la producción por primera vez en diez años, lo que generó una disminución de las existencias mundiales.

La producción de semillas oleaginosas alcanzó un nuevo récord mundial en la campaña comercial del año 2014, con la producción de soya como la de mayor crecimiento. Debido a que el nivel de consumo no logró mantener el ritmo, los precios de las semillas oleaginosas cayeron. Los precios del aceite vegetal también se mantuvieron bajo presión, pues tanto la producción como la demanda experimentaron tasas de crecimiento más lentas. La creciente demanda hizo que la harina proteica fuese relativamente más cara que los granos.

Los precios internacionales del azúcar continuaron su declive, ya que la producción superó al consumo por quinta temporada consecutiva. Este descenso fue especialmente pronunciado debido a la devaluación del real brasileño respecto del dólar estadounidense. Se espera que la temporada actual sea un punto de inflexión, en el que no exista casi ningún crecimiento de la producción mundial de azúcar a medida que los aumentos en Europa se compensen por grandes descensos en Brasil y Pakistán. Sin embargo, no se espera que el vuelco sea suficiente, y al comienzo de la perspectiva se espera que algunos de los principales productores de azúcar reduzcan su producción como respuesta a los bajos precios.

Los precios de la mayoría de los productos cárnicos, en especial la carne de vacuno, alcanzaron niveles récord en 2014. Al mismo tiempo, el brote del virus de la diarrea epidémica porcina (PEDV) en Estados Unidos de América y la peste porcina africana en Bielorrusia y la Unión Europea impactaron tanto el suministro como los precios de carne de cerdo. Los precios de la carne de ovino también aumentaron en 2014 tras varios años de reducción de rebaños en Nueva Zelanda, lo cual fue resultado de la transformación de las explotaciones de ovino en operaciones lecheras más rentables. Dada la posibilidad de sustitución entre los distintos tipos de carne, los altos precios en la carne de vacuno, de ovino y de cerdo apoyaron también los precios de las aves de corral.

El final de 2013 se caracterizó por un alza en el precio de los lácteos debido a un déficit de producción en China en 2013, así como la disminución año con año de la producción de leche en el primer semestre de 2013 en Estados Unidos de América, la Unión Europea, Nueva Zelanda y Australia. Al comienzo de 2014, los precios de los productos lácteos comenzaron a decaer debido a una baja en la demanda de importaciones en China, el aumento de la producción en los principales exportadores y la prohibición de las importaciones impuesta por la Federación de Rusia sobre el queso de varios países productores importantes.

La producción, consumo y comercio de pescado alcanzaron niveles récord en 2014. Los precios para el pescado y los productos pesqueros se fortalecieron durante la primera parte de 2014 debido a los altos precios de los forrajes en 2012 y 2013. A finales de año, los precios bajaron debido al aumento de la oferta de ciertas especies de peces y una menor demanda en Japón y varios países europeos. A pesar de esto, los precios se mantuvieron más altos que en 2013.

La producción mundial de algodón superó de nuevo al consumo en 2014, mientras que las existencias mundiales aumentaron por quinto año consecutivo y los precios internacionales continuaron su declive. La acumulación de existencias se vio impulsada principalmente por las políticas de mantenimiento de reservas de China. Además, el país redujo su apoyo a los productores de algodón y también las cuotas de importación, dos cambios de política que afectaron el mercado mundial de algodón en 2014.

Los precios del etanol y del biodiésel siguieron disminuyendo en 2014 como resultado de la disminución de los precios de materias primas para biocombustibles y una fuerte caída de los precios del crudo durante el segundo semestre del año. El ambiente político era incierto, debido a la inexistencia de decisiones claras sobre las normas obligatorias y objetivos para biocombustibles, tanto en Estados Unidos de América como en la Unión Europea.

Las proyecciones en la *Perspectiva* consideran las condiciones actuales del mercado para cada producto, así como la evolución macroeconómica y el desarrollo de políticas. Los principales supuestos macroeconómicos y políticos que sustentan la proyección de referencia se describen en el Recuadro 1.1. Uno de los supuestos macroeconómicos más notables se refiere a la disminución en el precio del crudo, que en febrero de 2015 se había reducido casi 50% respecto de los niveles de julio de 2014. Se asume que el precio del crudo de referencia Brent llegará a USD 88.1 por barril para 2024. Otras influencias macroeconómicas incluyen un crecimiento moderado del PIB en los países de la OCDE, la desaceleración del crecimiento del PIB en las grandes economías de mercados emergentes, una desaceleración en el crecimiento de la población mundial, la baja inflación en los países de la OCDE y un dólar estadounidense fuerte. Las proyecciones también incorporan una evaluación detallada de los movimientos del Índice de Precios al Productor (IPP) y de Precios al Consumidor (IPC) (Recuadro 1.2), lo que mejora la representación en el modelo de los precios al consumidor.

Recuadro 1.1. **Supuestos macroeconómicos y políticos**

Principales supuestos que sustentan la proyección de referencia

Esta *Perspectiva* se presenta como escenario de referencia que se considera verosímil dada una serie de supuestos condicionantes. Estos supuestos retratan un entorno macroeconómico y demográfico específico que da forma a la evolución de la demanda y la oferta de productos agrícolas y pesqueros. Estos factores generales se describen a continuación.

Es probable que continúe la recuperación moderada y desigual

En general, la economía mundial continúa funcionando a marcha baja. El ritmo de crecimiento global es de más de un punto porcentual por debajo del periodo 2000-2007, con 3% en los últimos siete años.

Recuadro 1.1. **Supuestos macroeconómicos y políticos** *(cont.)*

El crecimiento del comercio mundial también sigue siendo inferior a la tendencia. Continúan asimismo los recientes resultados económicos divergentes en las principales áreas de la OCDE. Estados Unidos de América y el Reino Unido superaron los picos de su PIB anterior a la crisis, Japón apenas los alcanzó y la zona euro en su conjunto está todavía por debajo, aunque hay diferencias considerables entre los países que la forman. Las condiciones del mercado laboral están mejorando en Estados Unidos de América, Reino Unido y Japón, pero no en la zona euro. Tan sólo en el área de la OCDE, once millones de personas más están desempleadas respecto de la cifra de 2007. Una desaceleración podría empujar a la zona euro a un estancamiento persistente con un crecimiento mucho más débil e inflación.

El crecimiento fue también desigual entre las grandes economías de mercado emergentes. India y China continúan siendo las principales economías de más rápido crecimiento. En el corto plazo, es probable que se dé un modesto crecimiento en Brasil y en la Federación de Rusia, con este último país haciendo frente a numerosos obstáculos, como los bajos precios del petróleo.

Figura 1.1. **Tasas de crecimiento del PIB promedio en 2005-2014 y 2015-2024**

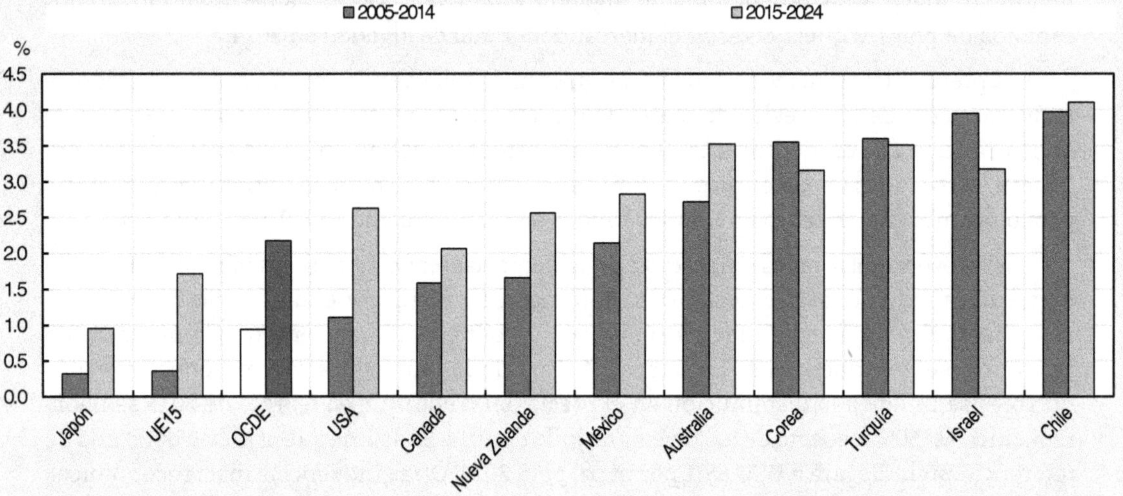

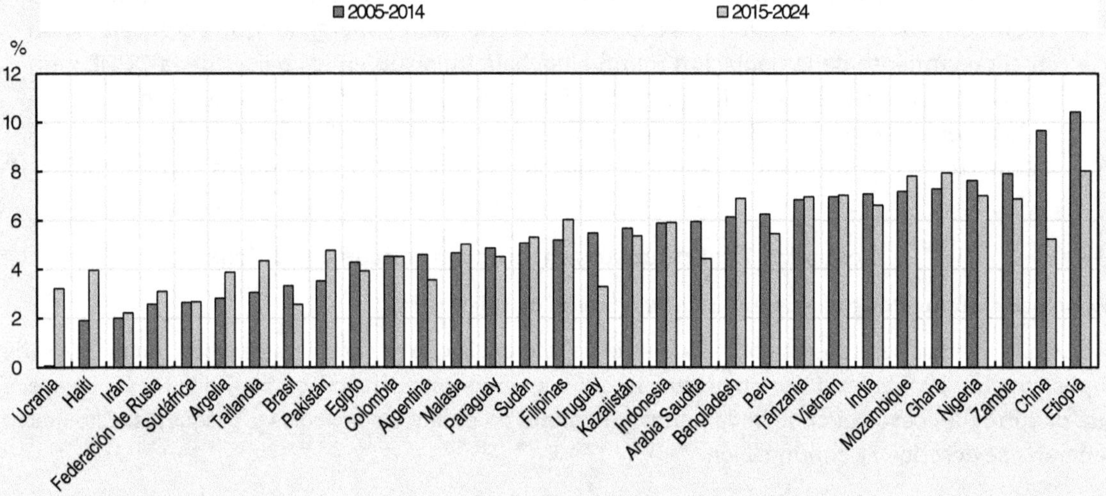

Fuente: OECD/FAO (2015), "OECD-FAO Agricultural Outlook", *OECD Agriculture Statistics* (base de datos), *http://dx.doi.org/10.1787/agr-outl-data-en.*

StatLinks *http://dx.doi.org/10.1787/888933228694*

Recuadro 1.1. **Supuestos macroeconómicos y políticos** *(cont.)*

Aunque se espera una mejoría moderada del crecimiento mundial en los próximos dos años, se espera también que se mantenga por debajo de las tasas medias alcanzadas en la década anterior a la crisis, con una marcada divergencia entre las principales economías, los grandes riesgos y las vulnerabilidades. Se prevé también que el desempleo permanecerá muy por encima de los niveles previos a la crisis en muchas economías.

Los supuestos macroeconómicos en las *Perspectivas Agrícolas* se basan en la *Perspectiva Económica* de la OCDE (noviembre de 2014) y la *Perspectiva Económica Mundial* del Fondo Monetario Internacional (octubre de 2014).

El crecimiento del PIB real en los países de la OCDE aumentó gradualmente hasta llegar a 2.2% en 2014; deberá ser aún más fuerte en 2015, con 2.5%. En el mediano plazo, se espera que el crecimiento mantenga un nivel promedio de 2.2% anual, así como que los miembros de la UE-15 en su conjunto se recuperen poco a poco después de la pequeña recesión de 2013, de un crecimiento de 1.2% en 2014 a 1.4% en 2015 y 1.9% en 2016. Después, debe registrarse un crecimiento promedio moderado de 1.7% anual en los últimos años del periodo de proyección.

Entre los países de la OCDE, se espera que Chile, Australia y Turquía exhiban el mayor crecimiento durante la próxima década, con 4.1%, 3.5% y 3.5% anuales, respectivamente, seguidos por Corea con 3.2% anual. Es probable que la recuperación siga siendo moderada en Estados Unidos de América, México y Nueva Zelanda durante los próximos diez años, con tasas de crecimiento de 2.6%, 2.8% y 2.6% anuales, respectivamente, mientras que Canadá debe mantener un crecimiento promedio anual de 2.1%, y Japón, un pequeño crecimiento promedio de 1% anual en los próximos diez años.

Ahora se espera que India supere a China y exhiba el mayor crecimiento durante la próxima década, con una tasa de crecimiento anual promedio de 6.6%. Las perspectivas de crecimiento de China se revisaron a la baja hasta 5.2% anual. Asimismo, el crecimiento promedio de Brasil y Sudáfrica será más débil que lo esperado previamente, con 2.6% y 2.7% anuales, respectivamente. Se espera que la Federación de Rusia se recupere muy rápido en los próximos diez años, con un crecimiento medio de 3.1% anual de un crecimiento ligeramente positivo en 2014. Argentina también debe recuperarse rápidamente en la próxima década de la pequeña recesión de 2014 con una tasa de crecimiento promedio de 3.5% anual.

Se espera que los países en desarrollo de Asia y África crezcan con ímpetu, pero en la mayoría de los casos no con tanta fuerza como en los diez años anteriores. En Asia, se prevé que las Filipinas y Malasia alcancen tasas de crecimiento superiores a la década anterior, con un promedio de 6.0% y 5.0% anuales, respectivamente. Sin embargo, en general, se prevé que el crecimiento más lento de la Unión Europea, Japón y China presione a la baja el crecimiento de la región. En África, los países subsaharianos deberán mostrar un fuerte crecimiento encabezado por Etiopía y Mozambique con tasas de crecimiento durante el periodo de proyección de 8.0% y 7.8% anuales, respectivamente. También se espera que los países del norte de África crezcan, pero más lentamente que los de la zona subsahariana. En comparación con estas dos regiones, se espera que el crecimiento en América Latina sea más débil, en parte debido a los menores precios de las materias primas. La tasa de crecimiento promedio anual de Colombia será de 4.5% anual en los próximos diez años.

Desaceleración del crecimiento demográfico

Se espera que el crecimiento de la población mundial se desacelere a 1% anual en la próxima década, con un total de más de 8 mil millones de personas que alimentar en 2024. Esta desaceleración del crecimiento demográfico se espera en todas las regiones y en la mayoría de los países, entre ellos India, cuya población, sin embargo, aumentará en 139 millones de personas. 768 millones de personas más vivirán en el planeta en 2024, casi la mitad de ellos en la región de Asia y el Pacífico, aunque la tasa de crecimiento en esta región estará por debajo de la tasa de crecimiento experimentado durante la última década.

Recuadro 1.1. **Supuestos macroeconómicos y políticos** *(cont.)*

Entre los países de la OCDE, se espera que los niveles de población disminuyan durante los próximos diez años en Europa y Japón. En el caso de Japón, la población se reducirá en más de 3 millones de habitantes para 2024. La Unión Europea seguirá creciendo a un ritmo de 0.13% anual. Australia, Turquía y México tienen las tasas de crecimiento poblacional proyectado más altas entre los países miembros de la OCDE.

La Federación de Rusia es otro país donde la población disminuirá, con una caída de 4.8 millones previstos en la próxima década. El crecimiento de la población mundial todavía está impulsado por los países en desarrollo. Entre los países en desarrollo, se espera que los países africanos muestren el crecimiento más rápido de población con 2.42% anual, menor que en la última década.

El aumento de la inflación difiere entre países

La inflación en los países de la OCDE se mide por el deflactor del gasto de consumo privado (PCE). La baja inflación se mantendrá en la OCDE debido a la holgura constante y las recientes caídas pronunciadas en los precios del petróleo y de los alimentos, sobre todo en la zona euro, Estados Unidos de América y Japón. Es probable que la inflación se mantenga por debajo del objetivo en muchas economías de la OCDE, en 2.2% anual en los próximos diez años.

En la zona euro, la inflación ha bajado y ahora está cerca de cero. En el corto plazo, la zona euro está en riesgo de deflación si el crecimiento se estanca o si la inflación cae aún más.

En Japón, después de un largo periodo de deflación, la inflación llegó a ser positiva en 2014 pero se mantuvo muy por debajo del objetivo de 2% del Banco de Japón. Durante la próxima década, sin embargo, se espera que la inflación llegue a 2.1% anual.

A pesar de un largo periodo de crecimiento moderado, las presiones inflacionistas subyacentes aún son importantes en muchas de las grandes economías de mercado emergentes. De cara al futuro, se proyecta que las presiones inflacionarias se reduzcan lentamente. Las depreciaciones cambiarias han ocasionado un alza de precios en algunos países, incluyendo la Federación de Rusia.

Se espera que el dólar estadounidense se mantenga fuerte

El tipo de cambio nominal para el periodo 2015-2024 se debe principalmente a los diferenciales de inflación en relación con Estados Unidos de América (un cambio pequeño en términos reales). Los supuestos sobre los tipos de cambio durante la próxima década se caracterizan por un dólar más fuerte en comparación con otras monedas. Esto va de la mano de la recuperación de la economía estadounidense. Los tipos de cambio nominales se ajustan de acuerdo con las tasas de inflación.

Se prevé que la depreciación de la moneda sea muy fuerte en la próxima década para algunos países, como Brasil, India, Sudáfrica y Turquía. Por el contrario, el valor del rublo ruso deberá aumentar para 2024.

Caída en precios de energéticos

El precio mundial del petróleo hasta el año 2013 se toma de la actualización de corto plazo de la *Perspectiva Económica de la OCDE* núm. 96 (noviembre de 2014). Para 2014, se utiliza el precio spot promedio diario anual, mientras que el precio spot promedio diario para diciembre 2014 se utiliza como el precio del petróleo de 2015. Se prevé que los precios del crudo Brent a partir de 2016 crezcan a la misma tasa que proyecta la *World Energy Outlook* (IEA, noviembre de 2014).

Los precios del petróleo disminuyeron bruscamente en el segundo semestre de 2014, lo que refleja una combinación de debilitamiento de la demanda mundial y la mejora de la oferta. En términos nominales, se espera que el precio aumente en el periodo de las perspectivas con una tasa de crecimiento anual promedio de 3.7%, de USD 63.8 por barril en 2015 a USD 88.1 por barril para 2024.

Recuadro 1.1. **Supuestos macroeconómicos y políticos** *(cont.)*

Consideraciones de políticas públicas

Las políticas públicas desempeñan un papel importante en los mercados agrícolas y pesqueros, pues las reformas en materia de políticas a menudo alteran la estructura de los mercados. Las reformas en materia de políticas, como los pagos desconectados y el avance continuo hacia la eliminación de subsidios a los precios directos, implican que las políticas públicas tendrán un efecto menos directo sobre las decisiones de producción en muchos países. Sin embargo, la protección de las importaciones, las políticas de apoyo interno e intervención en precios ocupan todavía un lugar preponderante en muchos países en desarrollo y tienen impactos de crecimiento que reflejan la cada vez mayor importancia de estos países en los mercados y el comercio internacionales.

Las proyecciones para Estados Unidos de América toman en cuenta la Ley Agrícola de 2014 (*Farm Bill*). En el modelo se incorporó el nuevo régimen de pago de la Ley Agrícola, aunque aún no se disponía de las tasas de participación finales de los agricultores en los diferentes programas antes de finalizar las proyecciones. Sin embargo, las hipótesis se alinearon con las de la Oficina de Presupuesto del Congreso en su Referencia 03 2015. Además, la Agencia de Protección Ambiental (EPA) aún no emite las reglamentaciones finales para las normativas de biocombustibles de 2014 y 2015. Esta *Perspectiva* asume que los grados de las normativas obligatorias sobre biocombustibles en Estados Unidos de América se determinarán por la evolución del uso de la gasolina, la barrera de mezcla de etanol y el limitado desarrollo de la industria del etanol celulósico.

La reforma de la Política Agrícola Común (PAC) de la Unión Europea se refleja plenamente en las proyecciones, incluso las opciones de aplicación en los Estados miembros de la UE realizadas en agosto de 2014.

Recuadro 1.2. **Lecciones aprendidas de la reciente evolución de las medidas de IPP e IPC**

La *Perspectiva Agrícola OCDE-FAO* proyecta la evolución, para los principales productos agrícolas, de la oferta, la demanda, el comercio, así como los precios a los productores y los niveles finales de los consumidores en el mediano plazo. Como complemento a esta base de datos y para permitir nuevos tipos de agregación de información, se calcularon medidas de Índices de Precios al Productor (IPP) y de Precios al Consumidor (IPC), para todos los países en la base de datos histórica.[1] Esos índices se basan solo en los productos alimenticios cubiertos por la *Perspectiva Agrícola OCDE-FAO*: lácteos, edulcorantes, carnes y pesca, cereales y grasas. La canasta del índice armonizado de precios de alimentos según la definición de las Naciones Unidas COICOP[2] incluye una gama más amplia de bienes.[3]

Las medidas del IPC ya están disponibles en la *Base de Datos Agrícolas OCDE-FAO* para los diferentes grupos de productos alimenticios cubiertos. Estos se combinaron en los agregados de nivel superior. El índice de precios de los alimentos al consumidor de nivel nacional corresponde a la suma del nivel de producto IPC ponderado por la proporción del valor de uso de este producto en comparación con el valor total de uso alimentario en forma anual. Del mismo modo, fue posible derivar, para todos los países de la base de datos, un Índice de Precios al Productor que corresponde a la misma agrupación de productos alimenticios, pero en la fase agrícola. El IPP mide el cambio porcentual anual de los precios pagados a los agricultores por su producción. El peso IPP agregado es la parte del valor de la producción de un bien determinado en el valor total de la producción.

En esta sección se describe la reciente evolución histórica de las medidas de IPP e IPC computadas en el contexto de las *Perspectivas Agrícolas OCDE-FAO*. La Figura 1.2 representa el desarrollo de esos índices en la Unión Europea y Brasil entre 2004 y 2014. Hay algunas diferencias importantes entre países. Para la Unión Europea, el punto elevado del IPP en 2007 se reflejó con un retraso en la medición del IPC. Sin embargo, la disminución de los precios de los productos agrícolas que siguió al alza llevó a una reducción más modesta

Recuadro 1.2. **Lecciones aprendidas de la reciente evolución de las medidas de IPP e IPC** *(cont.)*

en el IPC. Recientemente, la medida del IPC siempre ha estado por arriba del IPP en la Unión Europea, con ambos índices moviéndose en la misma dirección y disminuyendo un poco al final del periodo.

Figura 1.2. **Evolución del Índice de Precios al Productor (IPP) y del Índice de Precios al Consumidor (IPC) en la Unión Europea y en Brasil**

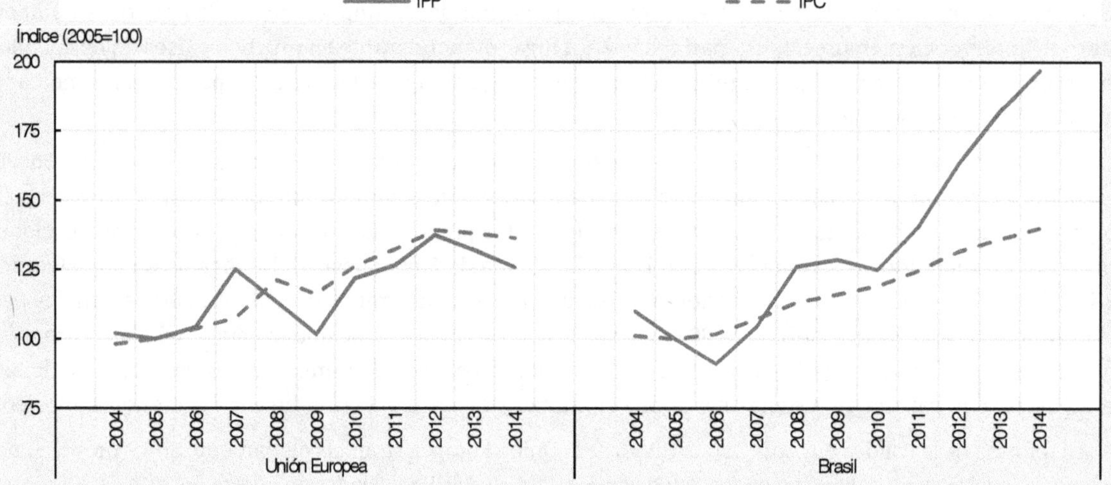

Fuente: OECD/FAO (2015), "OECD-FAO Agricultural Outlook", *OECD Agriculture Statistics* (base de datos), *http://dx.doi.org/10.1787/agr-outl-data-en.*

StatLinks *http://dx.doi.org/10.1787/888933228707*

Para Brasil, la evolución histórica de ambos índices es muy diferente, en particular entre 2010 y 2014. El IPP aumentó con fuerza debido a los elevados precios internacionales de los productos de alto valor, como la carne y en menor grado las oleaginosas,[4] esto combinado con la depreciación del real. Por parte de los consumidores, el aumento de precios ha sido relativamente menos importante, tal como se refleja en la evolución del IPC en la Figura 1.2. La principal razón estriba en el aumento de la competencia en la fase minorista y una participación más baja de la carne y los cereales en la canasta de consumo.

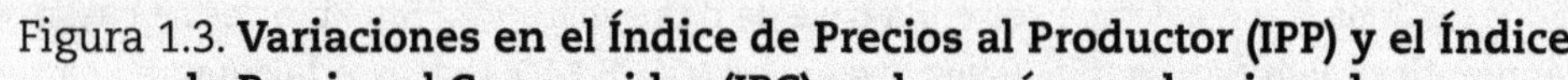

Figura 1.3. **Variaciones en el Índice de Precios al Productor (IPP) y el Índice de Precios al Consumidor (IPC) en los países seleccionados**

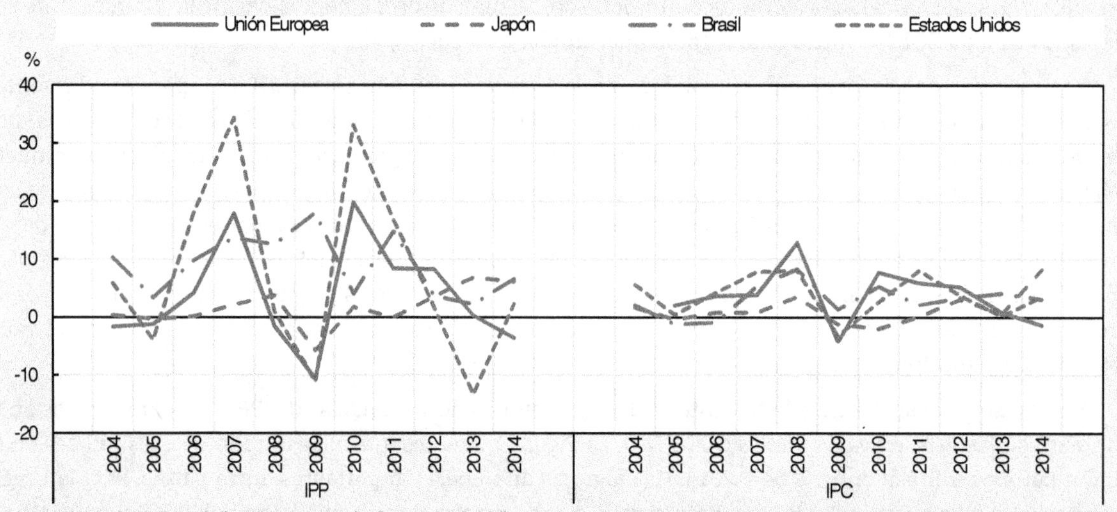

Fuente: OECD/FAO (2015), "OECD-FAO Agricultural Outlook", *OECD Agriculture Statistics* (base de datos), *http://dx.doi.org/10.1787/agr-outl-data-en.*

StatLinks *http://dx.doi.org/10.1787/888933228716*

Recuadro 1.2. **Lecciones aprendidas de la reciente evolución de las medidas de IPP e IPC** *(cont.)*

Las medidas del IPP y del ICP proporcionan una visión global de los movimientos de precios a través de las diversas etapas de la producción en la cadena de suministro de alimentos. La Figura 1.3 muestra la reciente evolución histórica de las variaciones en el IPPI e ICP en países seleccionados. Esta cifra pone de manifiesto las disparidades en el movimiento de los precios de producción y de consumo. En el periodo 2004-2014, el IPC era típicamente mucho menos volátil que el IPP. Las principales explicaciones de esta menor volatilidad son que los productos agrícolas solo representan una pequeña parte del valor de los productos alimenticios, y que la estructura de la cadena de suministro de alimentos se caracteriza por minoristas concentrados en el extremo de la cadena, mismos que se valen de su poder monopólico como compradores y compiten en precios[5] en la fase de consumo. La Figura 1.3 ilustra también la cuestión de la transmisión de precios asimétrica a lo largo de la cadena de suministro de alimentos; los cambios a la baja de precios en el nivel del productor se transmiten solo parcialmente a los consumidores finales.

1. Las medidas del IPC y del IPP se calcularon históricamente. Se efectuarán cálculos similares en las futuras perspectivas en el periodo de proyección. La profunda exploración de las relaciones entre ambos índices históricamente permite algunas mejoras en la representación de los precios al consumidor en el marco del modelo Aglink / Cosimo.
2. CCIF se refiere a la Clasificación del Consumo Individual por Finalidades (COICOP) según la definición de la División de Estadística de las Naciones Unidas: *http://unstats.un.org/unsd/cr/registry/regcs.asp?Cl=5&Lg=1&Co=01.1*.
3. La canasta armonizada incluye pan y cereales; carne; pescados y mariscos; leche, queso y huevos; aceites y grasas; frutas; verduras; azúcar, mermelada, chocolate y confitería, sal; otros productos alimenticios.
4. Los valores de la carne de vacuno y oleaginosas del IPP de Brasil fueron en promedio de 28% y 20%, respectivamente, durante el periodo 2004-2014.
5. Los costos de menú impiden que los minoristas ajusten sus precios de manera constante.

Consumo: el crecimiento del consumo sigue siendo más fuerte en las regiones en desarrollo

La demanda de productos agrícolas se expandió con rapidez a lo largo de la última década, impulsada sobre todo por aumentos en los países en desarrollo. El crecimiento constante de la población, el aumento de los ingresos per cápita y la urbanización continua no solo generaron un aumento en la demanda total de productos alimenticios, sino también permitieron a los consumidores en las regiones en desarrollo, en particular en las grandes economías asiáticas, diversificar su dieta aumentando la ingesta de proteínas en relación con los almidones tradicionales. En las economías desarrolladas, los saturados niveles de consumo per cápita, combinados con un crecimiento demográfico limitado, dieron por resultado un consumo de alimentos estancado. Sin embargo, la introducción de políticas destinadas a mejorar la seguridad energética y la sostenibilidad ambiental incentivó la producción de biocombustibles, lo que expandió la demanda de la materia prima necesaria para su producción.

Estos mismos factores continuarán influyendo en las perspectivas de crecimiento de la demanda en esta *Perspectiva*, pero la recuperación generalmente lenta y desigual de la economía mundial ocasionará que la demanda de productos agrícolas aumente a un ritmo más lento que en la última década. Los ingresos diferenciados y el crecimiento demográfico darán lugar a diferencias regionales significativas en el crecimiento del consumo. La rápida expansión de las economías asiáticas aún representa la mayor parte del consumo adicional de alimentos, mientras que el aumento de la población, junto con el aumento de los niveles de ingresos, eleva los niveles de consumo en África. En contraste, el crecimiento limitado en el consumo de alimentos dentro de las regiones desarrolladas, junto con un estancado sector de biocombustibles, resulta en una reducción de las tasas de crecimiento en el mundo desarrollado.

Con el estancamiento en la demanda de biocombustibles, la utilización de forrajes impulsará la demanda de cereales

Particularmente en los países desarrollados, la aparición de los biocombustibles y otros usos industriales de los cereales fue un importante motor de la creciente demanda de estos a lo largo de la última década. El uso de cereales secundarios (sobre todo maíz) para los biocombustibles casi se triplicó desde 2004 hasta 2014; casi 40% de los cereales secundarios adicionales consumidos durante la última década se procesó para biocombustibles. Sin embargo, durante el periodo de las *Perspectivas*, los precios significativamente más bajos del crudo dan como resultado que la demanda de biocombustibles esté estrechamente ligada a las políticas que obligan a su uso. La participación de las normativas obligatorias de biocombustibles de Estados Unidos de América que pueden satisfacerse por el etanol a base de maíz sigue estando limitada por la barrera de mezcla del etanol, E10, que, a medida que disminuya el uso de gasolina doméstica en el mediano plazo, reducirá las perspectivas de crecimiento. Como resultado, existe un margen limitado para una mayor expansión de la demanda de biocombustibles, particularmente en Estados Unidos de América y la Unión Europea.

Los cereales siguen siendo el producto agrícola de mayor consumo, y el consumo mundial se expandirá en casi 390 Mt para 2024; los cereales secundarios constituyen más de la mitad del aumento. En comparación con la década pasada, cuando el uso para alimentación representaba 36% del crecimiento en el consumo de cereales secundarios, durante el periodo de las perspectivas la demanda de forrajes constituirá casi 70% de la desaparición de cereales secundarios. El predominio de los forrajes como impulsores del crecimiento del consumo es aún más pronunciado en las regiones desarrolladas, donde el consumo de otros cereales, como trigo y arroz, sobre todo para consumo humano, se mantiene relativamente estable (Figura 1.4). Esta importancia creciente de la demanda de forrajes se refleja también en el procesamiento de semillas oleaginosas para la alimentación, que se proyecta ampliar 20% durante el periodo de las perspectivas.

Figura 1.4. **Principales usos de los cereales en los países desarrollados y en desarrollo**

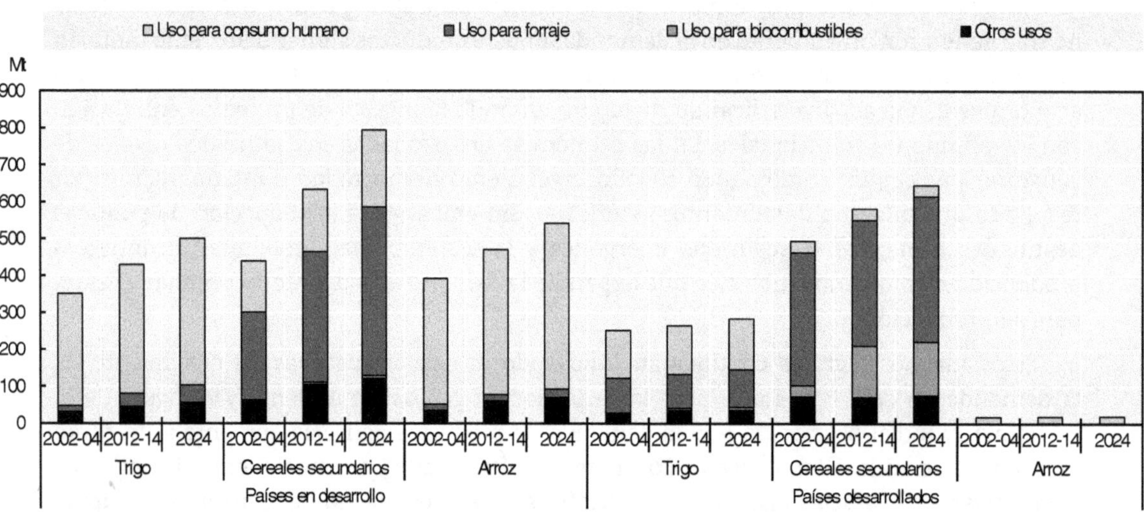

Fuente: OECD/FAO (2015), "OECD-FAO Agricultural Outlook", *OECD Agriculture Statistics* (base de datos), *http://dx.doi.org/10.1787/agr-outl-data-en.*

StatLinks http://dx.doi.org/10.1787/888933228725

En las regiones en desarrollo, casi 60% del uso total de cereales se destinó a la alimentación entre 2012 y 2014, en contraste con el mundo desarrollado, donde los cereales para alimentación representaron solo 10% de la desaparición total de cereales. Los países en desarrollo consumirán 49 Mt de trigo adicionales y 57 Mt de arroz como alimento adicional durante el periodo de las perspectivas, cifra marginalmente menor que la de la última década. Sin embargo, la creciente demanda de forrajes es aún el motor principal del crecimiento del consumo de cereales. Las cantidades globales adicionales de consumo de cereales secundarios ascienden a 225 Mt durante el periodo de diez años; de esta cantidad, la demanda de forrajes constituye 70%, mientras que más de 68 Mt de semillas oleaginosas adicionales se procesarán para alimentación. Esto refleja las tasas de crecimiento anual promedio de 1.6% y 1.47% anuales, respectivamente.

La ingesta calórica en las regiones en desarrollo sigue en aumento y diversificándose

En la mayoría de las culturas, los cereales siguen siendo el componente principal de la dieta diaria y la fuente más importante de energía alimentaria. El aumento del ingreso, cambios de preferencias y el aumento de la urbanización provocaron una diversificación de la dieta, por lo que los cereales representan actualmente solo 37% de la ingesta calórica total obtenida de las materias primas incluidas en la *Perspectiva* en los países desarrollados, mientras que todavía suministran 71% en los países menos desarrollados y 54% en los demás países en desarrollo (Figura 1.5). En el ámbito global, se espera que el consumo de calorías totales suba; sin embargo, la tasa de aumento difiere entre regiones y niveles de ingresos. Durante el periodo de proyección de diez años, la ingesta calórica total en los países menos desarrollados experimentará un aumento de 6%, para superar las 2000 kcal diarias por persona para 2024, muy por debajo de los niveles de los países desarrollados. Las economías en desarrollo, con exclusión de las menos adelantadas, presentan el mayor incremento en la ingesta total de calorías per cápita, para llegar a casi 2800 kcal diarias por persona para 2024, solo ligeramente por debajo de la ingesta calórica prevista para las regiones desarrolladas, donde una expansión de la ingesta total de calorías todavía es limitada.

Figura 1.5. **Ingesta calórica per cápita en países menos desarrollados, otros países en desarrollo y países desarrollados**

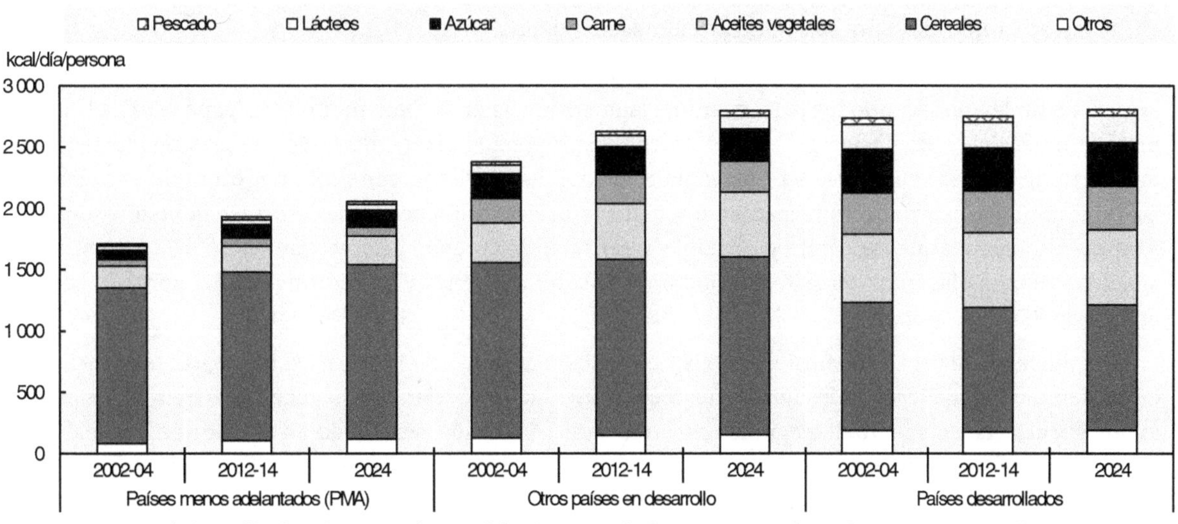

Nota: La categoría "otros" incluye huevos, raíces y tubérculos. No se incluyen verduras, frutas, legumbres y otros alimentos.

Fuente: OECD/FAO (2015), "OECD-FAO Agricultural Outlook", *OECD Agriculture Statistics* (base de datos), *http://dx.doi.org/10.1787/agr-outl-data-en.*

StatLinks http://dx.doi.org/10.1787/888933228737

Además de los crecientes niveles absolutos, los constituyentes de la ingesta calórica total a partir de las materias primas modeladas continúan diversificándose, lo que refleja los cambios de preferencias alimenticias asociadas al aumento de los niveles de ingresos, la urbanización y los cambios de hábitos de consumo. Las calorías provenientes de cereales aumentarán solo marginalmente en los próximos diez años. El aumento del consumo de los alimentos preparados ocasionará una mayor demanda de azúcar y aceite vegetal, los cuales representan la mayor parte del aumento de la ingesta de calorías en las regiones en desarrollo. El consumo mundial de azúcar per cápita aumenta alrededor de 1.03% anual, y el consumo de aceite vegetal per cápita, un promedio anual de 0.84%. Sin embargo, para ambos productos, más de 95% del crecimiento del consumo se concentrará en los países en desarrollo. El aceite vegetal, en particular, representa una fuente asequible de grasa, y para el año 2024, las calorías diarias provenientes del aceite vegetal en las economías emergentes superará las 530 kcal por persona, frente a 615 kcal por persona en las regiones desarrolladas. A pesar de la expansión durante el periodo de las perspectivas, las calorías diarias obtenidas de aceite vegetal en las regiones menos desarrolladas se mantienen en menos de 40% de los niveles de los países desarrollados para 2024. No obstante, después de los cereales, el aceite vegetal todavía constituye la mayor fuente de energía alimentaria en las regiones menos desarrolladas.

Las hortalizas, frutas y legumbres son también elementos cruciales de las dietas, proporcionan vitaminas y minerales y son necesarios para el equilibrio dietético. No se representan porque no forman parte de los productos considerados en la *Perspectiva*. En las regiones menos desarrolladas, las raíces y tubérculos constituyen una importante alternativa al almidón y una fuente de energía de bajo costo, que representa casi 5% de la ingesta calórica total. El Recuadro 1.3 proporciona más detalles al respecto.

Recuadro 1.3. **Nuevas funciones de las raíces y tubérculos**

Las raíces y tubérculos son plantas que producen almidón, ya sea derivado de sus raíces (por ejemplo, yuca, camote y batata) o tallos (por ejemplo, las papas y el taro). Están destinados principalmente para la alimentación humana (como tales o en forma procesada) y, como la mayoría de otros cultivos básicos, pueden servir para alimentación animal u obtención de almidón, alcohol, etanol, y la fabricación de bebidas fermentadas. A menos que se procesen, se convierten en altamente perecederos una vez cosechados, lo que limita las oportunidades para su comercio y almacenamiento.

Dentro de la familia de raíces y tubérculos, las papas dominan en la producción de todo el mundo, con la yuca en un lejano segundo lugar. En cuanto a la importancia en la dieta mundial, la papa ocupa el cuarto lugar después del maíz, el trigo y el arroz. Este cultivo proporciona más calorías, crece más rápido, requiere menos tierra y puede cultivarse en una gama más amplia de climas que cualquier otro alimento básico. La papa también ha estado estrechamente vinculada al desarrollo económico, al menos históricamente. Al proporcionar una fuente barata de energía y ser fácil de cultivar, se cree que liberó de la tierra a los agricultores para alimentar así la Revolución industrial en Inglaterra y en otras partes del norte de Europa en el siglo XIX.

Sin embargo, la yuca está erosionando la dominación absoluta de la papa. De hecho, las tendencias de crecimiento de la producción de cultivos de raíces individuales revelan que la yuca crece más de 3% anual, lo que supera el crecimiento demográfico casi tres veces. Cultivada sobre todo en el cinturón tropical y en algunas de las regiones más pobres del mundo, la producción de yuca se duplicó en poco más de dos décadas. Tal es el dinamismo de la yuca, que hoy en día constituye el cultivo básico de más rápido crecimiento de producción en todo el mundo. Las tendencias en el cultivo de tubérculos subrayan una división geográfica cada vez mayor entre los papeles contrastantes de la mercancía en las economías agrícolas.

Recuadro 1.3. **Nuevas funciones de las raíces y tubérculos** *(cont.)*

Figura 1.6. **Producción de raíces y tubérculos, 1994-2013**

Desgloses por tipo (izquierda) y por regiones (derecha)

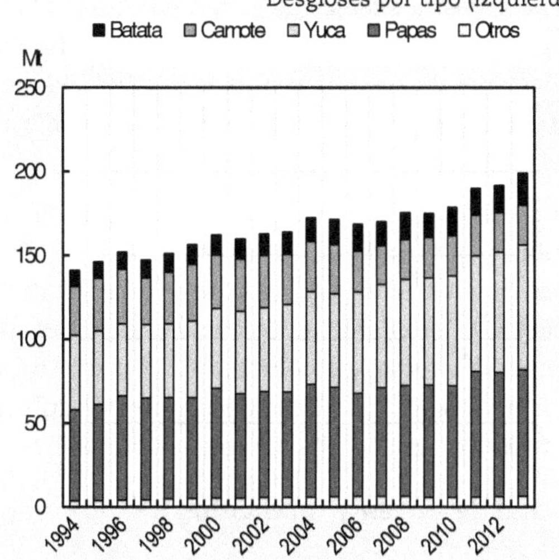

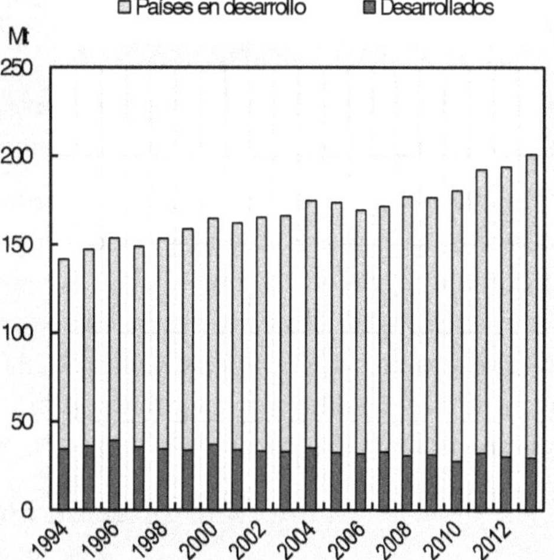

Fuente: FAOSTAT (2015). FAO, *http://faostat.fao.org/*.

StatLinks http://dx.doi.org/10.1787/888933228745

Considerada en algún momento un cultivo de subsistencia, la yuca hoy se ve como mercancía, clave para el valor agregado, el desarrollo rural y la mitigación de la pobreza, la seguridad alimentaria, la seguridad energética y para lograr importantes beneficios macroeconómicos. Estos factores impulsan la rápida comercialización y las inversiones de gran escala para ampliar la escala del procesamiento de la yuca, por lo que han contribuido significativamente a la expansión global de la cosecha.

La producción de yuca requiere pocos insumos y ofrece a los agricultores una gran flexibilidad en términos de tiempo de la cosecha, pues el cultivo se puede dejar en el suelo después de alcanzar la maduración. La tolerancia de la yuca a las condiciones climáticas erráticas, como la sequía, hace que sea muy importante en las estrategias de adaptación al cambio climático. En comparación con otros alimentos básicos, la yuca compite favorablemente en términos de precio y la diversidad con que se puede utilizar. En forma Harina de Yuca de Alta Calidad (HQCF), la yuca es cada vez más el blanco de los gobiernos de África como cultivo estratégico para reducir las importaciones de cereales, que en el pasado reciente fueron propensas a una significativa volatilidad de precios. Su mezcla obligatoria con harina de trigo ayuda a reducir el volumen de las importaciones de trigo, y por tanto, a disminuir las facturas de importación y conservar las valiosas divisas. En una línea similar, el impulso hacia la seguridad energética en Asia, hermanada con los requisitos obligatorios de mezcla con gasolina, también contribuye a la industria de la yuca mediante el establecimiento de las destilerías de etanol que utilizan la yuca como materia prima. En cuanto al comercio, la yuca procesada compite con éxito en el ámbito mundial, por ejemplo, con el almidón de maíz y con cereales para alimentación de animales.

Por el contrario, la papa se limita sobre todo al uso alimentario y se encuentra en gran medida en las dietas de las regiones desarrolladas, en especial Europa y América del Norte. Como la ingesta de papa en general en estas regiones es muy alta y podría haber alcanzado la saturación, el margen para que el aumento de su consumo supere al crecimiento de la población es aún limitado en esa parte del mundo, y más con su sustitución por otros alimentos básicos. De hecho, la papa, que constituye la mayor parte de los sectores de raíces y tubérculos en los países desarrollados, ha estado en declive constante por varias décadas, con un crecimiento de producción muy por debajo del crecimiento de la población. Sin embargo, gracias al aumento del uso de alimentos en las regiones en desarrollo, el crecimiento de la producción mundial de papa experimentó un impulso.

Recuadro 1.3. **Nuevas funciones de las raíces y tubérculos** *(cont.)*

En cuanto a otros cultivos de raíces, el cultivo mundial de camote disminuyó en los últimos años sobre todo por una caída precipitada en la superficie (que no muestra señales de ceder) en China, el productor más importante del mundo. Al igual que con la papa, el camote y los menos prominentes cultivos de raíces y tubérculos, la demanda de alimentos detiene el potencial de crecimiento dada la viabilidad comercial limitada para un uso diversificado. En consecuencia, las preferencias del consumidor, junto con los precios, desempeñan un papel importante en la conformación del consumo.

En consideración de las tendencias cambiantes entre cultivos de raíces y entre regiones, así como sus impulsores, se proyecta que la producción y utilización mundiales se amplíen casi 19% durante la próxima década, cuando el crecimiento en las regiones en desarrollo podría alcanzar 2% anual frente a un crecimiento negativo en los países desarrollados. Hacia 2024, 1.3 kg anuales de cultivos de raíces entrarán a las dietas globales de manera adicional, impulsadas principalmente por los consumidores en África, donde el consumo de raíces y tubérculos podría superar los 55 kg anuales. En cuanto a los biocombustibles y otros usos, está prevista una expansión de la demanda en estos sectores de 23% durante los próximos diez años.

Figura 1.7. **Utilización mundial de raíces y tubérculos**

Peso drenado, 1994-2024

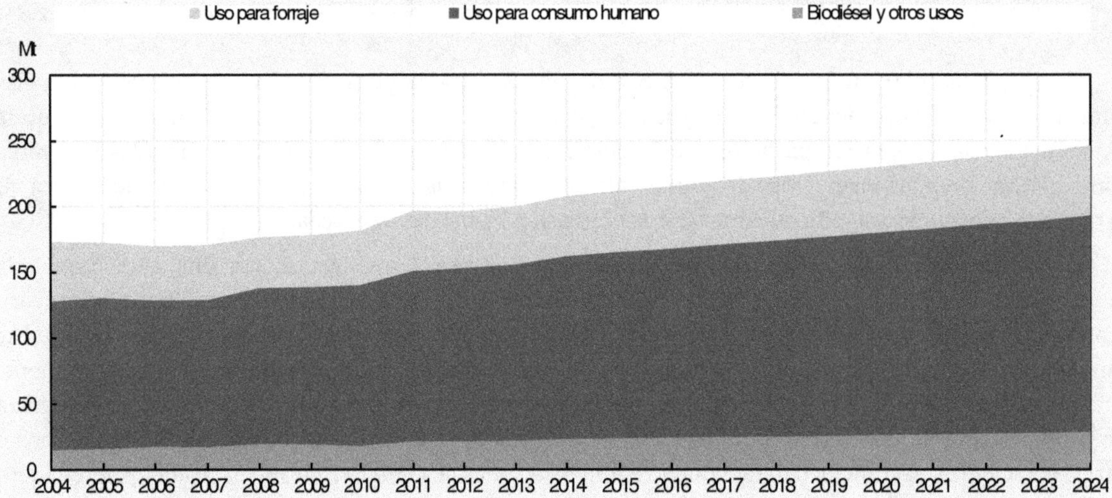

Uso para forraje | Uso para consumo humano | Biodiésel y otros usos

Mt

300, 250, 200, 150, 100, 50, 0

2004 2005 2006 2007 2008 2009 2010 2011 2012 2013 2014 2015 2016 2017 2018 2019 2020 2021 2022 2023 2024

Fuente: OECD/FAO (2015), "OECD-FAO Agricultural Outlook", *OECD Agriculture Statistics* (base de datos), *http://dx.doi.org/10.1787/agr-outl-data-en*.

StatLinks *http://dx.doi.org/10.1787/888933228752*

A pesar del robusto crecimiento mundial en la ingesta de proteínas, los niveles absolutos de consumo per cápita todavía son desiguales

En contraste con el total de la ingesta calórica, que en gran medida se encuentra estancada en el mundo desarrollado, la ingesta de proteínas per cápita sigue en aumento en todos los países, en todos los niveles de ingresos (Figura 1.8). Las variaciones regionales de preferencias y niveles de ingresos dan como resultado diferencias en los niveles absolutos de ingesta de proteínas, así como en las fuentes de las que se obtiene la proteína. En las regiones menos desarrolladas, 60% de la ingesta total de proteínas se obtendrá a partir de los cereales en 2024, dos puntos porcentuales por debajo del periodo base, mientras que la cuota de carne en el total de ingesta de proteínas representará de 9% en los países menos desarrollados a casi 26% en los países desarrollados, es decir, una tendencia creciente.

El consumo mundial de carne crecerá un promedio anual de 1.4%, lo que resultará en un consumo adicional de 51 Mt en 2024, que a su vez constituye más de 16% de la ingesta de proteína adicional. Mientras que el consumo de carne crecerá más rápido en los países en desarrollo, los niveles de consumo absolutos per cápita seguirán siendo menos de la mitad de los niveles en los países desarrollados para el año 2024. Ampliamente considerada como una carne asequible y saludable, con bajo contenido de grasa y pocos impedimentos religiosos, la carne de aves domina el consumo de carne con un crecimiento promedio anual de 2%. La carne de aves representará la mitad de la carne adicional que se consuma en 2024. Por el contrario, el consumo de carne de cerdo ha alcanzado niveles de saturación en muchas regiones que tradicionalmente gozan de rápido crecimiento, con una expansión de menos de 1% anual, lo que da como resultado que las aves de corral superen a la carne de cerdo como la carne preferida en el mundo. El consumo de carne de bovino y ovino, relativamente más cara, se incrementarán 1.3% y 1.9% anuales, respectivamente, durante la perspectiva, impulsado por la creciente demanda de Asia y Medio Oriente. El consumo de pescado también representa una fuente importante y asequible de proteínas, en especial en los países en desarrollo. Se prevé que el consumo mundial de pescado en 2024 sea 19% por encima del periodo base, lo que se traduce en una contribución a la ingesta de proteína total de alrededor de 6.5%, tanto en regiones en desarrollo como en países desarrollados, para 2024.

El consumo de productos lácteos se expandió con rapidez en la última década y constituye una importante fuente de proteínas en la dieta. En el ámbito global, la demanda de productos lácteos se ampliará 23% durante el periodo de proyección de diez años, acercándose a 48 Mt para 2024. El crecimiento sigue siendo más fuerte en los países en desarrollo debido a la preferencia por los productos lácteos frescos en estas regiones; casi 70% de la producción lechera adicional se consume fresca. Respecto del grupo de productos lácteos procesados, se espera que el consumo de queso continúe representando la mayor proporción, mientras que la demanda se expande con una tasa promedio anual de 1.6%. El consumo de mantequilla crecerá más rápido, con un promedio anual de 1.9%.

Figura 1.8. **Ingesta de proteínas per cápita en países menos desarrollados, otros países en desarrollo y países desarrollados**

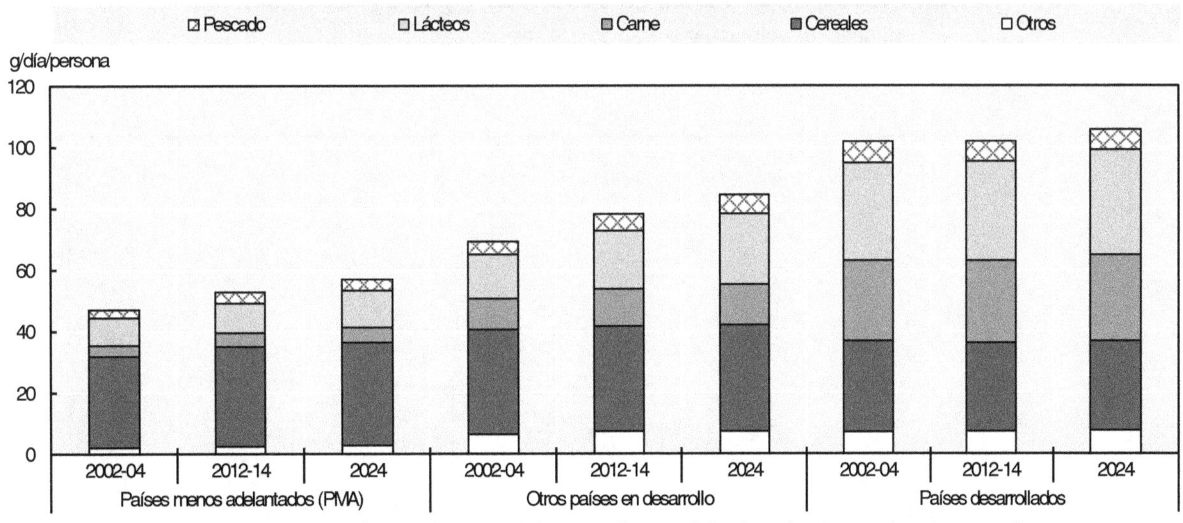

Nota: La categoría "otros" incluye azúcar, aceite vegetal, huevo, raíces y tubérculos. El azúcar y el aceite vegetal representan un sector insignificante del consumo total de proteínas. En esta figura no se incluyen verduras, frutas, legumbres y otros alimentos.

Fuente: OECD/FAO (2015), "OECD-FAO Agricultural Outlook", *OECD Agriculture Statistics* (base de datos), *http://dx.doi.org/10.1787/agr-outl-data-en.*

StatLinks *http://dx.doi.org/10.1787/888933228762*

Producción: el crecimiento de la producción se concentra en las regiones donde los recursos son menos restrictivos

El crecimiento en la demanda de productos agrícolas permanece robusto en el periodo de la perspectiva, lo que induce un aumento sustancial de la producción. Este crecimiento es considerablemente más bajo que en la última década, cuando los precios altos proporcionaban incentivos para inversiones de gran escala en tierras agrícolas simplemente como activos (Recuadro 1.4). Por otra parte, las preferencias dietéticas, en constante evolución, influirán en los niveles de precios relativos, que a su vez impulsarán las decisiones de producción. A medida que la demanda de carne y productos lácteos crece, también lo hace la producción de cereales secundarios y harina proteica, que constituyen la mayor parte de las raciones de alimento típicas. En cambio, la producción de cereales para consumo predominantemente alimenticio se expande con un ritmo más lento.

En el nivel mundial, se producirán más de 320 Mt de cereales adicionales para 2024, de los cuales 180 Mt serán cereales secundarios, lo que representa más de la mitad de la producción adicional (Figura 1.9). Solo 10% de los cereales secundarios adicionales se producirá en los países menos adelantados, mientras que otros países en desarrollo representan 48%, y los países desarrollados, 42% de la producción adicional. La producción de semillas oleaginosas también se ampliará más de 20% durante el mismo periodo, lo que resultará en firmes aumentos en la elaboración de productos de semillas oleaginosas; se prevé que la producción de harina proteica aumente 23%, para llegar a 355 Mt en 2024, mientras que la producción de aceite vegetal se elevará 24% durante el mismo periodo. El crecimiento en la producción de aceite vegetal disminuirá considerablemente en los países que producen tradicionalmente cultivos de alto rendimiento de aceite, como el girasol y la colza, debido en parte a un crecimiento limitado de la producción de biodiésel, para lo cual el aceite vegetal representa la materia prima principal. Por el contrario, la fuerte demanda de harina proteica da como resultado que la expansión en el cultivo de oleaginosas se concentre en las zonas que tradicionalmente producen soya por su alto contenido proteico.

Figura 1.9. **Crecimiento proyectado de la producción agrícola en países menos desarrollados, otros países en desarrollo y países desarrollados**

Aumento de volumen y porcentaje, 2024 en relación con 2012-2014

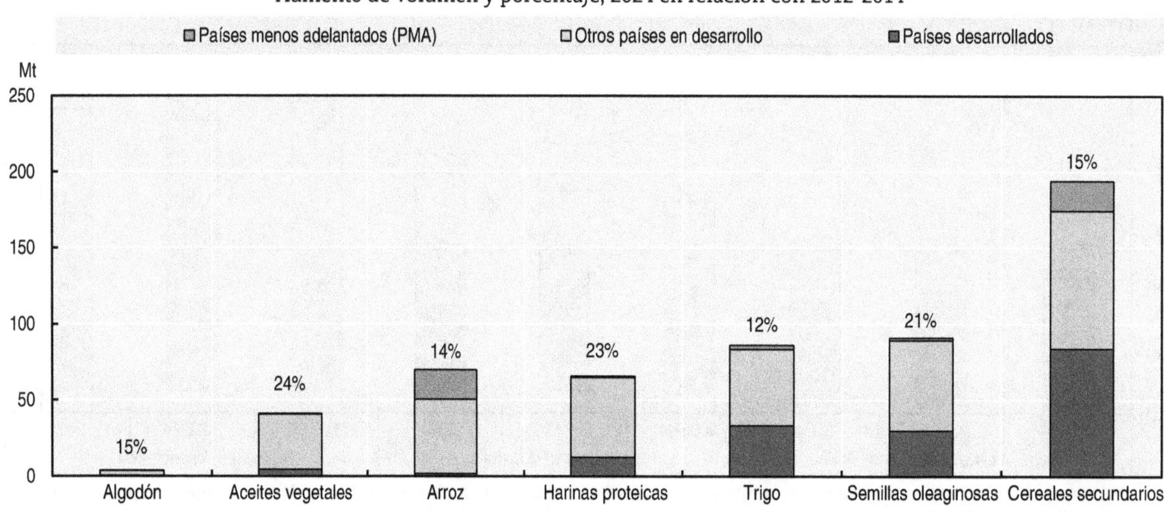

Fuente: OECD/FAO (2015), "OECD-FAO Agricultural Outlook", *OECD Agriculture Statistics* (base de datos), *http://dx.doi.org/10.1787/agr-outl-data-en.*

StatLinks http://dx.doi.org/10.1787/888933228776

A pesar de la fuerte demanda mundial, las posibilidades de ampliar la producción se ven limitadas por factores como las restricciones en la expansión de las tierras, preocupaciones ambientales y cambios en el entorno político. Así, la dinámica del crecimiento de la producción es claramente diferente en las distintas regiones. Para los productos que se abarcan en esta *Perspectiva*, la producción agrícola mundial creció con una tasa promedio de 2.2% anual en la última década, dirigida por un fuerte crecimiento en los países de Europa del Este, incluida la Federación de Rusia (3.3%), África (2.9%), y Asia y el Pacífico (2.9%). La agricultura en Europa Occidental creció solo 0.7% anual, y en América del Norte, 1.5%. Se prevé que el crecimiento de la agricultura mundial disminuya en torno a 1.5% anual en la próxima década, debido a la desaceleración del crecimiento en todas las regiones; la desaceleración más notable se dará en Europa del Este y la Federación de Rusia, con solo 1.3% anual, y en Asia y el Pacífico, a 1.7%. Sin embargo, África y América Latina y el Caribe encabezarán el crecimiento global con 2.4% y 1.8%, respectivamente.

En Asia y el Pacífico, las limitaciones de la tierra y los recursos naturales tienen normativas particularmente obligatorias y, por tanto, la mejora continua de la productividad será un motor clave en el aumento de la producción. En estas regiones, el área ocupada por el cultivo de cereales secundarios se mantendrá relativamente estable, y el crecimiento de la producción se deberá al aumento de los rendimientos. Por las limitaciones en la superficie total de cultivos, la expansión de la superficie de oleaginosas se dará a expensas de cereales como el arroz y el trigo, que se consumen sobre todo como alimento (Figura 1.10).

Figura 1.10. **Áreas de cultivos herbáceos y cambios de rendimiento en Asia y el Pacífico**

Variación porcentual anual media 2024 en relación con 2012-2014

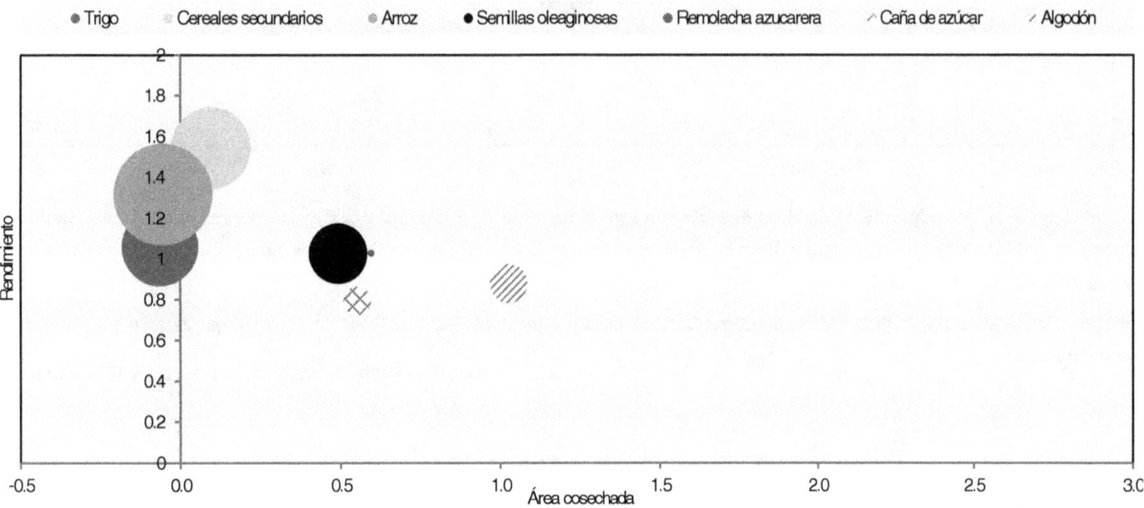

Nota: El eje se refiere al promedio de tasas de variación interanual en el rendimiento y la superficie cosechada en el periodo de proyección (2015-2024), mientras que el tamaño de las burbujas indica la proporción de la superficie total de cultivos herbáceos en el periodo base (2012-2014).

Fuente: OECD/FAO (2015), "OECD-FAO Agricultural Outlook", *OECD Agriculture Statistics* (base de datos), *http://dx.doi.org/10.1787/agr-outl-data-en.*

StatLinks http://dx.doi.org/10.1787/888933228788

Por el contrario, las limitaciones de tierra y recursos naturales tienen menos restricciones en América Latina y el Caribe, lo que permite un crecimiento más fuerte y refleja tanto la expansión del área como la mejora de los niveles de rendimiento (Figura 1.11). Las semillas oleaginosas y cereales secundarios ya dominan el uso del suelo en esta región, y en respuesta a la fuerte demanda de harina proteica, el área de semillas oleaginosas se expande un promedio anual de 1.2% durante el periodo de las perspectivas. Si bien se plantarán semillas oleaginosas en una mayor parte de la superficie adicional, esta expansión no se da a expensas de otros cultivos importantes, pues el área sembrada con cereales secundarios también se expande 0.7% anual, mientras que la superficie de trigo aumenta 0.6% anual. África, en particular África subsahariana, es otra región donde la tierra sigue disponible en abundancia como zona de cultivo, y el área total de cultivo en la región se ampliará más de 10% en los próximos diez años. Por la importancia del maíz como alimento básico en la región, la mayor proporción de área adicional se atribuirá a los cereales secundarios. A pesar de las continuas mejoras, las brechas de productividad se mantienen, y el rendimiento de los cultivos en África permanece muy por debajo de los promedios mundiales. Un aumento en las inversiones en capacidad de producción agrícola podría potencialmente aumentar la producción de la región.

Figura 1.11. **Áreas de cultivos herbáceos y cambios de rendimiento en América Latina y el Caribe**

Variación porcentual anual media 2024 en relación con 2012-2014

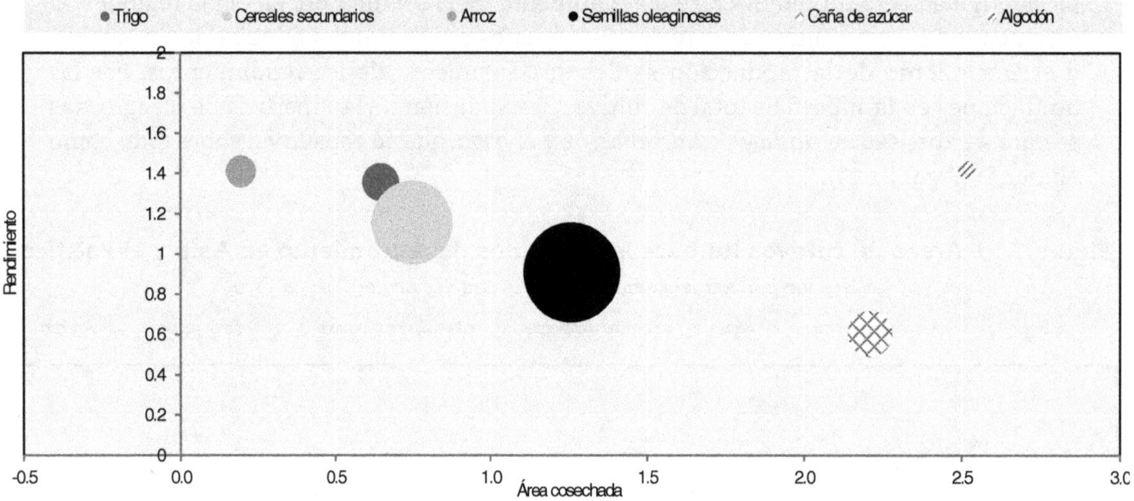

Nota: El eje se refiere al promedio de tasas de variación interanual en el rendimiento y la superficie cosechada en el periodo de proyección (2015-2024), mientras que el tamaño de las burbujas indica la proporción de la superficie total de cultivos herbáceos en el periodo base (2012-2014).

Fuente: OECD/FAO (2015), "OECD-FAO Agricultural Outlook", *OECD Agriculture Statistics* (base de datos), *http://dx.doi.org/10.1787/agr-outl-data-en.*

StatLinks *http://dx.doi.org/10.1787/888933228799*

Recuadro 1.4. **Inversiones responsables en agricultura**

La inversión agrícola, incluida la inversión directa nacional y extranjera, puede tener impactos positivos y transformadores en los ámbitos locales, nacionales y regionales. El aumento de la inversión agrícola es de hecho una de las estrategias más importantes y eficaces de largo plazo para aumentar la producción agrícola, promover el crecimiento económico, reducir la pobreza y fortalecer la seguridad alimentaria.

La inversión agrícola es un requisito fundamental en las regiones del mundo donde el hambre y la pobreza están más generalizadas. La inversión en la agricultura tiene un lugar preponderante en la agenda política de esta década, a raíz de los picos en los precios de alimentos y energía en 2007-2008. Con el apoyo del punto de vista de los medios globales, los inversionistas vieron en la agricultura una oportunidad para invertir, ya sea en empresas comerciales, por ejemplo, mediante la producción de cultivos para biocombustibles, o simplemente para especular con los precios del suelo. Mientras que algunas inversiones eran susceptibles

Recuadro 1.4. **Inversiones responsables en agricultura** *(cont.)*

de generar beneficios, existía el temor de que otras hacían más daño que bien, pues llevaban consigo riesgos significativos para las comunidades locales, los gobiernos, los inversionistas y el medio ambiente. La preocupación internacional se cernió sobre el destino de las tierras adquiridas y el de las personas que viven en ellas. En respuesta a estas preocupaciones, la comunidad internacional y los gobiernos del G20 pidieron iniciativas que promuevan la inversión agrícola responsable que mitigue los riesgos y maximice las oportunidades, en particular en lo que se refiere a la seguridad alimentaria.

Se emprendieron varios intentos para elaborar marcos normativos que no solo hicieran frente a estas preocupaciones, sino también promoviesen y desencadenasen una muy necesaria y mejor inversión agrícola. Algunos ejemplos son los *Principios para la Inversión Responsable en Sistemas Agrícolas y Alimentarios*, que elaboró el Comité de Seguridad Alimentaria Mundial en 2014, los *Principios para una Inversión Agrícola Responsable que Respete los Derechos, Medios de vida y Recursos*, que prepararon en conjunto la FAO, la UNCTAD, el FIDA y el Banco Mundial en 2009, y la *Guía de la FAO-OCDE Cadenas de Suministro Agrícola Responsables*, actualmente en preparación, que sintetiza las normas existentes. Estos instrumentos voluntarios, complementarios entre sí, tienen el propósito de proporcionar marcos para que los interesados formulen políticas nacionales, estrategias, marcos regulatorios, programas de responsabilidad social y corporativa, acuerdos y contratos individuales.

El análisis presentado en esta edición de *Perspectivas Agrícolas OCDE-FAO* sugiere que los niveles de precios de los productos básicos agrícolas que desencadenaron la inversión de gran escala en esta década caerán considerablemente durante la próxima. La rentabilidad de la producción de biocombustibles resiente la presión de los bajos precios de combustibles no renovables y en la medida en que los precios de los alimentos regresan a su tendencia a la baja. Es poco probable que el nuevo escenario de la *Perspectiva* sostenga el entusiasmo actual por la inversión en la agricultura, pero esto no es una razón para abandonar estos instrumentos normativos. Todo lo contrario; la adopción de instrumentos normativos ayudará a hacer inversiones rentables para los inversionistas y las comunidades de acogida, por lo que se espera que tenga un impacto positivo en la producción agrícola en el mediano plazo.

A pesar de representar solo una pequeña parte de la superficie total de cultivos en el mundo, el algodón es dinámico, pues su zona se expandirá 6% durante el periodo de proyección de diez años. Sin embargo, el crecimiento de la producción se concentra cada vez más en las zonas de menor rendimiento y por tanto, en el ámbito global, las mejoras de rendimiento se limitarán a un promedio de 1.1% anual. No obstante, la combinación de la expansión de área y el aumento de los rendimientos dará como resultado un robusto crecimiento de la producción en la mayoría de las regiones, con China como único productor importante donde no se prevé que la producción aumente.

Las políticas públicas siguen influyendo en las decisiones sobre producción de biocombustibles

La evolución del sector de los biocombustibles en la última década recibió una fuerte influencia de la introducción de diversas políticas públicas, como medidas de apoyo y niveles de mezcla obligatorios. Durante los periodos de precios altos de los combustibles fósiles, el uso de etanol como aditivo de octanaje se expandió rápidamente. Sin embargo, a la luz de las suposiciones sobre una baja significativa en el precio del petróleo durante el periodo de las perspectivas, la producción de biocombustibles se vinculará estrechamente a las políticas que obligan su uso. En Estados Unidos de América y la Unión Europea, no se espera que estas políticas requieran una producción significativamente mayor de biocombustibles en los próximos diez años, y el crecimiento limitado surgirá, principalmente del etanol obtenido a partir de biomasa lignocelulósica.

En cambio, las normativas obligatorias sobre mezclas de etanol en Brasil se incrementaron recientemente 27%, y los impuestos diferenciales se colocaron en un lugar que favorece la industria doméstica del etanol hidratado. La *Perspectiva* también supone que los precios de la gasolina doméstica se mantendrán por encima de los internacionales en los primeros años del periodo de proyección y que las cuestiones logísticas limitarán las posibilidades de importación de etanol en el corto plazo. En consecuencia, la rentable industria del etanol doméstico en Brasil producirá, en los próximos diez años, dos tercios de la oferta mundial de etanol adicional, con la caña de azúcar como materia prima principal. La producción mundial de caña de azúcar se incrementará 21% durante el periodo de las perspectivas y se ampliará la proporción de la producción mundial de caña de azúcar procesada para el etanol, de 20% en el periodo base (2012-2014) a 25% en 2024. Casi 60% de la producción de caña de azúcar adicional se originará en Brasil, principal productor de caña de azúcar. Aunque la base aún es pequeña, la producción de azúcar de África también se ampliará sustancialmente en los próximos diez años debido a los aumentos en la producción en el África subsahariana, así como en Egipto. La caña de azúcar representará 86% de la producción total de azúcar en la próxima década; no obstante, se esperan aumentos marginales en la producción de remolacha azucarera tanto en la Federación de Rusia como en la Unión Europea tras las supresiones de cuotas de 2017.

Recuadro 1.5. **Implementación de cambios en las políticas agrícolas en la Unión Europea y Estados Unidos de América**

La Ley Agrícola de 2014 en Estados Unidos de América (también conocida como la Ley Agrícola de 2014) y la Política Agrícola Común (PAC) de 2013 en la Unión Europea contenían considerables flexibilidades de implementación. En Estados Unidos de América, la nueva ley requiere decisiones que deben tomar los agricultores; mientras que en la Unión Europea es necesario que las decisiones se tomen en los niveles nacional y subnacional. En el informe *Perspectivas* del año pasado se incluyó en parte la reforma de la PAC, pues la decisión de su ejecución se esperaba para agosto de 2014. No se incluyó la nueva Ley Agrícola, pues las decisiones finales se tomaron en una etapa tardía del proceso. Sin embargo, una descripción de los principales elementos de los dos cambios de política se encuentra disponible en la *OECD-FAO Outlook* de 2014. Ambos cambios de política se incorporan plenamente en esta *Perspectiva*, con algunos supuestos concretos en cuanto a su aplicación.

En cuanto a la reforma de la PAC de 2013, los Estados miembros proporcionaron una serie de opciones. Se ofrece un tipo fijo de 30% del pago total directo de 42 mil millones de euros para medidas de áreas verdes, y, en promedio, 55% como pago básico desacoplado, que va desde 12% en Malta hasta 68% en Irlanda. Una disposición de carácter general de la reforma del 2013 de la PAC permitió hasta cierto punto el acoplamiento de los pagos directos a la producción. A excepción de Alemania, todos los Estados miembros optaron por ejercer esta flexibilidad, y se espera que los pagos acoplados representen 4.2 mil millones de euros al año, un promedio de 10% de los pagos del Pilar 1. Tres países; Bélgica, Finlandia y Portugal, recibieron un permiso especial porque su cuota propuesta de pagos del Pilar 1 excedía el límite de 13% más 2% para las proteaginosas. Malta, que concede menos de 3 millones de euros en apoyos acoplados, no está obligada por el límite porcentual.

Muchos productos agrícolas se benefician de los pagos acoplados, pero seis sectores representan más de 90% de la ayuda total acoplada en la Unión Europea (Figura 1.12). Esos sectores son la carne de vacuno (con una cuota de 41%) en 24 Estados miembros, la leche (20%) en 19 Estados miembros, ovejas y cabras (12%) en 22 Estados miembros, las proteaginosas (10%) en 16 Estados miembros, frutas y verduras (5%) en 19 Estados miembros y remolacha azucarera (4%) en 10 Estados miembros. La mayor parte de los pagos acoplados son una continuación de las ayudas acopladas asociadas ya existente de la PAC anterior o, como en el caso de la leche y el azúcar de remolacha, una compensación por poner fin a la cuota de producción en 2015 y 2017, respectivamente.

Recuadro 1.5. **Implementación de cambios en las políticas agrícolas en la Unión Europea y Estados Unidos de América** *(cont.)*

Figura 1.12. **Proporción de productos agrícolas en la ayuda total acoplada en la Unión Europea**

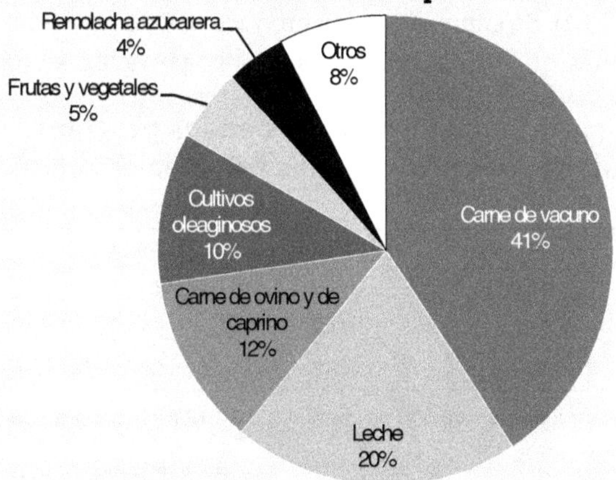

Fuente: Comisión Europea, *http://ec.europa.eu/agriculture/direct-support/direct-payments/index_en.htm.*

StatLinks *http://dx.doi.org/10.1787/888933228803*

La proporción de las ayudas asociadas ha aumentado y marca un cambio en el desarrollo de largo plazo de apoyos menos acoplados en la Unión Europea. De acuerdo con las normas, las ayudas acopladas están focalizadas (solo para sectores o regiones en donde los tipos específicos de actividades agrarias o sectores agrícolas específicos afronten dificultades) y limitadas (se otorgan dentro de límites cuantitativos definidos, basados en superficies y rendimientos o número de animales fijos), y su objetivo es crear un incentivo para mantener los niveles actuales de producción en dichos sectores o regiones afectadas. Además, los Estados miembros podrán optar por reducir la tasa de pago a los beneficiarios que reciben cantidades superiores a 150 000 euros y hay una mayor flexibilidad para mover fondos entre el Pilar 1 y Pilar 2 (programas de desarrollo rural). Estas dos opciones tienen un menor impacto en los mercados de productos básicos agrícolas. Los nuevos sobres de apoyo acoplado se incorporaron en la preparación de esta *Perspectiva*.

La Ley Agrícola de 2014 en Estados Unidos de América puso fin a los pagos directos que los agricultores recibieron independientemente de su calidad o de los precios de sus cultivos. Se crean dos nuevos programas de materias primas: Cobertura de Pérdida por Precios (PLC) y Cobertura de Riesgo Agrícola (ARC). Estos nuevos programas de apoyo están disponibles para la mayoría de los cultivos, excepto para el algodón, y los agricultores tienen que hacer una elección por única vez entre ambos programas antes del 7 de abril de 2015 para los cultivos producidos entre 2014 y 2018. Además, los productores tuvieron también la oportunidad de actualizar la superficie de base con la superficie de cada producto cubierto en proporción al promedio de cuatro años de hectáreas que se cultivaron o consideraron sembradas de todos los cultivos de productos básicos cubiertos de 2009-2012. Para el algodón, que es inelegible para el ARC y el PLC, se estableció un nuevo plan llamado Plan de Protección de Ingresos Acumulados (STAX).

El PLC ofrece un piso de precios, y los pagos están vinculados al área de la base y un precio de referencia legislado. La ARC es un programa de asistencia basado en ingresos con dos opciones para los agricultores, ya sea sobre la base de un desencadenante de ingresos tipo condado (ARC-CO) o según la explotación individual (ARC-IC). En cualquier caso, ya sea ARC-CO o ARC-IC, se prestará apoyo si los ingresos caen por debajo de 86% del índice de referencia ligado a la media olímpica de los cinco años anteriores. Conforme a la ARC-CO y el PLC, no se requiere plantar el producto cubierto para recibir el pago. Los pagos se realizan respecto de 85% del área de la base del cultivo aplicable. La ARC-IC requiere de siembra o de intención de siembra para el producto cubierto, y los pagos se hacen en 65% de la superficie elegible. Los pagos de ARC-CO y ARC-IC tienen un límite de 10% de los ingresos de referencia.

Recuadro 1.5. **Implementación de cambios en las políticas agrícolas en la Unión Europea y Estados Unidos de América** *(cont.)*

Las tasas de participación de cualquiera de los programas aún no se registraban en el momento de elaborar este informe. En las proyecciones se supone que todas las unidades de producción participen en la ARC-IC, ARC-CO o PLC (Cuadro 1.1). Se supone que los productores de soya y maíz participen en programas de la ARC, mientras que se asume que más productores de trigo participarán en el programa PLC.

Cuadro 1.1. **Tasas de participación supuestas en los programas de la Ley Agrícola en Estados Unidos de América de los principales productos básicos**

	ARC-CO		ARC-IC		PLC	
	2014-18	2019-24	2014-18	2019-24	2014-18	2019-24
Soya	44.1%	30.0%	14.7%	10.0%	41.2%	60.0%
Maíz	45.0%	27.2%	15.0%	9.1%	40.0%	63.7%
Trigo	30.2%	20.9%	10.1%	6.9%	59.7%	72.2%

Nota: ARC-CO (Cobertura de Riesgos Agricultura - opción de condado), ARC-IC (Cobertura de Riesgo Agrícola - opción individual), PLC (Cobertura de Pérdida por Precios)

StatLinks http://dx.doi.org/10.1787/888933229731

La nueva Ley Agrícola en Estados Unidos de América reorganizó el apoyo a los lácteos. El Programa de Protección de Márgenes (MPP) es un programa de gestión de riesgos voluntario para los productores de leche, que les ofrece protección cuando el margen promedio de la producción de leche calculado entre el precio de la leche y el costo promedio nacional del alimento cae por debajo de una cierta cantidad de dólares. El productor lo selecciona durante un periodo de dos meses consecutivos, que consiste en los meses de enero / febrero, marzo / abril, mayo / junio, julio / agosto, septiembre / octubre y noviembre / diciembre. En el marco del Programa de Donación de Productos Lácteos (DPDP), estos se compran para su distribución a los estadounidenses de bajos ingresos cuando el margen de leche cae por debajo de un desencadenante legislado.

Una mejor rentabilidad apuntala el crecimiento en el sector ganadero

Durante varios años, la producción de carne se ha visto obstaculizada por los costos particularmente volátiles de los forrajes, mismos que deprimieron los márgenes de los productores. Varios años de liquidación de rebaños en regiones clave de producción bovina, aunados a varios brotes de enfermedades, restringieron el suministro durante 2014. Como resultado, los precios de la carne alcanzaron niveles récord a pesar de una fuerte caída en los costos de la alimentación, lo que marcó un retorno a la rentabilidad en el sector ganadero. Una relación favorable de precios entre la carne y los forrajes durante el periodo cubierto en la *Perspectiva* apoyará el crecimiento de la producción, sobre todo en industrias como las aves de corral y la carne de cerdo, que se basan en el uso intensivo de cereales forrajeros en el proceso de producción. Un ciclo de producción corto permite que el sector avícola en particular responda rápido a la mejora de la rentabilidad. Se prevé que la producción se amplíe 24% durante el periodo de las perspectivas, respaldada por la fuerte demanda. En consecuencia, para 2024, se producirán 26 Mt de aves de corral adicionales en todo el mundo, lo que captará más de la mitad de la producción adicional de carne. La producción de carne de cerdo se ampliará 12% durante el mismo periodo, lo que implica un suministro adicional de 13 Mt (Figura 1.13).

Los países menos desarrollados, menos dependientes de los cereales forrajeros en la producción de aves de corral y de cerdo, representarán una parte muy limitada de la producción adicional. Así, ese crecimiento está dominado por otros países en desarrollo, donde los precios de alimentación reducidos permiten una mayor intensificación y por lo

Figura 1.13. **Crecimiento proyectado de la producción ganadera en los países menos desarrollados, otros países en desarrollo y países desarrollados**

Aumento del volumen y porcentaje, 2024 en relación con 2012-2014

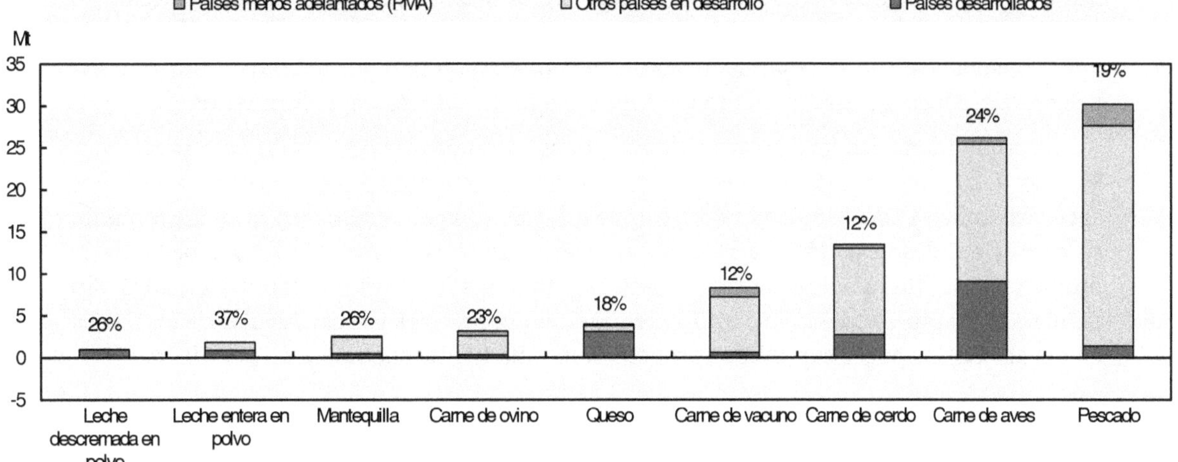

Fuente: OECD/FAO (2015), "OECD-FAO Agricultural Outlook", *OECD Agriculture Statistics* (base de datos), *http://dx.doi.org/10.1787/agr-outl-data-en.*

StatLinks *http://dx.doi.org/10.1787/888933228812*

tanto el aumento en la utilización de forrajes en el sistema de producción. En 2024, estos países en desarrollo, con excepción de los países menos desarrollados, representarán 58% y 77% de la producción adicional de aves de corral y de cerdo, respectivamente. En muchas regiones desarrolladas, las regulaciones ambientales combinadas con regulaciones más estrictas de bienestar animal limitan el potencial para una mayor expansión, y por tanto el crecimiento de la producción es más lento.

La producción bovina muestra una mayor flexibilidad en los regímenes de alimentación, y la producción extensiva representa, en los países menos desarrollados, 13% de los 8 Mt adicionales de carne bovina producidas para 2024. Los países en desarrollo, con excepción de los menos desarrollados, seguirán dominando y representarán 79% de la producción bovina adicional: en conjunto, Brasil, China e India representan 42% de la oferta de producción adicional. En todo el mundo, la producción ovina se expandirá a un ritmo más rápido en relación con la última década y un poco menos de 40% de los 3 Mt adicionales de carne ovina producida hasta 2024 provendrá de China. La producción ovina se basa principalmente en pastos, y sobre todo en Nueva Zelanda, uno de los mayores exportadores de carne de oveja, la producción aún resiente la influencia de la competencia por los pastos con el sector lácteo.

El aumento en la producción de leche a lo largo de la última década fue el resultado de la expansión de rebaños destinados a la producción de lácteos, pues los rendimientos promedio se redujeron en un promedio anual de 0.2% debido al rápido crecimiento de los rebaños en las regiones de bajo rendimiento. Durante el periodo de las perspectivas, se prevé que la producción de leche aumente un promedio anual de 1.8%; la mayor parte de la leche adicional se producirá en los países en desarrollo, en particular la India, que superará a la Unión Europea para convertirse en el mayor productor de leche del mundo. Los menores costos aumentarán el uso de forrajes en el sistema de producción, lo que resultará en una mayor producción de leche por vaca lechera. En consecuencia, en los países en desarrollo, el crecimiento en la producción de leche será resultado tanto de la expansión de los rebaños como de las ganancias por productividad. En cambio, se prevé que los rebaños lecheros disminuyan en los países más desarrollados, lo que refleja las ganancias en productividad así como limitaciones en la disponibilidad de agua y tierra.

La producción de los cuatro principales productos lácteos seguirá la tendencia de la producción de leche durante el periodo de las perspectivas. La producción de mantequilla y leche entera en polvo (LEP) crecerá más rápido, 2.2% y 2.7% anuales, respectivamente, pues el mayor volumen de estos productos se produce en los países en desarrollo. La producción de queso y leche descremada en polvo (LDP) se concentra, sin embargo, en los países desarrollados y, en consonancia con la desaceleración del crecimiento en la producción de leche en estos países, la producción crecerá un promedio anual de 1.5% y 1.8%, respectivamente.

La producción pesquera se expandirá más de 30 Mt durante el periodo de las perspectivas, 96% de la cual provendrá de países en desarrollo. La acuicultura sigue siendo uno de los sectores alimenticios de más rápido crecimiento, y aunque al mismo tiempo el crecimiento se desacelera desde la década pasada, representa de todas formas la mayor parte de la producción pesquera adicional y se espera que supere a la pesca por captura en 2023. Sin embargo, la captura todavía es dominante para ciertas especies y, en particular en los países en desarrollo, los peces capturados proporcionan una fuente asequible de proteínas.

Comercio: el comercio aumentará en todos los productos, excepto biocombustibles

Con excepción de los biocombustibles, se proyecta que los volúmenes de comercio de la mayoría de los productos agrícolas se amplíen durante el periodo de las perspectivas. Las limitadas disposiciones avanzadas en las normativas[2] obligatorias de etanol en Estados Unidos de América crean la expectativa de que el comercio bilateral de etanol entre Brasil y Estados Unidos de América no se lleve a cabo en el mediano plazo. Se prevé que el comercio de algodón, azúcar y aves de corral experimentará el mayor crecimiento durante el periodo de las perspectivas, en torno a 3% anual en términos de volumen. El fuerte crecimiento relativo en el comercio de algodón se verá impulsado por el retorno de China a los mercados mundiales en la segunda parte del periodo de proyección y por la demanda continua de importaciones de algodón por parte de los países productores de textiles.

La desaceleración proyectada de la trituración de semillas oleaginosas en China provocará una desaceleración en el crecimiento del comercio de semillas oleaginosas. A pesar de una disminución en el periodo de las perspectivas, los precios de la carne siguen siendo altos en relación con las normas históricas, lo que estimulará la producción en los países en desarrollo que son importadores netos; así, el crecimiento del comercio se desacelera en comparación con la última década. El comercio de pescado también se ve afectado por el aumento de precios, altos costos de transporte y la expansión más lenta de la producción acuícola.

Los alimentos y forrajes ligeramente procesados son los productos más comercializados

La proporción de la producción de cereales que se comercializa se mantendrá estable durante el periodo de proyección (Figura 1.14). El trigo se mantendrá como el cereal más comercializado hasta 2024, pues se espera que se exporte 22% de su producción; estas proporciones se acercan a 13% y 10% para los cereales secundarios y arroz, respectivamente. Se espera que la cuota de producción de harina proteica que llega a los mercados internacionales disminuya durante el periodo de proyección, de 28% en 2012-2014 a 25% en 2024. Este es un resultado directo de la expansión de la producción ganadera en los principales países productores de harina proteica, en los que se utiliza una mayor proporción de harina proteica en el nivel nacional, en detrimento de las exportaciones. El aceite vegetal es uno de los productos más comercializados; alrededor de 40% de su producción entra en los mercados internacionales, en especial el aceite de palma de Indonesia y Malasia.

Figura 1.14. **Proporción de la producción comercializada en 2024 en comparación con 2012-2014**

Participación de las exportaciones netas en la producción total

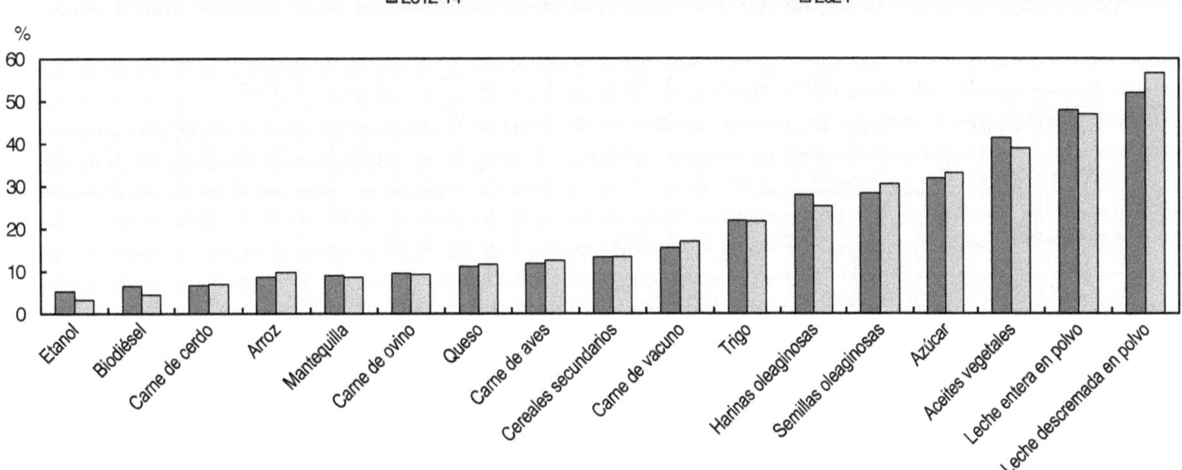

Fuente: OECD/FAO (2015), "OECD-FAO Agricultural Outlook", *OECD Agriculture Statistics* (base de datos), *http://dx.doi.org/10.1787/agr-outl-data-en.*

StatLinks *http://dx.doi.org/10.1787/888933228823*

Se espera que el comercio de etanol como parte de la producción se reduzca durante el periodo de las perspectivas, pues se proyecta que las demandas de importación de los principales países consumidores continúen siendo limitadas. Las exportaciones de carne se expandirán con una tasa similar a la producción, lo que generará participaciones relativamente constantes del comercio en la producción total. Las exportaciones de la Unión Europea, el segundo mayor exportador de carne, crecerán marginalmente, ya que las restricciones ambientales y las regulaciones estrictas de bienestar animal limitan la expansión de la oferta interna.

La comerciabilidad de los diferentes productos lácteos varía significativamente. Si bien la LEP y la LDP son las materias primas que cotizan más alto, el comercio de la mantequilla y el queso está por debajo de la media y el comercio es muy bajo en los productos lácteos frescos (leche líquida, crema, yogur, etc.). Aunque la demanda de productos lácteos frescos es mucho mayor que para LEP y LDP, su comercio es limitado debido a las limitaciones de transportación (este comercio no se representa en la figura porque es inferior a 1% de la producción mundial).

La mayor parte del comercio fluye de pocos exportadores a un gran número de importadores

Las exportaciones de productos agrícolas tienden a concentrarse en unos cuantos países, mientras que las importaciones se dispersan en un mayor número de países. El número limitado de exportadores para la mayoría de las materias primas refleja una ventaja comparativa en estos países debido a las dotaciones naturales, las políticas nacionales y las condiciones climáticas. Sin embargo, la dependencia de pocos países para el suministro de un determinado producto aumenta el riesgo de que si la oferta de un país se interrumpe debido a un desastre natural o a medidas de protección comercial, esto podría tener repercusiones importantes en los mercados internacionales.

Las figuras 1.15 y 1.16 muestran la concentración de las exportaciones e importaciones, respectivamente, por país y por producto. Estas dos figuras son los llamados "mapas de calor", donde un tono más oscuro indica una mayor participación en las exportaciones mundiales (Figura 1.15) o las importaciones mundiales (Figura 1.16) de un producto específico. Al comparar estas dos figuras se ilustra la concentración de exportadores y la dispersión de los importadores; se observa que la Figura 1.15 se compone de un menor número de áreas sombreadas en comparación con la 1.16, y al mismo tiempo las áreas en la Figura 1.15 son generalmente más oscuras que en la 1.16.

Figura 1.15. **Concentración de exportaciones por producto, 2024**

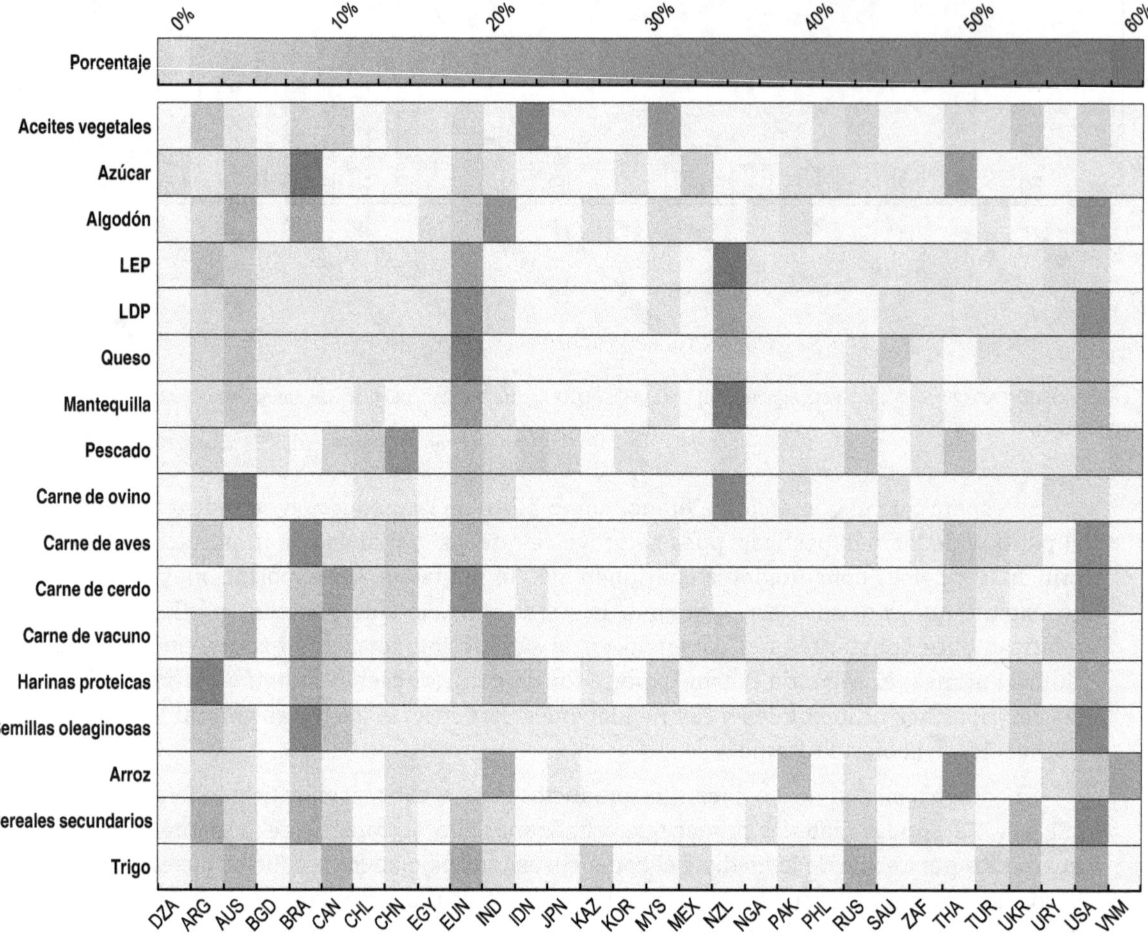

Nota: Los tonos más oscuros indican una mayor participación en las exportaciones mundiales de un producto básico específico. Solo se representan los países que tienen una parte relativamente importante de las exportaciones de al menos uno de los productos. Países: (CAN) Canadá, (USA) Estados Unidos de América, (EUN) Unión Europea, (AUS) Australia, (NZL) Nueva Zelanda, (JPN) Japón, (ZAF) Sudáfrica, (KAZ) Kazajistán, (RUS) Federación de Rusia, (UKR) Ucrania, (DZA) Argelia, (BRA) Brasil, (CHL) Chile, (MEX) México, (URY) Uruguay, (BGD) Bangladesh, (CHN) China, (IND) India, (IDN) Indonesia, (KOR) Corea, (MYS) Malasia, (PAK) Pakistán, (PHL) Filipinas, (THA) Tailandia, (VNM) Vietnam, (SAU) Arabia Saudita y (TUR) Turquía.

Fuente: OECD/FAO (2015), "OECD-FAO Agricultural Outlook", *OECD Agriculture Statistics* (base de datos), *http://dx.doi.org/10.1787/agr-outl-data-en.*

StatLinks *http://dx.doi.org/10.1787/888933228835*

Para 2024, se espera que Estados Unidos de América, la Unión Europea y Brasil permanezcan entre los principales exportadores. Se prevé que Estados Unidos de América sea el mayor exportador de cereales secundarios, carne de cerdo y de algodón, con cuotas de exportación en el comercio mundial que alcanzan 33%, 32% y 24%, respectivamente. Además, Estados Unidos de América es uno de los cinco principales exportadores de trigo, arroz, semillas oleaginosas, harina proteica, carne de res, pollo, pescado, mantequilla, queso y leche descremada en polvo. Se espera que sus exportaciones de cereales secundarios

Figura 1.16. **Concentración de importaciones por producto, 2024**

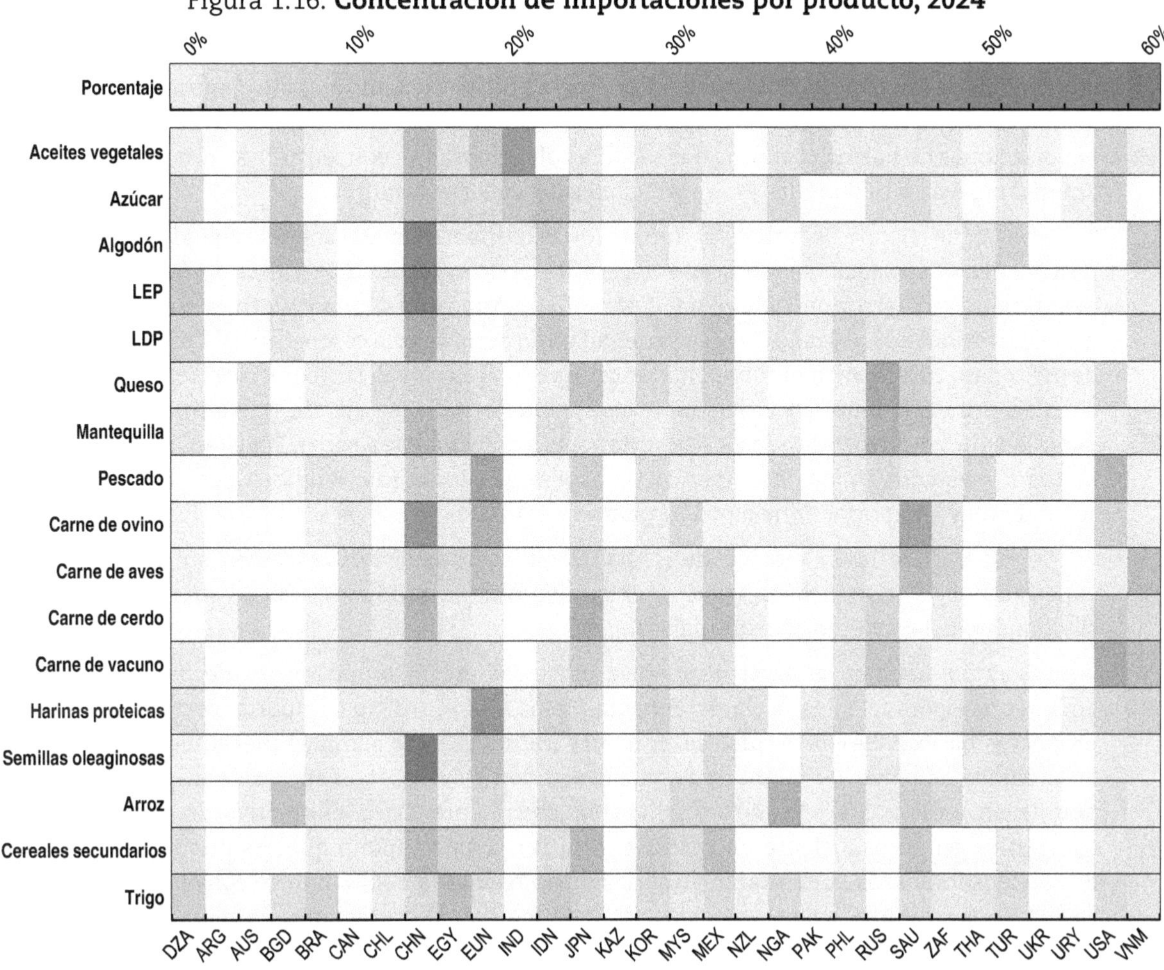

Nota: Los tonos más oscuros indican una mayor proporción de las importaciones mundiales de un producto específico. Solo se representan los países que tienen una parte relativamente importante de las importaciones para al menos uno de los productos. Países: (CAN) Canadá, (USA) Estados Unidos de América, (EUN) Unión Europea, (AUS) Australia, (NZL) Nueva Zelanda, (JPN) Japón, (ZAF) Sudáfrica, (KAZ) Kazajistán, (RUS) Federación de Rusia, (UKR) Ucrania, (DZA) Argelia, (BRA) Brasil, (CHL) Chile, (MEX) México, (URY) Uruguay, (BGD) Bangladesh, (CHN) China, (IND) India, (IDN) Indonesia, (KOR) Corea, (MYS) Malasia, (PAK) Pakistán, (PHL) Filipinas, (THA) Tailandia, (VNM) Vietnam, (SAU) Arabia Saudita y (TUR) Turquía.

Fuente: OECD/FAO (2015), "OECD-FAO Agricultural Outlook", *OECD Agriculture Statistics* (base de datos), *http://dx.doi.org/10.1787/agr-outl-data-en.*

StatLinks *http://dx.doi.org/10.1787/888933228841*

aumenten en términos de volumen, debido a una desaceleración en la demanda interna para la producción de biocombustibles.

Las exportaciones de productos lácteos también se mantendrán muy concentradas. Hacia 2024, Estados Unidos de América y la Unión Europea representarán cada uno un tercio de las exportaciones de LDP, mientras que la Unión Europea seguirá siendo el exportador principal de queso con una cuota de 40%. Nueva Zelanda será el principal productor de mantequilla y leche entera en polvo en el mundo, con cuotas de exportación que alcanzarán 48% y 56%, respectivamente. Se espera que algunos países en desarrollo, como Argentina y Arabia Saudita, que exportan LEP y queso, respectivamente, entren a la arena de comercio internacional.

Más de la mitad de las exportaciones de azúcar del mundo se originará en Brasil para 2024. Esta cuota de mercado es inferior a la del año base, pues se espera que Tailandia y

Australia comiencen a exportar más azúcar. Brasil también se convertirá en el principal exportador mundial de carne de vacuno y aves de corral para 2024, con cuotas de exportación de 20% y 31%, respectivamente. Brasil y Estados Unidos de América representarán más de dos tercios de las exportaciones mundiales de semillas oleaginosas, y Argentina seguirá siendo el mayor exportador de harina proteica, con una cuota de 36%. Mientras que las exportaciones de harina proteica y las semillas oleaginosas se concentran en el continente americano, Asia aún domina las exportaciones de aceite vegetal.

Asia sigue siendo la principal fuente de exportaciones de aceite vegetal, arroz y pescado. Las exportaciones de aceite vegetal se concentran en Indonesia y Malasia, las exportaciones de arroz en Tailandia y Vietnam, mientras que China y Vietnam encabezan las exportaciones de pescado. Se prevé que Tailandia permanezca como principal exportador de arroz para 2024. Si bien el comercio de aceite vegetal es global, las exportaciones de arroz circulan principalmente en la región. A excepción de India, se espera que aumenten las exportaciones de arroz de todos los exportadores tradicionales, a saber, Pakistán, Tailandia, Vietnam y Estados Unidos de América. Se espera que India mantenga su posición como segundo mayor exportador de algodón y carne para 2024.

Se espera que la Federación de Rusia, Ucrania y Kazajistán refuercen su papel de exportadores de trigo, debido a que el crecimiento de la producción sigue superando al crecimiento del consumo en estos países.

Las importaciones se encuentran más dispersas en un grupo mayor de países. Sin embargo, la Figura 1.15 ilustra claramente que China será el principal importador de muchos productos básicos. Se prevé que sea el mayor importador de semillas oleaginosas, leche descremada en polvo, leche entera en polvo, algodón y ovinos, con cuotas de importación que llegan a 61%, 15%, 25%, 40% y 20%, respectivamente. Dado el objetivo de China de convertirse en autosuficiente en cereales, esta *Perspectiva* supone que las importaciones de cereales forrajeros aumentarán aún más como resultado. Así, China se convertirá en el segundo mayor importador de cereales secundarios, con importaciones de cebada y sorgo mayores que las de maíz.

Se espera que la prohibición de importaciones impuesta por la Federación de Rusia sobre el queso y la mantequilla, entre otros bienes, interrumpa temporalmente los flujos comerciales (Recuadro 1.6). En consecuencia, se prevé que la Federación de Rusia se mantendrá como el principal destino del queso y la mantequilla en el mediano plazo.

Se espera que se mantengan los patrones comerciales entre el mundo desarrollado y en desarrollo durante los próximos diez años. En general, los países desarrollados exportarán trigo, cereales secundarios, carne y productos lácteos, que importarán los países en desarrollo. El comercio de pescado y harina proteica, en cambio, seguirán la dirección opuesta, con la Unión Europea como el mayor importador de ambos productos. El comercio dentro de las regiones en desarrollo, en particular, será fuerte para el arroz y las oleaginosas.

Se espera que tanto el comercio como las políticas internas (restricciones comerciales temporales, acuerdos comerciales bilaterales, programas de mantenimiento de reservas, etc.) influyan significativamente en la estructura del comercio. La implementación de varios acuerdos bilaterales de comercio de productos básicos como carne, pescado y productos lácteos tiene el potencial de diversificar los flujos comerciales en los próximos diez años. El comercio de productos lácteos y carne, por otro lado, también podría verse potencialmente restringido debido a barreras comerciales temporales que surgen de las preocupaciones sanitarias y de seguridad alimentaria en relación con los brotes de enfermedades. Muchas políticas internas tienen efectos indirectos en los mercados internacionales. Por ejemplo, los programas de mantenimiento de reservas en los países exportadores afectan la disponibilidad de productos para el comercio internacional. La liberación de grandes inventarios de arroz que se acumulan en Tailandia debilitará los precios internacionales, lo que a su vez podría desalentar a exportadores de arroz menos competitivos para entrar en los mercados internacionales.

Recuadro 1.6. **Impacto global de las restricciones de la Federación de Rusia en las importaciones de productos agrícolas y alimenticios**

El 7 de agosto de 2014, el gobierno de la Federación de Rusia anunció una restricción a la importación de una amplia gama de productos alimenticios en respuesta a las sanciones previamente impuestas por algunos países a la Federación de Rusia debido a la situación de seguridad en Ucrania. La prohibición, que se espera que permanezca en vigor por un año, abarca importaciones de carne de res, cerdo, pollo, carnes procesadas, pescado y otros mariscos, leche y productos lácteos, verduras, frutas y frutos secos procedentes de la Unión Europea, Estados Unidos de América, Canadá , Australia y Noruega. Los productos afectados representan dos terceras partes de todos los gastos de alimentos de los hogares rusos. Treinta y seis por ciento de estos productos (por valor) provenía de los países afectados. Para algunos productos, la participación de las importaciones procedentes de los países afectados era muy alta: 71% de carne de cerdo y 53% de pescados y mariscos.

El principal resultado de la prohibición fue un realineamiento de los flujos comerciales, con una mayor participación de las importaciones rusas originarias de países no afectados por las restricciones, en particular de América del Sur. Las exportaciones de la Unión Europea y Estados Unidos de América se dirigen ahora a mercados asiáticos que antes atendían los exportadores de América del Sur. En la Federación de Rusia, la medida afecta los precios internos, el consumo y el bienestar general, exacerbados por las fluctuaciones del tipo de cambio. Al perder el rublo casi la mitad de su valor en relación con el dólar estadounidense entre julio de 2014 y febrero de 2015, las importaciones no tardaron en encarecer, lo que erosiona el poder adquisitivo de los consumidores. Como resultado, los precios al consumo de carne de cerdo y pollo registraron un salto inicial, para aumentar 27% durante 2014. También se registró un gran aumento en las manzanas (21%), muy por encima del IPC general de 11%.

La carne de cerdo es uno de los productos más afectados por la prohibición. Se espera que la Federación de Rusia siga aumentando su propia producción alineándose con la tendencia de largo plazo, con políticas de apoyo del gobierno en favor de unidades de producción de gran escala. Hasta ahora no ha habido ningún aumento importante de las importaciones de carne de vacuno por la Federación de Rusia, pues provenían sobre todo de América del Sur antes de la prohibición.

En general, se ha observado un aumento notable en la producción nacional de carne después de las restricciones a la importación. Los principales efectos de la prohibición fueron, en primer lugar, un cambio importante en las fuentes de importación, y en segundo, una disminución general de las importaciones agrícolas totales. En la segunda mitad de 2014 el valor de las importaciones agrícolas y de alimentos en la Federación de Rusia se redujo 6.4% respecto del mismo periodo de 2013, con una fuerte caída a finales de 2014 como consecuencia del desplome del rublo. Entre los productos afectados, la caída más fuerte de las importaciones durante 2014 fue la de carne de cerdo (41% en términos de volumen). La proporción de carne de cerdo brasileña dentro de los flujos comerciales de la Federación de Rusia aumentó de un promedio de 21% en 2013 a 72% en el último trimestre de 2014. Brasil sustituyó a la Unión Europea como principal exportador de carne de cerdo a la Federación de Rusia. En las aves, la participación de Brasil aumentó de 9.8% en 2013 a 25.4%. Las importaciones de lácteos procedentes de la Unión Europea disminuyeron, mientras que Argentina, Uruguay y en particular Bielorrusia aumentaron sustancialmente sus envíos. La participación de Bielorrusia en el valor total de las importaciones de productos lácteos por la Federación de Rusia se incrementó de aproximadamente 40% a principios de 2014 a 72% después de las sanciones.

Recuadro 1.6. **Impacto global de las restricciones de la Federación de Rusia en las importaciones de productos agrícolas y alimenticios** *(cont.)*

Figura 1.17. **Importaciones mensuales de carne de cerdo y aves de corral en la Federación de Rusia, 2014**

Cerdo (panel izquierdo) y Aves (panel derecho)

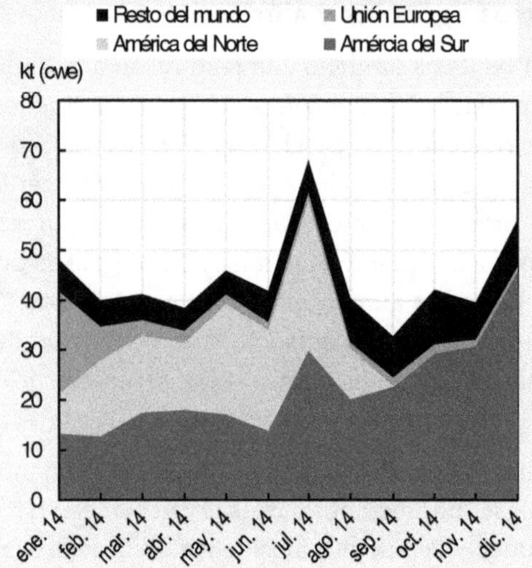

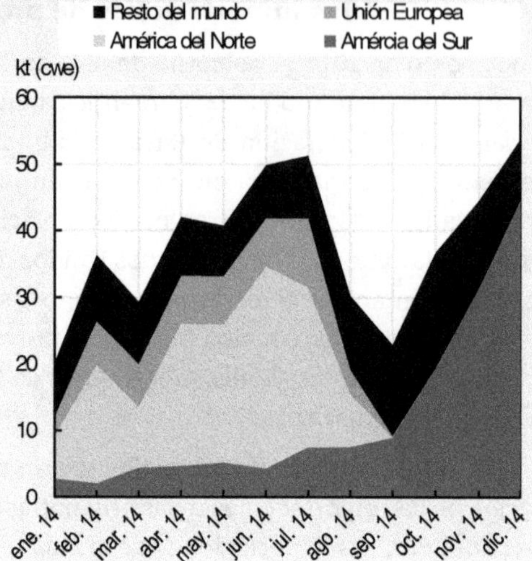

Nota: c.w.e. es equivalente de peso en canal.

Fuente: Global Trade Information Services, Inc. (GTI).

StatLinks http://dx.doi.org/10.1787/888933228857

Las prohibiciones se suman a las restricciones de acceso al mercado, incluidas las medidas sanitarias y fitosanitarias, que la Federación de Rusia ya imponía a algunas importaciones, por ejemplo, la carne de cerdo de la Unión Europea, los productos lácteos y productos cárnicos procedentes de Ucrania y las frutas de Moldavia. Sin embargo, cuando se aplicó la prohibición de importación en agosto de 2014, las autoridades rusas concedieron rápidamente certificados fitosanitarios y veterinarios a una serie de socios comerciales, en particular los países de América del Sur, lo que contribuyó a reorientar las importaciones.

La prohibición de importación debería expirar en agosto, pero independientemente de que se renueve o no, pueden asociarse algunos cambios estructurales a la medida. América del Sur, el principal exportador de carne de vacuno a la Federación de Rusia, está ganando ya cuotas de mercado en otros productos, lo que consolida sus lazos comerciales globales. Países cercanos, como Azerbaiyán, Bielorrusia, China, Israel, Serbia y Turquía, también están ganando terreno como proveedores de la Federación de Rusia en una variedad de productos. Nuevos exportadores, como Serbia en el caso de la carne de cerdo, son lo bastante competitivos para permanecer en el mercado ruso incluso después de que se levante la prohibición, debido a que están estableciendo firmemente su posición durante el periodo de baja competencia de los principales países productores. Este reajuste del suministro puede tener consecuencias de largo plazo para el comercio, la producción y el consumo en la Federación de Rusia, así como para el mercado global.

Precios: los precios reales siguen la tendencia descendente de largo plazo

Durante los próximos diez años, se prevé que los precios reales disminuyan desde sus niveles de 2014 pero se mantengan por encima de los niveles anteriores a 2007. Al considerar solo los últimos 15 años, los precios proyectados parecen estar en una tendencia más alta (Figura 1.18). Al periodo de precios bajos a principios de la década de 2000 siguió uno de precios altos y volátiles a partir de 2007. Los precios comenzaron a moderarse en 2013, pero no se espera que bajen a los niveles de comienzos de la década de 2000.

Figura 1.18. **Evolución de mediano plazo de los precios de materias primas en términos reales**

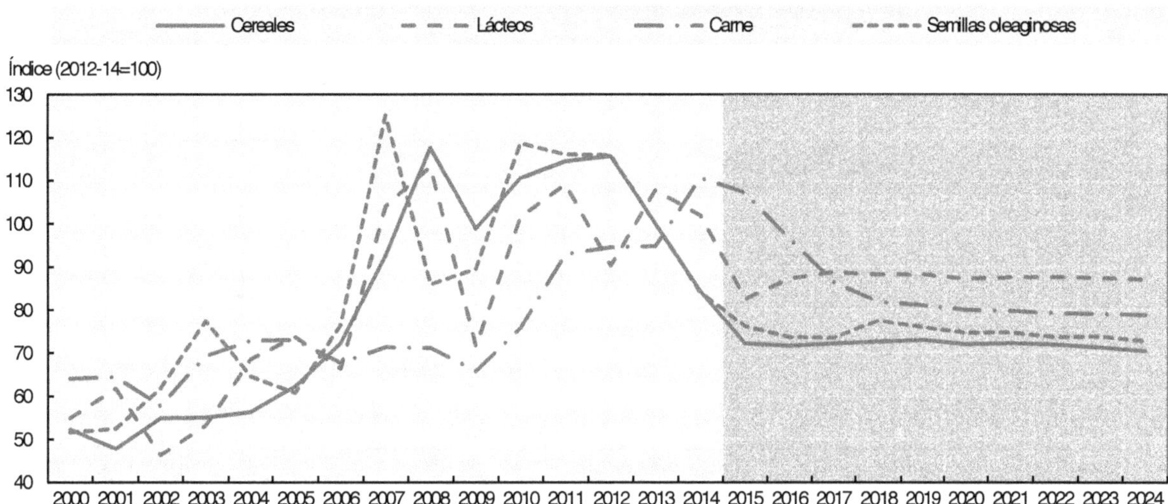

Nota: Índice calculado por una ponderación constante de los productos básicos dentro de cada agregado. La ponderación se calcula por el promedio del valor de la producción en 2012-2014.

Fuente: OECD/FAO (2015), "OECD-FAO Agricultural Outlook", *OECD Agriculture Statistics* (base de datos), http://dx.doi.org/10.1787/agr-outl-data-en.

StatLinks http://dx.doi.org/10.1787/888933228861

Sin embargo, la cuestión de que los precios reales estén en una tendencia ascendente o descendente depende del periodo en que se examinen los precios. Al analizar la evolución de los precios reales a lo largo del siglo pasado, los precios proyectados siguen una tendencia a la baja en el largo plazo. Esto se ilustra en la Figura 1.19, que muestra la evolución de los precios del maíz de 1908 hasta 2024. Los precios durante la década de 2000 estaban por debajo de la tendencia, mientras que los precios actuales y proyectados se apegan más a la tendencia. Los precios de otras materias primas siguen caminos de pendiente negativa similares en el largo plazo. A pesar de que los precios reales se proyectan a la baja, no se excluye la posibilidad de que los precios experimenten episodios de volatilidad, como picos de precios al alza, en los próximos diez años. En la siguiente sección se analizan algunos factores que pueden conducir a una mayor variabilidad en los precios.

Los menores precios del petróleo crudo tendrán un impacto limitado en los precios de las materias primas

Los precios del petróleo crudo afectan los precios de los productos agrícolas y los biocombustibles a través de diferentes canales. En el caso de los productos agrícolas, los precios más bajos en el crudo permiten reducir costos de energía y fertilizantes. Este efecto se anula, pues los costos de los insumos de energía son solo una parte del costo total de producción. Por ejemplo, se estima que en Estados Unidos de América los costos de energía y fertilizantes representan 10% y 20.8%, respectivamente, de los gastos para producir cereales secundarios. Estas proporciones son considerablemente más bajas en los países en desarrollo, donde los sistemas de producción son menos intensivos y menos mecanizados, y donde hay una baja transmisión de precios entre los de la energía y de los cultivos. La respuesta de la demanda a los cambios de precios es menos pronunciada que la respuesta de la oferta, pues la demanda de los consumidores de los productos agrícolas es muy inelástica.

La situación es diferente para los biocombustibles. La demanda de biocombustibles sigue siendo muy motivada por las políticas públicas y, por tanto, los niveles mínimos de la demanda se mantienen independientemente de los biocombustibles relativos y los precios

Figura 1.19. **Precio de largo plazo del maíz en términos reales, 1908-2024**

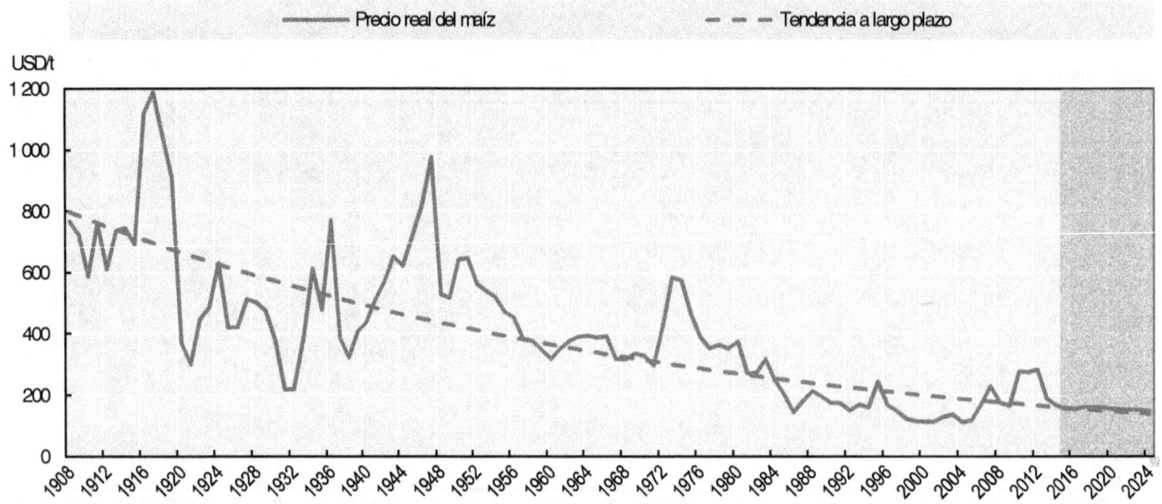

Nota: El precio del maíz amarillo estadounidense del Golfo #2 se utiliza como punto de referencia para el precio del mercado mundial de cereales secundarios. Este precio se registra de nuevo en 1960 en los conjuntos de datos del Banco Mundial como datos mensuales. Los precios mensuales se convirtieron a promedios anuales mediante la campaña de comercialización del maíz de septiembre a agosto. Para los años 1908 a 1959, la serie se extiende con los cambios relativos en "precio de maíz recibido" de las estadísticas rápidas de la USDA. Los precios nominales se deflactan con el precio al consumidor según lo informa el Banco Federal. (*http://www.minneapolisfed.org/community_education/teacher/calc/hist1800.cfm*).

StatLinks *http://dx.doi.org/10.1787/888933228870*

del petróleo crudo. De hecho, como las políticas regulan la demanda de biocombustibles, el vínculo entre biocombustibles y precios del crudo es relativamente limitado. Sin embargo, el desarrollo de los biocombustibles tras los niveles de normativas obligatorias depende de la relación del precio comparativo entre biocombustibles y petróleo crudo. Cuando el precio del crudo cae, los biocombustibles se vuelven menos competitivos, lo que provoca una demanda más baja impulsada por el mercado así como menores inversiones en el sector; estos dos aspectos se compensan al menos en parte al incrementar la demanda de biocombustibles basada en las políticas debido a un mayor uso de combustibles para transporte.

Se espera que el panorama actual en el sector energético se caracterice por la abundancia de suministros y la fuerte competencia de precios entre los principales productores, lo que motiva una revisión a la baja de las proyecciones del precio del petróleo en comparación con las *Perspectivas* del año pasado, que ahora se proyecta alcancen USD 88.1 en términos nominales para 2024. Se espera que los precios más bajos del petróleo compensen los aumentos de los precios agrícolas en el corto plazo. De hecho, las dos campañas comerciales anteriores se caracterizaron por rendimientos superiores a la media, que impulsaron los precios a sus niveles actuales. La vuelta a unos rendimientos más normales disminuirá la oferta mundial de los principales cultivos en las próximas campañas, y como resultado de esto los precios deberían subir. Por otra parte, los incentivos para aumentar la producción se están disipando tras un periodo de disminución de los precios, lo que a su vez también presiona al alza los precios. Los factores que provocan precios más altos se compensan en parte por los precios más bajos de los energéticos después de la caída de los precios del crudo. Sin embargo, el efecto de los menores precios del petróleo sobre los precios de los productos básicos agrícolas será limitado en el mediano plazo. Si bien el petróleo influye en el costo de producción y en la demanda de materia prima para biocombustibles, este sigue siendo solo un factor en una extensa lista de factores que afectan los precios de los productos básicos. Otros factores, como condiciones climáticas, políticas, crecimiento económico, crecimiento demográfico y tipos de cambio, también deben considerarse, y la interacción de ellos supera el impacto de los menores precios del petróleo. El Recuadro 1.7 examina el impacto que tendría un golpe a los precios del petróleo crudo en los precios de las materias primas, y el Recuadro 1.8, cómo un crecimiento de más de 2% del PIB en cada economía del G-20 afectaría los mercados de productos.

Recuadro 1.7. **Consecuencias de las variaciones de precios del petróleo crudo para los mercados agrícolas**

Durante el primer semestre de 2014 los precios del petróleo se mantuvieron estables, en torno a USD 110 por barril. Sin embargo, a partir de julio los precios bajaron, al principio poco a poco, pero más drásticamente en el último trimestre de 2014, apenas por encima de USD 50 por barril al terminar el año. La base de datos de *Perspectivas Agrícolas* 2015 tiene un precio medio justo debajo de USD 100 por barril para 2014, y un precio medio por encima de USD 60 por barril en 2015. Esto representa una proyección significativamente menor para los precios del petróleo en el periodo de las perspectivas en comparación con años anteriores.

Como resultado, las proyecciones de precios de los productos agrícolas en las *Perspectivas Agrícolas* 2015 se suavizaron para reflejar el cambio del precio supuesto del petróleo. Sin embargo, estas proyecciones muestran la evolución que se espera en el mediano plazo y no la volatilidad que podría ocurrir durante el periodo de diez años de las perspectivas.

Las siguientes simulaciones ilustran cómo se debilitaría la relación entre los precios del petróleo y los precios agrícolas a causa de otras fuentes de incertidumbre, como los rendimientos y otras variables macroeconómicas. La Figura 1.20 ofrece un mapa de calor de 1 000 simulaciones del precio del petróleo respecto del precio de cereales secundarios en 2024. Un color más oscuro indica una mayor probabilidad de que se produzca esta combinación de petróleo y precios de cereales secundarios. El mapa de calor indica que existe un vínculo entre un mayor precio del petróleo y un aumento del precio de los cereales secundarios. Las estimaciones sugieren que un aumento de 10% en el precio del petróleo se asocia a un aumento de 3% del precio de los cereales secundarios. Sin embargo, mientras que un aumento en el precio del petróleo aumenta la probabilidad de un mayor precio de los cereales secundarios, no implica necesariamente un precio más elevado. En cualquier momento hay una serie de otras fuentes de volatilidad que podrían absorber el impacto de un incremento en el precio del petróleo o, al contrario, amplificarlo.

Figura 1.20. **Relación entre el precio de los cereales secundarios y el precio del petróleo crudo en 2024**

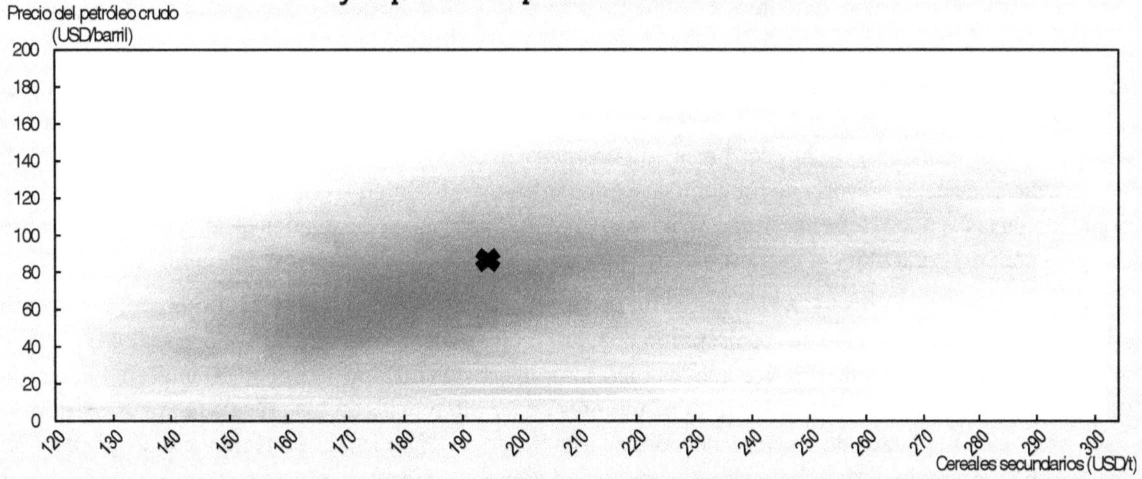

Precio del petróleo crudo (USD/barril)

0, 20, 40, 60, 80, 100, 120, 140, 160, 180, 200

120, 130, 140, 150, 160, 170, 180, 190, 200, 210, 220, 230, 240, 250, 260, 270, 280, 290, 300

Cereales secundarios (USD/t)

Nota: El color más oscuro representa una mayor probabilidad de que se produzca esta combinación entre el precio del grano secundario y el del petróleo. La cruz representa el supuesto central en 2024.

Fuente: OECD/FAO (2015), "OECD-FAO Agricultural Outlook", *OECD Agriculture Statistics* (base de datos), *http://dx.doi.org/10.1787/agr-outl-data-en.*

StatLinks http://dx.doi.org/10.1787/888933228887

Recuadro 1.7. **Consecuencias de las variaciones de precios del petróleo crudo para los mercados agrícolas** *(cont.)*

Si bien el precio de los cereales secundarios se analiza aquí con fines ilustrativos, los mismos enlaces se producen en la mayoría de otros productos agrícolas, con excepción de los biocombustibles, en los que hay efectos adicionales que se derivan de las políticas que se implementan y la naturaleza del producto como sustituto del petróleo.

Recuadro 1.8. **Efectos estimados en el mercado de la iniciativa de crecimiento del G-20**

En el Plan de Acción de Brisbane de noviembre de 2014, los líderes de las economías del G-20 se comprometieron a poner en práctica políticas macroeconómicas y estructurales que elevarían el crecimiento del PIB en cada una de las economías del G-20 en más de 2% por encima de las tasas proyectadas en 2018. Se espera que, como efecto positivo del desbordamiento del crecimiento del G-20, se impulse también el crecimiento del PIB de los países del G-20 0.5% en 2018. El escenario siguiente supone que la agricultura contribuye al crecimiento del G-20 en forma de mejoras en la productividad que reducen 2% el costo de producción de cada producto por debajo la línea de base en cuotas iguales en 2018 y se mantienen por debajo de la línea de base para el resto del periodo de proyección.

El crecimiento de los ingresos reales aumenta la demanda para la mayoría de los productos agrícolas, mientras que la reducción de los costos impulsa el suministro. El resultado general es una mayor cantidad de producción, consumo y comercialización de bienes agrícolas, pero con impactos relativamente pequeños en los precios, donde los dos efectos compensan entre sí.

Los mayores incrementos en el consumo de los productos se producen en aquellos con una elasticidad de demanda relacionada con ingresos elevados, es decir, carnes, pescado y productos lácteos, con una demanda inducida de cereales forrajeros adicionales. Hay impactos relativamente modestos en el consumo de alimentos básicos, como trigo y arroz.

Para el G-20 como grupo, los mayores ingresos y menores costos se refuerzan entre sí y tanto la producción como el consumo están por encima de los niveles de referencia. La producción y consumo de mantequilla, carne de vacuno, leche entera en polvo y pescado son los más afectados en el escenario con el consumo y la producción de aproximadamente 1% por encima de la línea de base a partir de 2019.

Los ingresos superiores aumentan la demanda de importaciones por el G-20 de la mayoría de los productos básicos, con excepción de trigo y arroz. Las importaciones de leche entera en polvo están más de 2% por encima de la línea de base a partir de 2017. Los cambios en la demanda de importaciones de los países no pertenecientes al G-20 y los países menos desarrollados son más variables, aunque la demanda de importaciones de la mayoría de productos se encuentra marginalmente por encima de la línea de base. Por el lado de las exportaciones la situación es más diversa, pues las exportaciones de los principales países del G-20 están en expansión, mientras que las de los países menos adelantados se encuentran en declive.

Los efectos en los mercados varían con el tiempo. En el modelo Aglink-Cosimo, el suministro exhibe una respuesta tardía a la reducción de costos, por lo que los precios suben antes de que se afirmen los efectos de las respuestas de producción. Una vez que los ingresos y los costos de producción se estabilicen después de 2018, los cambios en la demanda y la oferta resultantes de las diferencias en los precios relativos permitirán una disminución moderada de precios y después su estabilización (Figura 1.21). En la mayoría de los casos los precios son más altos en 2024, aunque los efectos son pequeños. Los mayores efectos son en los productos en los que los incrementos de consumo son mayores, es decir, carne, pescado y algunos productos lácteos.

Recuadro 1.8. **Efectos estimados en el mercado de la iniciativa de crecimiento del G-20** *(cont.)*

En este escenario, los países no pertenecientes al G-20 solo se benefician del efecto del desbordamiento sobre los ingresos y no de la reducción de costos agrícolas. Esto plantea demandas en estos países e induce una respuesta de la oferta interna. Cualquier presión al alza sobre los precios en estos países podría compensarse por mejoras en la productividad agrícola. Centrar más esfuerzos en mejorar las políticas de crecimiento de la productividad agrícola es una recomendación clave del informe interinstitucional encabezado por la FAO y la OCDE para la Presidencia de Australia del G-20 sobre Oportunidades de Crecimiento Económico y Creación de Empleos en Relación con la Seguridad Alimentaria y Nutrición (FAO y OCDE , 2014).

Figura 1.21. **Efectos sobre los precios mundiales de los mayores ingresos del G-20**

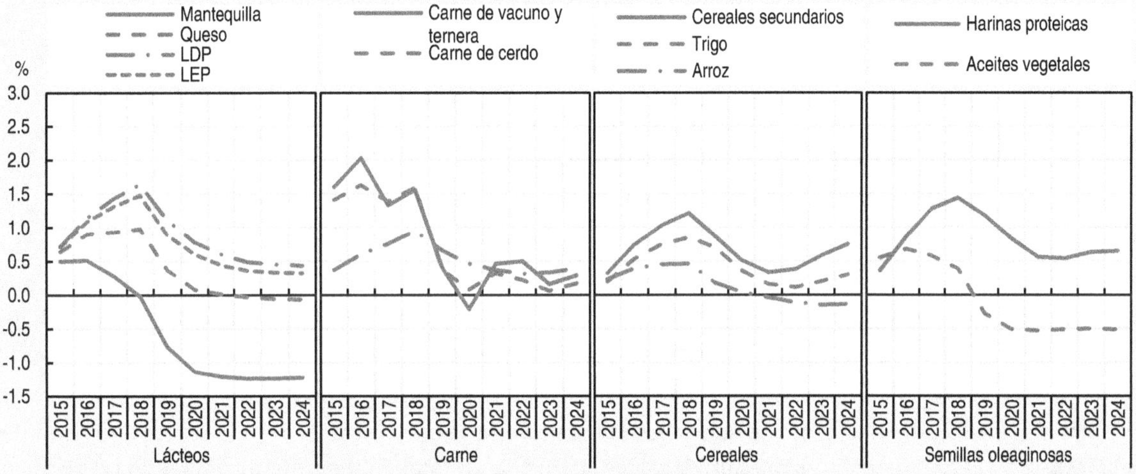

Nota: El escenario supone un crecimiento del PIB de 2% por encima de las tasas proyectadas para 2018 en el G-20, con una contribución de la agricultura en forma de mejoras en la productividad, que a su vez reduce el costo de producción de cada producto 2% por debajo de la línea de base en cuotas iguales en 2018. Los efectos positivos del desbordamiento procedente del impulso al crecimiento del PIB del G-20 en los países no pertenecientes al G-20 será de 0.5% en 2018.

Fuente: Secretariados de la OCDE y de la FAO.

StatLinks http://dx.doi.org/10.1787/888933228890

Los precios nominales aumentarán marginalmente para los cultivos y los productos lácteos, y los precios de la carne seguirán la misma tendencia con un retraso de dos años

Los precios internacionales de los cultivos disminuyeron desde 2013 en respuesta a dos cosechas sucesivas récord de granos y oleaginosas. La situación resultante de la abundancia de suministros y existencias repuestos permite esperar un declive aún mayor de los precios nominales en el corto plazo antes de que recuperen una tendencia marginalmente al alza durante el resto del periodo de proyección. Los precios de la carne alcanzaron niveles récord en 2014 y se prevé que disminuyan en los próximos diez años en respuesta a la baja en los costos de alimentación y la desaceleración del crecimiento de la demanda mundial.

Las proyecciones se basan en supuestos concretos sobre un conjunto de factores que influyen en la oferta, la demanda, el comercio y los precios de los productos básicos. Estos factores incluyen configuraciones de políticas y rendimiento de cultivos, además de supuestos macroeconómicos como el crecimiento de los ingresos, los tipos de cambio y los precios del petróleo. Para examinar la sensibilidad de los precios de los productos básicos a estos factores, las proyecciones de precios incorporan específicamente el impacto de diferentes rendimientos y las condiciones macroeconómicas. El Recuadro 1.9 explica con detalle cómo se llevaron a cabo estos procesos estocásticos parciales y cómo interpretar los resultados.

Recuadro 1.9. **Explicación de la estocástica**

¿Para qué el análisis estocástico parcial de las proyecciones de precios?

El objetivo del análisis estocástico es evaluar cómo la incertidumbre sobre los supuestos clave acerca de los niveles ambientales y de rendimiento macroeconómico podría afectar las proyecciones de precios. El análisis estocástico es solo parcial, pues no captura todas las fuentes de variabilidad. Por ejemplo, no se considera la incertidumbre relacionada con los cambios de política o enfermedades de los animales.

¿Cuáles son los supuestos del análisis estocástico?

El análisis estocástico da una estimación de posibles variaciones futuras con base en las variaciones históricas. No proporciona un intervalo de confianza para que se presente el futuro o la probabilidad de un precio determinado. Se considera que:

- La hipótesis central es correcta
- Las variaciones y correlaciones históricas continuarán en el futuro
- Los factores considerados son las únicas causas de la volatilidad

¿Qué variables se consideran para el análisis estocástico?

Las siguientes 40 variables macroeconómicas específicas de cada país y los rendimientos de 79 países y de productos específicos se tratan como inciertos en los análisis estocásticos parciales:

Impulsores macroeconómicos globales: Producto Interno Bruto Real (PIB), Índice de Precios al Consumidor (IPC), deflactor del PIB y tases de cambio de la moneda local respecto del dólar estadounidense en Australia, Brasil, Canadá, China, la Unión Europea, India, Japón, Nueva Zelanda, la Federación de Rusia y Estados Unidos de América; y los precios mundiales del petróleo crudo.

Rendimientos agrícolas: también se analiza la incertidumbre que afecta los rendimientos de 17 cultivos y la leche en los 20 principales países productores, lo que da un total de rendimientos inciertos específicos por país de 79 productos. Se considera que los 79 rendimientos inciertos elegidos son los que más influyen en los mercados de productos básicos.

¿Qué se muestra en la figura?

La línea azul claro en la Figura 1.22 muestra la evolución histórica y la tendencia de los precios proyectados (línea de base) de los cereales secundarios. Las líneas discontinuas y las áreas sombreadas ilustran cómo varía el precio proyectado si se tienen en cuenta las incertidumbres relativas a la producción y los impulsores macroeconómicos, es decir, cuando se aplica el análisis estocástico parcial. La línea azul discontinua representa un camino de precios elegido arbitrariamente de las 1 000 simulaciones que surgen del análisis estocástico. Se ilustra claramente la variación anual de los precios. Las áreas sombreadas indican que los diversos factores estocásticos afectan la probabilidad de que el precio alcance un determinado nivel en un año específico. El valor proyectado para un año específico se encuentra en algún lugar del área sombreada. Cuanto más oscuro sea el sombreado de un área específica, mayor será la probabilidad de que el precio se encuentre en esa zona, sin embargo, un camino de precios en general no seguirá consistentemente un camino más alto o más bajo. Así, el área sombreada debe considerarse la zona en que los precios podrían oscilar de forma realista. Las líneas negras discontinuas inferior y superior indican los percentiles 10 y 90, respectivamente.

Recuadro 1.9. **Explicación de la estocástica** *(cont.)*

Figura 1.22. **Precio de cereales secundarios en términos nominales, incluso la variación derivada del análisis estocástico**

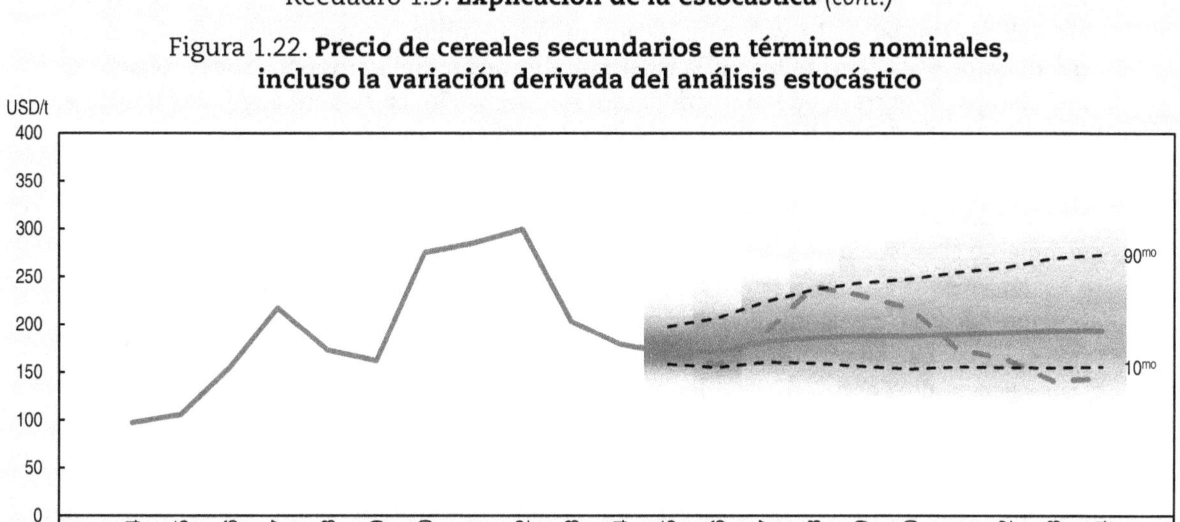

Nota: La línea azul continua representa la evolución histórica de los precios y de la línea de base. La línea azul discontinua representa un camino de precios elegido arbitrariamente de entre las 1000 simulaciones. El sombreado más oscuro representa una mayor probabilidad de que el precio alcance un nivel particular en un año específico. Las líneas negras discontinuas inferior y superior representan los percentiles 10 y 90, respectivamente.

Fuente: OECD/FAO (2015), "OECD-FAO Agricultural Outlook", *OECD Agriculture Statistics* (base de datos), *http://dx.doi.org/10.1787/agr-outl-data-en*

StatLinks *http://dx.doi.org/10.1787/888933228906*

¿Cómo deben interpretarse los resultados?

En el corto plazo, el grado de incertidumbre es mucho menor que en el mediano. Esto es principalmente un resultado de la incertidumbre macroeconómica, que está modelada de tal manera que se acumula con el tiempo, mientras que se asume que la variación del rendimiento se mantiene relativamente constante en el tiempo. En la figura esto se ilustra por el hecho de que las áreas sombreadas son mucho más concentradas en los primeros años y más extendidas en años posteriores.

La probabilidad de que los precios se sitúen en una zona de sombra muy ligera es baja en un año determinado. Sin embargo, la probabilidad de que los precios aparezcan en una zona de sombra muy ligera al menos una vez durante todo el periodo de proyección es considerablemente mayor. Esto también queda ilustrado por los percentiles 10 y 90, donde la probabilidad de que los precios salgan de este rango es de 20% en un año determinado, pero es mucho mayor cuando se considera la totalidad del periodo de diez años. Por tanto, no se excluye un salto de los precios por el análisis estocástico; un evento macroeconómico extremo o un rendimiento excepcionalmente alto o bajo pueden generar un aumento de precios por encima del percentil 90 o una caída de los precios por debajo del percentil 10.

Nota: Hay más información sobre el análisis estocástico en la Metodología, disponible en *http://www.agri-outlook.org/*.

Las figuras 1.23 y 1.24 muestran la evolución del precio nominal de determinados productos básicos junto con la variación en torno a la línea de base, tal como se deriva del análisis estocástico. La variación incorpora la incertidumbre macroeconómica y la de rendimientos. Según la simulación, la incertidumbre de rendimientos permanece constante en el tiempo, mientras que la incertidumbre macroeconómica se acumula y por tanto se hace más visible al final del periodo de proyección.

Se espera que los precios de los cereales disminuyan en el corto plazo como resultado de la históricamente alta producción en 2013 y 2014, los altos niveles de existencias, el crecimiento económico más lento y los menores precios del petróleo. En el mediano plazo, se espera que los precios sigan una tendencia ligeramente al alza de conformidad con el aumento del costo de producción. Los niveles de los precios del arroz se recuperarán más tarde en comparación con los otros granos debido a las existencias acumuladas en Tailandia, que se espera presionen a la baja los precios durante varios años. El precio de referencia mundial del arroz se cambió de nuevo al precio tailandés después de dos años de utilizar el precio de Vietnam. Tras la suspensión del programa de pignoración de arroz en 2014, el precio del arroz en Tailandia convergió con los precios en Vietnam y otros países productores, y Tailandia se convirtió de nuevo en el mayor exportador de arroz, superando a India.

Se prevé que los precios de las oleaginosas sigan el mismo camino que el precio de los cereales, lo que significa una disminución en el corto plazo seguida por un aumento en el mediano. En términos reales, los precios de las semillas oleaginosas y productos de semillas oleaginosas disminuirán durante el periodo de proyección. Una desaceleración de la demanda de aceite vegetal debido a la saturación de la demanda per cápita en los países emergentes y a una reducción del crecimiento en la producción de biodiésel hará que los precios del aceite vegetal declinen más rápido que los precios de la harina proteica en términos reales.

Se espera que los precios nominales de azúcar se recuperen de los actuales precios bajos, que son un reflejo de cuatro años de superávit mundial aunado a la devaluación del real brasileño respecto del dólar estadounidense. Los productores de azúcar están ajustando su producción, lo que llevará al mercado mundial de azúcar a una fase de déficit y, por tanto, los precios se moverán ligeramente al alza. Durante el periodo de la proyección, los precios del azúcar se mantendrán volátiles y exhibirán un patrón oscilante como resultado del ciclo de producción en algunos países clave productores de azúcar de Asia. Se espera que el impacto de la supresión de las cuotas de azúcar en la Unión Europea en 2017 dé lugar a un descenso de los precios del azúcar en la Unión Europea en 2017, aunque este descenso ya comenzó en 2014 debido a que los productores eficientes ya comenzaron a producir más para ganar cuotas de mercado (en combinación con una cosecha récord), pero el impacto en los precios mundiales es aún incierto. En términos reales, se espera que los precios del azúcar regresen a sus niveles anteriores al pico de precios de 2009.

Los precios de la carne alcanzaron niveles récord en 2014. Con excepción de los precios de los ovinos, se espera que los precios nominales de carne caigan a niveles más bajos para 2024 como resultado del aumento de la productividad y la reducción de los costos de alimentación. Los precios nominales de la carne se mantendrán altos en el corto plazo, pues en varios países productores de carne se están reconstruyendo los rebaños. En el mediano plazo, los precios bajarán debido al aumento de los niveles de producción. Se proyecta que el descenso de los precios de carne de cerdo y de aves de corral comience al principio del periodo de proyección como resultado de una baja en los precios de los cereales forrajeros. Un aumento en el suministro de carne de cerdo en Estados Unidos de América y Brasil, combinado con una reducción de las importaciones de la Federación de Rusia, presionarán a la baja los precios de la carne de cerdo durante el periodo de proyección. Los precios de la carne de ovino, por otro lado, se mantendrán altos, impulsados por la fuerte demanda de

Figura 1.23. **Tendencias de los precios agrícolas en términos nominales, incluso la variación derivada del análisis estocástico**

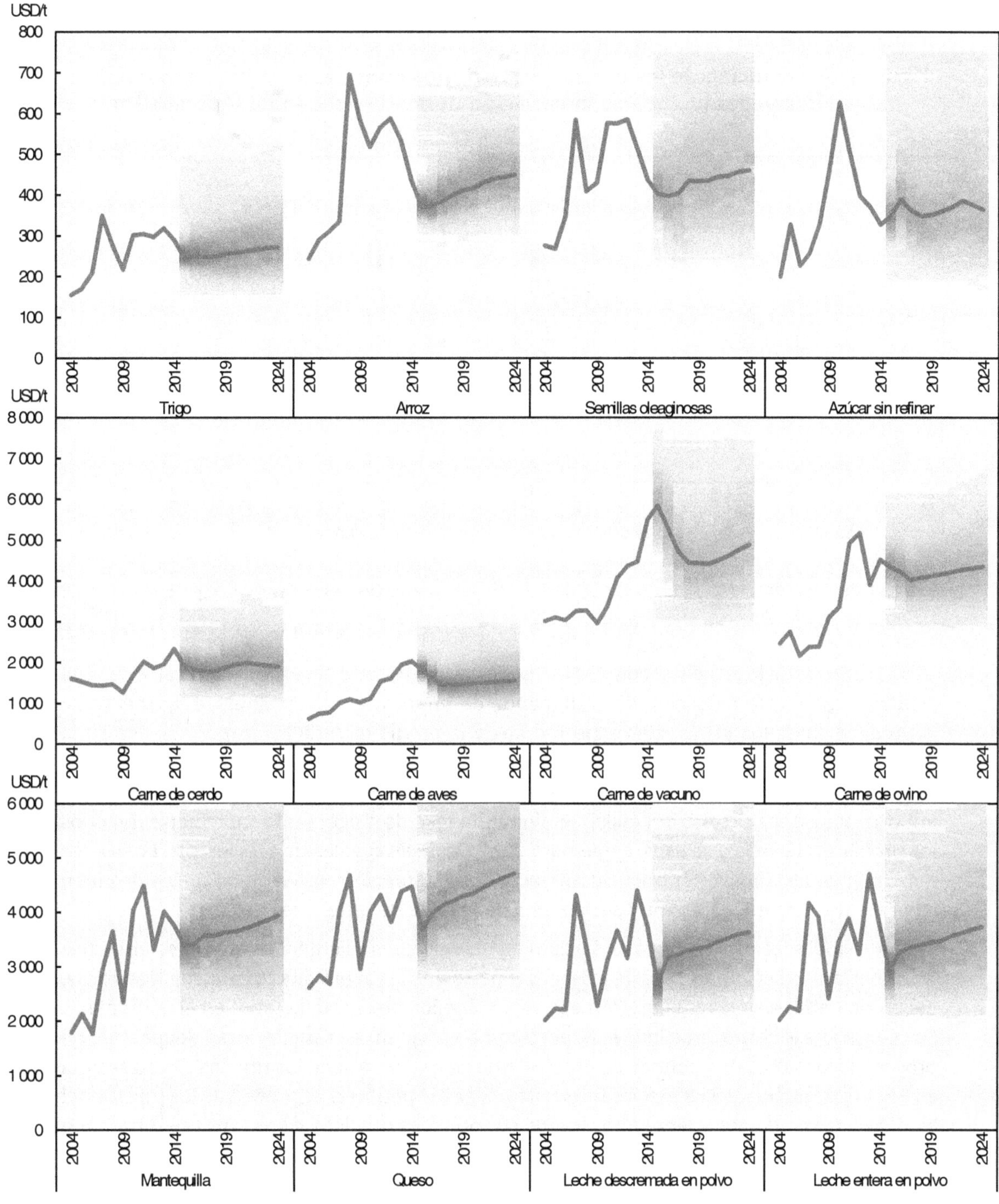

Nota: Los precios nominales de los cereales secundarios se representan en la figura 1.22.

Fuente: OECD/FAO (2015), "OECD-FAO Agricultural Outlook", *OECD Agriculture Statistics* (base de datos), *http://dx.doi.org/10.1787/agr-outl-data-en.*

StatLinks *http://dx.doi.org/10.1787/888933228914*

importaciones en China. A pesar de que se espera que los precios de la carne de res, de cerdo y de aves de corral disminuya en términos nominales durante el periodo de proyección, la relación precio de producción-precio para la alimentación seguirá siendo favorable para los productores de carne.

Figura 1.24. **Evolución de los precios en términos nominales de biocombustibles, algodón y pescado, incluso la variación derivada del análisis estocástico**

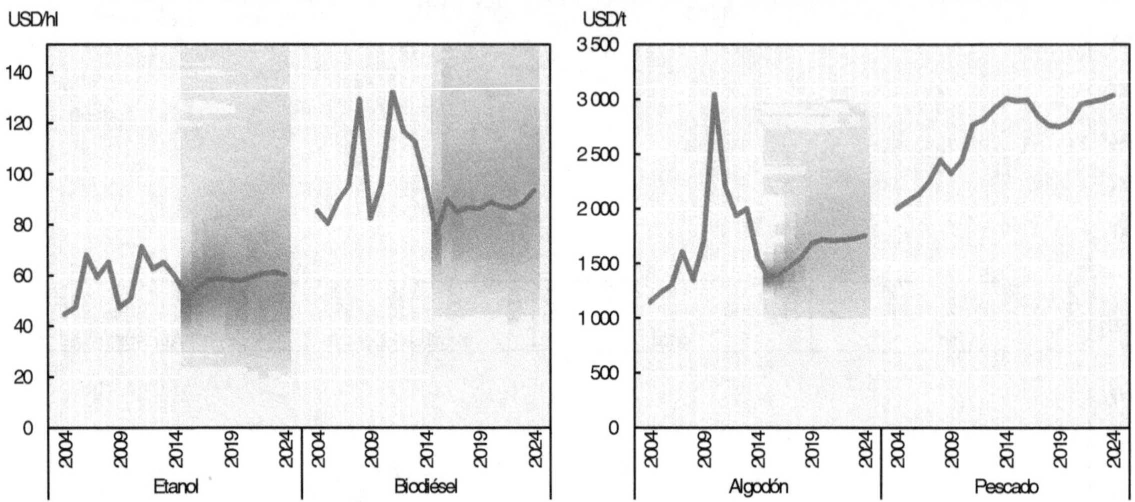

Nota: No se realiza análisis estocástico para los peces.

Fuente: OECD/FAO (2015), "OECD-FAO Agricultural Outlook", *OECD Agriculture Statistics* (base de datos), *http://dx.doi.org/10.1787/agr-outl-data-en.*

StatLinks http://dx.doi.org/10.1787/888933228925

Los precios de la leche y productos lácteos cayeron durante el segundo semestre de 2014 debido a una fuerte reducción de la demanda de importaciones en China, el aumento de la producción en los principales exportadores y la prohibición de las importaciones en la Federación de Rusia. Se espera que durante los próximos diez años los precios nominales se recuperen de sus bajos niveles actuales impulsados por el crecimiento de la demanda de importaciones. Los precios del queso exhibirán la tasa de crecimiento más fuerte de todos los productos lácteos y se espera que para 2024 alcancen niveles de precios similares a los máximos de los años anteriores. Se proyecta que los precios en términos reales declinen lentamente, pero quedarán muy por encima de los niveles anteriores a 2007.

Entre todos los productos considerados en la *Perspectiva*, el etanol es el que resiente más la influencia de las variaciones del precio del petróleo. Se espera que la caída de los precios del crudo en 2014 ejerza una presión a la baja sobre los precios del etanol en el corto plazo. Se asume que el etanol brasileño será poco competitivo en la primera mitad del periodo de proyección debido a una política de precios interna que mantiene los precios de la gasolina en Brasil por encima de los precios internacionales del petróleo. Se prevé que los precios del biodiésel se vean mayormente impulsados por políticas públicas y por tanto se relacionen con la evolución de los precios del aceite vegetal.

Se proyecta que los precios del algodón caigan durante los primeros años del periodo de proyección, pues se espera que China reduzca sus importantes existencias de algodón. Los precios se recuperarán y permanecerán relativamente estables durante el resto del periodo de las perspectivas. Para 2024, se espera que los precios reales y nominales permanezcan por debajo de los niveles alcanzados en 2012-2014.

Se espera que el sector pesquero entre en una década de aumento de los precios nominales a causa de los altos costos de producción. Los precios del pescado de captura aumentarán a un ritmo más rápido que los precios de la acuicultura, pues la producción de la pesca de captura se restringió por cuotas. Sin embargo, los niveles de precios de los peces capturados en el medio silvestre se mantendrán por debajo de los peces de piscifactoría, dada la creciente proporción de peces de menor valor en las capturas totales. En términos reales, se asume que los precios de captura y acuicultura declinarán debido a aumentos de productividad y precios de forrajes más bajos. Se espera que los precios de la harina y aceite de pescado a se alejen de los altos niveles que alcanzaron en los últimos años.

La incertidumbre macroeconómica y la incertidumbre de rendimientos tienen impactos diversos en la variabilidad de precios

Las figuras 1.23 y 1.24 muestran que los precios de algunos productos básicos son más sensibles a la incertidumbre macroeconómica y de rendimientos que otros. Para ciertos productos básicos, la combinación de incertidumbre de rendimientos e incertidumbre macroeconómica impulsa esta variabilidad de precios, mientras que para otros productos básicos la incertidumbre macroeconómica ejerce un impacto más fuerte que la incertidumbre de rendimientos. La Figura 1.25 muestra, para los productos seleccionados, que la incertidumbre proveniente de las condiciones macroeconómicas y del rendimiento de los cultivos afecta los precios por separado y en conjunto. El indicador con que se representa el impacto de la incertidumbre en los precios proyectados es el coeficiente medio anual de variación (ACV) durante el periodo de proyección. Las revisiones menores en la metodología[3] resultaron en un efecto relativamente menor de la incertidumbre de rendimientos y un impacto relativamente mayor de la incertidumbre macroeconómica en la variabilidad de precios en comparación con la *Perspectiva* anterior.

Figura 1.25 **Incertidumbre de precios en 2024 por escenario**

Coeficiente de variación anual promedio 2015-2024

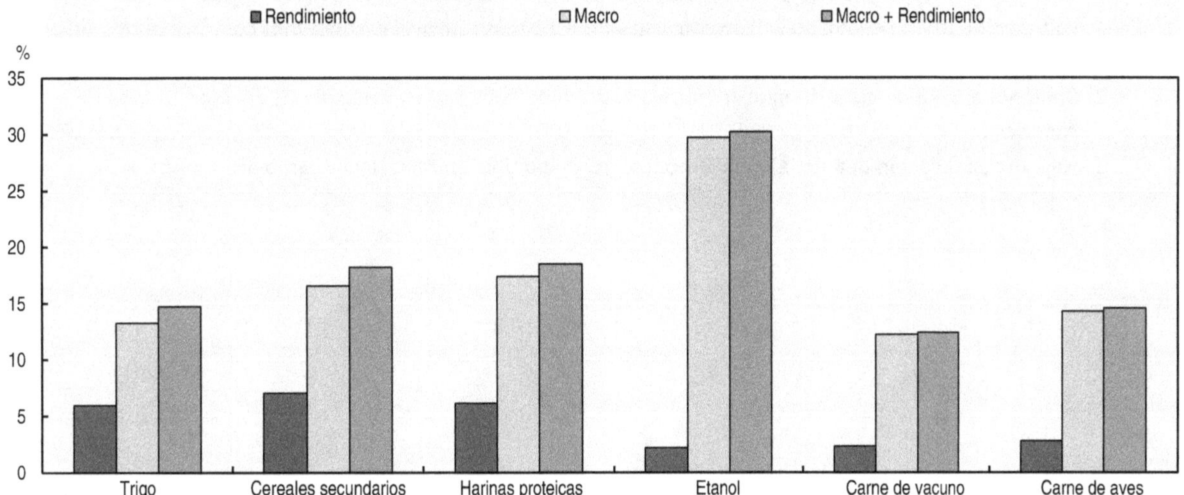

Nota: El rendimiento y el marco corresponden a subconjuntos del análisis completo estocástico. Hay una explicación detallada en la Metodología, disponible en *http://www.agri-outlook.org/*.

Fuente: Secretariados de la OCDE y de la FAO.

StatLinks http://dx.doi.org/10.1787/888933228935

Los cultivos herbáceos resienten claramente una mayor influencia de la incertidumbre de rendimientos que otras materias primas porque la incertidumbre de rendimientos afecta directamente la producción de estos cultivos. Estos efectos se transmiten a otros productos, pues los cereales secundarios se utilizan para la alimentación y la materia prima para biocombustibles. Como la producción de aves de corral se basa mucho más en el uso intensivo de cereales forrajeros y harina proteica que la carne vacuna, experimenta un mayor impacto a causa de la incertidumbre de rendimientos.

La incertidumbre macroeconómica desempeña un papel más importante que la incertidumbre de rendimientos, pues incluye una combinación de factores que influyen en los precios a través de una variedad de canales. El precio del petróleo crudo y el deflactor del PIB, por ejemplo, influyen en los precios de entrada, mientras que el crecimiento del PIB y el IPC determinan los niveles de consumo.

Los precios de la harina proteica se mueven junto con los precios de los cereales secundarios porque ambos productos se utilizan para forrajes. Como resultado, los precios de la harina oleaginosa muestran una sensibilidad similar a la incertidumbre macroeconómica que los cereales secundarios.

Los precios del etanol demuestran solo un pequeño impacto de la incertidumbre de rendimientos en comparación con la incertidumbre macroeconómica. La mayor parte de esta incertidumbre es impulsada por Brasil, pues es el único país donde el consumo de etanol está determinado al mismo tiempo por el mercado y por políticas públicas mediante la mezcla obligatoria de etanol en la gasolina regular. En Brasil, la demanda de etanol basada en el mercado se relaciona directamente con la proporción entre los precios internos de la gasolina y los del etanol. El entorno macroeconómico en Brasil afecta el nivel de uso de la gasolina nacional y por ende, la cantidad de etanol que tiene que mezclarse en la gasolina.

Notas

1. El término "barrera de mezcla de etanol" se refiere a las limitaciones técnicas de corto plazo que actúan como impedimento para incrementar el uso de etanol. E10 se refiere a gasohol, con un volumen de 10% de etanol mezclado con la gasolina. E10 es todavía el gasohol más común disponible en Estados Unidos de América.
2. El etanol a base de caña de azúcar califica como biocombustible avanzado en Estados Unidos de América.
3. Hay una explicación detallada en la Metodología, disponible en *http://www.agri-outlook.org/*.

PARTE 1

Capítulo 2

Agricultura brasileña: perspectivas y retos

Este capítulo revisa las perspectivas y retos que enfrentarán los sectores de agricultura, etanol y pescado de Brasil durante la próxima década. Revisa el desempeño del sector, esboza el contexto actual del mercado, ofrece proyecciones cuantitativas detalladas de mediano plazo para el periodo de diez años 2015-2024 y evalúa los riesgos e incertidumbres claves. Los principales retos de Brasil se encuentran en el mantenimiento del crecimiento de su productividad y su producción, al tiempo que garantice que ese crecimiento se corresponda con los objetivos nacionales de reducción de pobreza y desigualdad, y la necesidad de la sostenibilidad ambiental. El capítulo describe las principales políticas nacionales y comerciales que buscan realizar estos múltiples objetivos y sugiere algunas prioridades estratégicas en los ámbitos de las inversiones que mejoran la productividad, así como medidas específicas para garantizar un amplio desarrollo sostenible. Se prevé que Brasil mantendrá su papel como proveedor líder de los mercados alimentarios y agrícolas internacionales en la próxima década y al mismo tiempo como satisfactor de las necesidades de una población que se expande y enriquece cada vez más. Los principales riesgos para estas perspectivas optimistas yacen en el desempeño macroeconómico de Brasil, la velocidad de las reformas estructurales y factores externos, como la demanda de importaciones de China.

Introducción

Brasil se encuentra entre las diez economías más grandes del mundo, con un PIB de más de USD 2 mil millones en 2013. Tiene la quinta mayor población (ahora más de 200 millones de habitantes) y la quinta superficie más grande. El PIB real per cápita creció un promedio de casi 5% por año desde 1995, lo que permitió un ingreso per cápita que alcanzó USD 11 200 en 2013 y la consolidación de la posición de Brasil como país de "ingreso medio-superior" (Indicadores del Desarrollo Mundial, 2014). En los últimos años, el país ha progresado excepcionalmente en la reducción de la pobreza, con la transición de la proporción de la población que vive con menos de USD 1.25 por día de 7.2% a 3.8% entre 2005 y 2012, y la proporción que vive con menos de USD 2 por día pasó de 15.5% a 6.8% durante el mismo periodo. Sin embargo, más de la mitad de los hogares vive con un ingreso per cápita igual o inferior al salario mínimo y, a pesar de algunos avances en la última década, la distribución del ingreso sigue siendo una de las más desiguales del mundo. En 2012, 10% de los hogares con mayores ingresos representó 42% del ingreso total, y 10% de los que perciben menores ingresos representó solo 1% (Indicadores del Desarrollo Mundial, 2014).

El sector agrícola desempeña un papel importante en el apoyo a los resultados económicos de Brasil, a pesar de que el porcentaje de la agricultura en el PIB no es más de lo que cabría esperar dado el nivel de desarrollo del país: 5.4% en 2010-2013. La agricultura brasileña ha experimentado un fuerte crecimiento durante más de tres décadas. La producción agrícola total ha más que duplicado en volumen comparada con su nivel en 1990 y la producción ganadera se ha casi triplicado, sobre todo en virtud de mejoras en la productividad. El sector es una importante contribución a la balanza comercial del país. Las exportaciones de la agricultura y las industrias agroalimentarias ascendieron a más de USD 86 mil millones en 2013, lo que representa 36% de las exportaciones totales. Estas exportaciones compensaron con creces el déficit en otros sectores y han aumentado en importancia, lo que fortalece el papel del sector como fuente de ingresos de divisas. Las exportaciones agrícolas de Brasil lo hacen un actor importante en los mercados internacionales. Brasil es el segundo mayor exportador agrícola del mundo y el mayor proveedor de azúcar, jugo de naranja y café. En 2013 superó a Estados Unidos de América como el mayor proveedor de soya y es un importante exportador de tabaco y aves. También es un importante productor de maíz, arroz y carne, la mayoría de los cuales se absorben en el gran mercado interno.

El sector agrícola absorbió alrededor de 13% del empleo de Brasil en 2012, o casi el triple de su participación en el PIB. La implícitamente baja productividad laboral en comparación con el resto de la economía refleja en parte la naturaleza dual de la agricultura en Brasil, donde coexisten la producción intensiva en capital y en gran escala con las granjas tradicionales, incluso muchas granjas pequeñas y de escasos recursos que producen para el autoconsumo o mercados locales. Sin embargo, la brecha de la productividad laboral en la agricultura está disminuyendo, con rápidas mejoras en la productividad laboral impulsadas principalmente por una mayor producción intensiva de capital. Parte de ese crecimiento se produjo entre las pequeñas granjas que elaboran productos de alto valor. El país está relativamente urbanizado, con 15% de la población en zonas rurales en 2013 (Banco Mundial, 2015). La mayoría de los pobres vive en zonas urbanas y gasta una parte significativa de sus ingresos en alimentos. Los pobres rurales son menos numerosos, pero la incidencia de la pobreza es más del doble que en las zonas urbanas, con casi 30%. La agricultura es también un comprador y proveedor para una parte significativa del resto de la economía; los sectores de insumos agrícolas, agroindustriales y de venta al menudeo contribuyen en conjunto con 17% adicional al PIB y cerca de 18% al empleo (OECD, 2014).

Una de las novedades más destacadas en la economía brasileña en la última década ha sido la pronunciada reducción en la pobreza y el hambre. En 2003 se instrumentó un nuevo enfoque para enfrentar estos problemas con el lanzamiento del Programa Cero Hambre. El modelo adoptado en Brasil representó un gran avance, al hacer de la guerra contra el hambre y la pobreza una prioridad política central y mediante el reconocimiento de que las dimensiones multisectoriales de los problemas requerían acciones específicas en todos los departamentos del gobierno, con una participación ampliada de la sociedad civil. Este enfoque ha atraído un gran interés internacional y se están haciendo esfuerzos para aplicar el enfoque de Brasil en numerosos países de América Latina, así como en algunos de África y Asia. En Brasil, como en muchos otros países, el acceso a los alimentos, en lugar de la disponibilidad de los suministros, se identificó como el factor más importante que contribuye al hambre y la inseguridad alimentaria. Las medidas de protección social de amplia base y de desarrollo para fortalecer la inclusión de las poblaciones vulnerables en el crecimiento económico y la mejora de su acceso a los alimentos se complementaron con acciones específicas para aumentar la productividad y la producción en las granjas "familiares".[1] Este enfoque inclusivo sigue representando una prioridad nacional como se refleja en el Plan Brasil sin Pobreza Extrema de 2011. Si bien las medidas puestas en marcha desde principios de la década de 2000 han sido eficaces en la erradicación del hambre, como lo expone el indicador de subnutrición de la FAO (FAO, 2014), el Gobierno considera que aún queda mucho por hacer para combatir la pobreza, en particular en las poblaciones rurales que dependen de la agricultura para su subsistencia.

El aumento de la productividad agrícola en las últimas tres décadas ha tenido un impacto importante en el acceso a los suministros alimenticios en el mercado interno. Desde mediados de la década de 1970, los precios de los alimentos básicos han disminuido de forma continua, lo que elevó los ingresos reales y redujo las presiones inflacionarias (Tollini, 2007). Se prevé también que la agricultura contribuirá de manera creciente a la alta sostenibilidad ambiental gracias a la adopción de políticas y ejecución de programas específicos, como los que promueven prácticas agrícolas ecológicamente racionales, los incentivos a las iniciativas agrícolas de bajo carbono y el apoyo a la producción de biocombustibles.

Por último, la agricultura en Brasil es un importante contribuyente a la oferta energética del país. La energía renovable agrícola se compone de biomasa de caña de azúcar (42%), energía hidráulica (28%), leña (20%) y otras fuentes (10%). Estos representan casi la mitad de la oferta total de energía (MME/EPE, 2013b).

Durante los últimos veinte años, el sector agrícola de Brasil creció rápidamente con base en el aumento de la productividad, así como la expansión y consolidación de la frontera agrícola en las regiones del Centro-Oeste y el Norte. Aunque el mercado interno absorba la mayor parte de la producción agrícola brasileña, este crecimiento ha sido impulsado sobre todo por la expansión de la elaboración de productos orientados a la exportación, en especial soya, azúcar y aves. La proporción de estos productos exportados aumentó de forma pronunciada en la década de 1990, pero se ha estabilizado en general. En 2013, China sustituyó a la Unión Europea como el mercado unitario más importante para las exportaciones agrícolas de Brasil, lo que refuerza la reciente tendencia hacia nuevos socios comerciales, como los países de Asia Oriental y el Pacífico, el Medio Oriente y América Latina.

La agricultura fue importante para permitir que Brasil soportara la crisis financiera, con los altos precios de los productos agrícolas que suministraran incentivos para aumentar la producción y contribuyeran a un crecimiento promedio del PIB real de 3.5% por año entre 2005 y 2013. Sin embargo, desde 2011, la economía creció poco más de 2% por año, en comparación con los más de 8% en China y 5% en India. El crecimiento sigue siendo obstaculizado por las debilidades estructurales en la economía, como una infraestructura débil, un oneroso sistema de impuestos indirecto, procedimientos administrativos engorrosos, baja participación en el comercio internacional y bajos niveles de educación y habilidades. Este capítulo sostiene que las mejoras en estas áreas tienen el potencial de aumentar las perspectivas de mediano plazo de manera significativa tanto para el crecimiento agrícola sostenido como para un desarrollo económico más amplio.

Tendencias y perspectivas de la agricultura de Brasil

Crecimiento y desempeño de la agricultura de Brasil

Tendencias en la producción y la productividad

El clima variado de Brasil permite una agricultura diversificada de productos tanto templados como tropicales. Las regiones Sur y Centro-Oeste del país tienen una mayor pluviosidad, mejores suelos y una infraestructura más desarrollada. Las granjas en estas regiones utilizan insumos comprados con mayor intensidad y están equipadas con mejores tecnologías. La zona central de Brasil contiene áreas sustanciales de praderas degradadas con potencial para la producción de cultivos. La mayoría de granos, oleaginosas y otros cultivos de exportación brasileños se produce en las regiones Sur y Centro-Oeste, aunque la soya aumenta en la región Matopiba, que abarca los estados de Maranhão, Tocantins, Piauí y Bahía. El noreste y el área de la cuenca del Amazonas carecen de precipitaciones bien distribuidas y buenos suelos, mientras que la infraestructura y el mercado de capital siguen siendo menos desarrolladas que en las regiones Sur y Centro-Oeste. La ganadería es una actividad económica importante en las regiones Centro-Oeste y del Amazonas, donde la producción y la exportación de productos hortícolas tropicales también han crecido.

La agricultura brasileña ha experimentado un fuerte crecimiento durante más de dos décadas, aunque no sin depresiones en ciertos años como resultado de malas cosechas. La producción agrícola total ha más que duplicado en volumen en comparación con su nivel en 1990, y la producción ganadera casi se triplicó (Figura 2.1).

Figura 2.1 **Producción agrícola brasileña, 1990-2013**

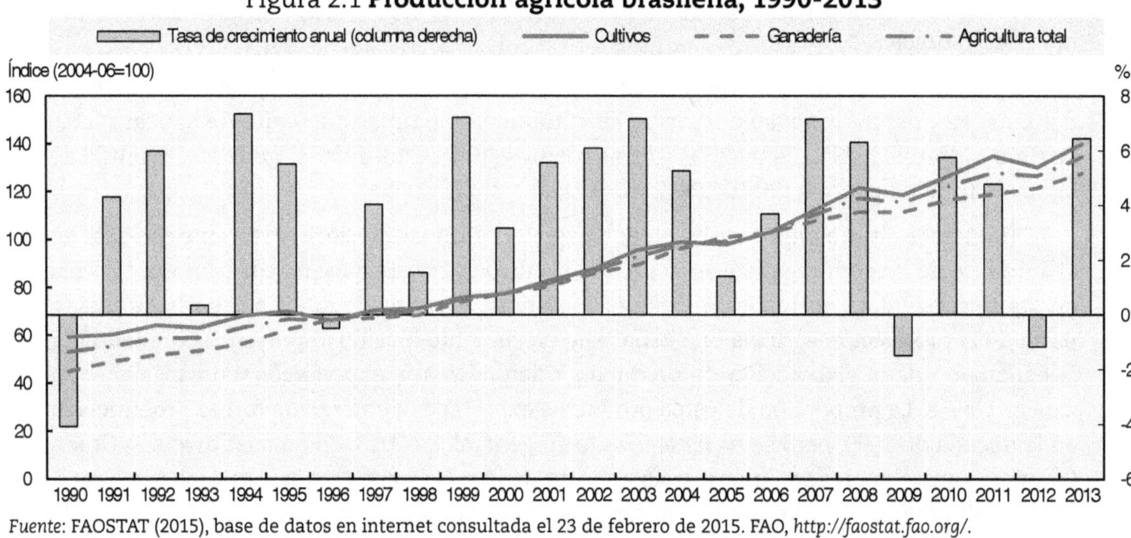

Fuente: FAOSTAT (2015), base de datos en internet consultada el 23 de febrero de 2015. FAO, *http://faostat.fao.org/*.

StatLinks http://dx.doi.org/10.1787/888933228947

Las profundas reformas económicas en la década de 1990 estimularon el crecimiento agrícola. El abandono de la estrategia de sustitución de importaciones generó un comercio amplio y la liberalización del tipo de cambio y del mercado interno. Aunque la primera mitad de la década de 1990 resultó muy inestable y desestabilizadora para el sector agrícola, a finales de esa década se logró la estabilización macroeconómica. Las políticas agrícolas se liberalizaron como parte de la reforma general: se desmantelaron los sistemas previos de producción y control de la oferta, y las intervenciones de precios disminuyeron y se reconstituyeron. La liberalización de las políticas comerciales eliminó los impuestos ICM a la exportación, las licencias y las restricciones cuantitativas a la industria agroalimentaria. También se abolió el control estatal del trigo, el azúcar y el comercio de etanol. Brasil entabló acuerdos comerciales clave, como el Acuerdo de la Ronda Uruguay y la Unión Aduanera del Mercosur.

Estas reformas permitieron reasignar progresivamente los recursos agrícolas a actividades en las que el país tiene una ventaja comparativa y aprovechar el potencial de los mercados mundiales. La estructura agrícola pasó por un cambio considerable con la salida de los productores menos eficientes y el desarrollo de grandes granjas que explotan las economías de escala y el progreso técnico, en particular en el Centro-Oeste. De acuerdo con el más reciente Censo Agrícola, a partir de 2006, las unidades con menos de 20 hectáreas constituían dos tercios del número total de granjas en Brasil, pero ocupan menos de 5% de las tierras agrícolas. Por otra parte, las granjas de más de 1 000 hectáreas representaban solo 1% del número total de granjas y 44% de las tierras de cultivo (Figura 2.2). En cierta medida, estos datos reflejan la existencia de latifundios improductivos, aunque una estabilidad macroeconómica mejorada y el desarrollo de los mercados financieros redujeron los incentivos para la tenencia especulativa de la tierra. Los datos también excluyen los efectos más recientes de las reformas agrarias. Entre 2003 y 2009 se establecieron cerca de 600 000 familias en casi 48 Mha. Estas reformas, que cobraron velocidad a finales de 1990, proveyeron asentamientos sin costo alguno en tierras para las personas desfavorecidas y también facilitaron la compra de terrenos para comenzar la actividad agrícola. Pequeños, nuevos y recientemente establecidos productores recibieron concesiones de crédito sustanciales y se beneficiaron de una serie de otros programas de desarrollo rural y social dirigidos a la población rural pobre.

Figura 2.2. **Estructura agrícola de Brasil, 2006**

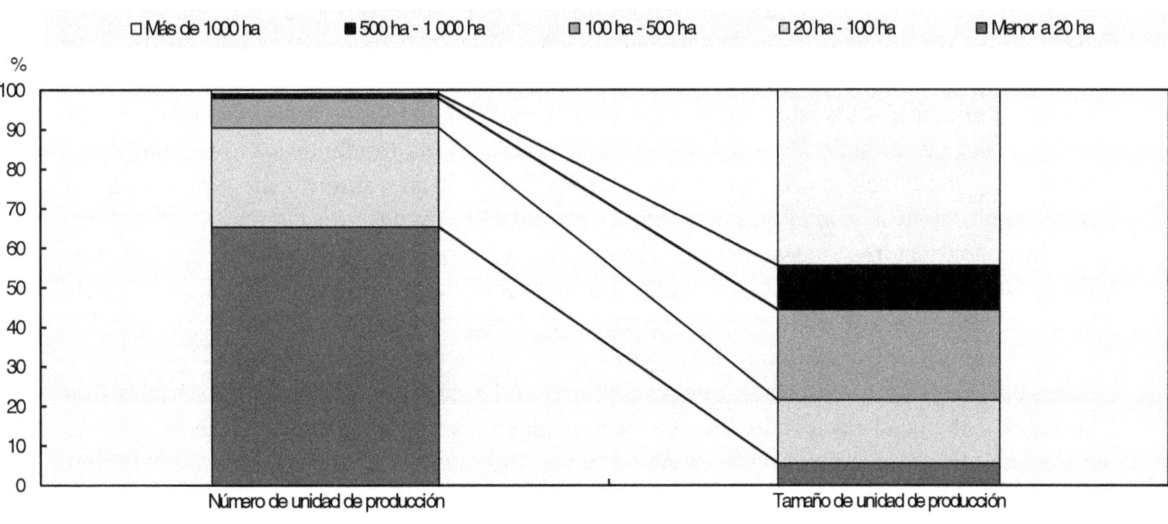

Fuente: IBGE (2006).

StatLinks http://dx.doi.org/10.1787/888933228951

El crecimiento agrícola de Brasil se apoya en la eficiencia, cada vez más veloz, de la utilización de factores de producción, en particular la tierra y el trabajo (Figura 2.3). De hecho, la agricultura fue el impulsor dominante de la productividad laboral dentro de la economía global al aportar 85% del crecimiento de la productividad agregada laboral en los cuatro sectores (agricultura, manufactura, minería y servicios) entre 2002 y 2007, y casi la mitad entre 2007 y 2012 (OECD, 2013b). Las mejoras de productividad fueron en parte un efecto de la sustitución del trabajo por capital, con una participación agrícola del empleo que disminuyó de 18% en 2002 a menos de 13% en 2012. Los estímulos por políticas impulsaron la rápida mecanización y sustitución de maquinaria obsoleta en la agricultura entre mediados de la década de 1970 y mediados de la década de 1990; por ejemplo, toda la flota de tractores se triplicó durante este periodo y el valor de la maquinaria y equipo de reservas se duplicó a precios constantes (FAOSTAT, 2013).

Figura 2.3. **Tendencias de la producción agrícola y la productividad total de los factores en Brasil, 1975-2013**

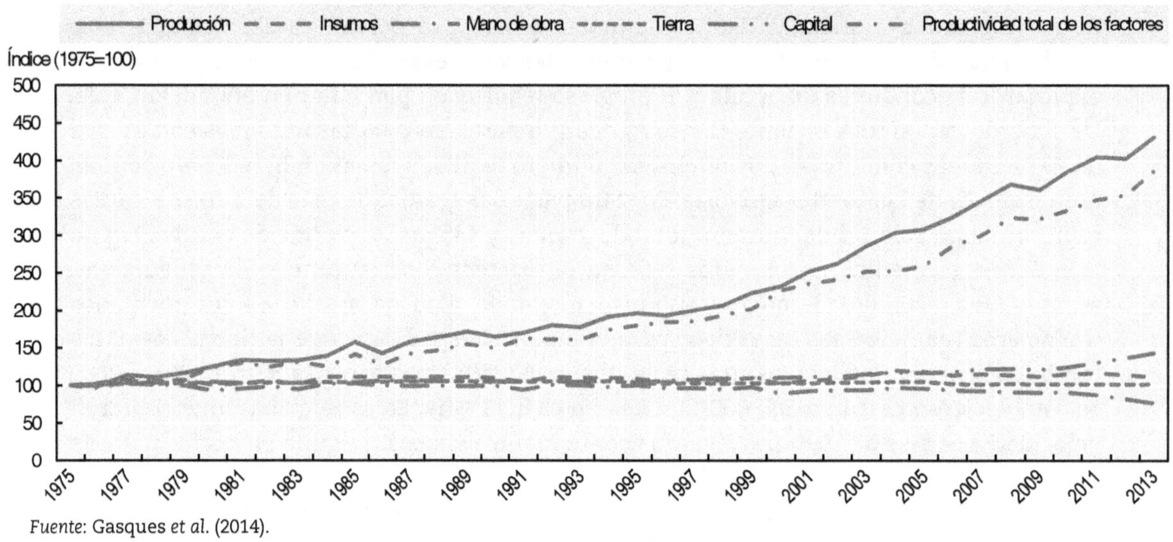

Fuente: Gasques *et al.* (2014).

StatLinks http://dx.doi.org/10.1787/888933228963

Brasil es ya uno de los países con el mejor desempeño mundial en el crecimiento de la Productividad Total de Factores (PTF). De los 172 países incluidos en un estudio de USDA,[2] obtuvo el puesto 12 por su tasa de crecimiento de la PTF entre 2001 y 2010. Brasil demostró las mejoras más fuertes de la PTF agrícola entre los BRIICS y los países miembros de la OCDE. Según los datos de Gasques *et al.* (2014), el crecimiento de la PTF en la agricultura brasileña aumentó 3.5% anual entre 1975 y 2013, con una mayor tasa de más de 4% desde el inicio del nuevo siglo (Figura 2.3). Esto contrasta con las tendencias en el resto de la economía, donde se logró crecimiento debido sobre todo al aumento del empleo de los factores productivos, con la tasa de crecimiento de la PTF en desaceleración (OECD, 2013b).

Entre los factores que sustentan el crecimiento de la productividad se encuentran las longevas inversiones en la investigación agrícola que permitieron a Brasil conseguir la tecnología más avanzada para la agricultura tropical. Esta investigación logró que los productores y la agroindustria dispongan de mejores tecnologías agrícolas y ganaderas, tecnologías sobre todo tropicales que posibilitan la incorporación de los cerrados brasileños (áreas de sabana) al uso productivo. Las tecnologías más importantes fueron la fijación de nitrógeno, en especial en variedades de soya, los sistemas de labranza cero y la aparición de nuevas variedades de granos y razas ganaderas adaptadas al trópico. Las mejoras de productividad durante los últimos quince años se facilitaron gracias a las reformas económicas, las cuales permitieron reasignar recursos y cambios estructurales en la agricultura y sus industrias asociadas. Mediante el establecimiento de un entorno más competitivo, las reformas económicas también fortalecieron los incentivos al productor para aumentar la productividad y, por tanto, la adopción de innovaciones.

Tendencias en el comercio agrícola y agroalimentario

Brasil es un gran exportador de productos agrícolas con un superávit comercial de USD 78.6 mil millones en 2013.[3] Con la liberalización económica y el rápido crecimiento de la demanda por parte de economías emergentes, en particular China, las exportaciones agroalimentarias han crecido con rapidez (Figura 2.4). El crecimiento de las exportaciones recibió también la influencia en algunos años de la gran depreciación de la moneda nacional. Los mayores socios comerciales de Brasil son la Unión Europea, China, Estados Unidos de América, Japón, la Federación de Rusia y Arabia Saudita. A pesar de la exportación de grandes volúmenes de productos agrícolas, la mayor parte de la producción se consume en el país.

Figura 2.4. **Comercio agroalimentario brasileño, 1995-2013**

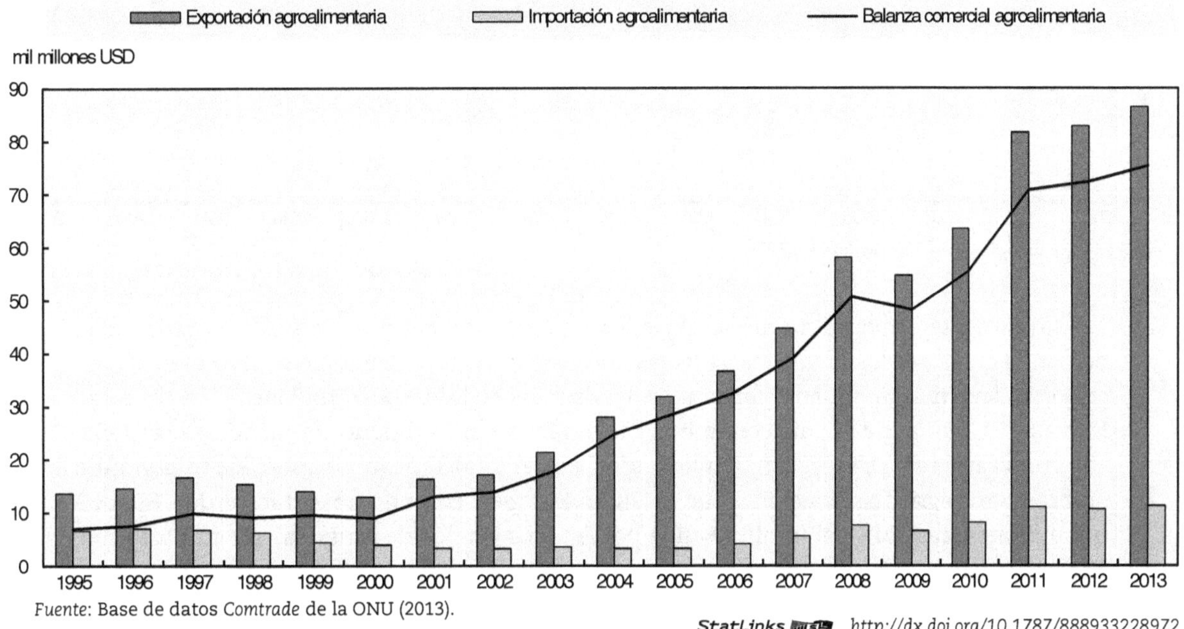

Fuente: Base de datos *Comtrade* de la ONU (2013).

StatLinks http://dx.doi.org/10.1787/888933228972

La exposición de Brasil al comercio internacional es inferior al de los demás BRIICS u otras economías de tamaño similar, en parte debido al tamaño del mercado interno. El comercio (importaciones más exportaciones) como porcentaje del PIB en 2013 en Brasil representó alrededor de 28% del PIB en comparación con un promedio de más de 50% en las demás economías BRIICS, 60% entre el grupo de países con ingresos medio-altos al que pertenece Brasil, 47% para sus vecinos latinoamericanos en desarrollo y un promedio mundial de 60%. Entre las principales economías, solo Estados Unidos de América, una economía casi ocho veces más grande, tiene comparativamente una pequeña participación. Brasil se ha convertido en el segundo mayor exportador de productos agrícolas y agroalimentarios en el mundo, detrás de Estados Unidos de América, al abandonar el cuarto lugar en 2000. En 2013, las exportaciones agrícolas de Brasil (como se define en la OMC) sumaron USD 89.5 mil millones (alrededor de 9% del total mundial), en comparación con USD 14.3 mil millones en 2000 (4.5% del total mundial). La participación de las exportaciones agrícolas en ingresos totales de exportación aumentó de 25% a 36% durante el mismo periodo.

El destino de las exportaciones agrícolas de Brasil evolucionó considerablemente en los últimos quince años. En 2000, los países ubicados en Europa y Asia Central eran los socios dominantes, al tomar más de 53% de las exportaciones agrícolas de Brasil. Asia oriental y el Pacífico fue un segundo destino lejano, que representa alrededor de 15% de las exportaciones agrícolas de Brasil. En 2013, los países de Asia Oriental y el Pacífico compraron casi 40% de los productos agrícolas de Brasil, mientras que los países de Europa y de Asia Central compraron 27% (Figura 2.5).

Figura 2.5. **Destino de las exportaciones agrícolas brasileñas, 2000-2013**

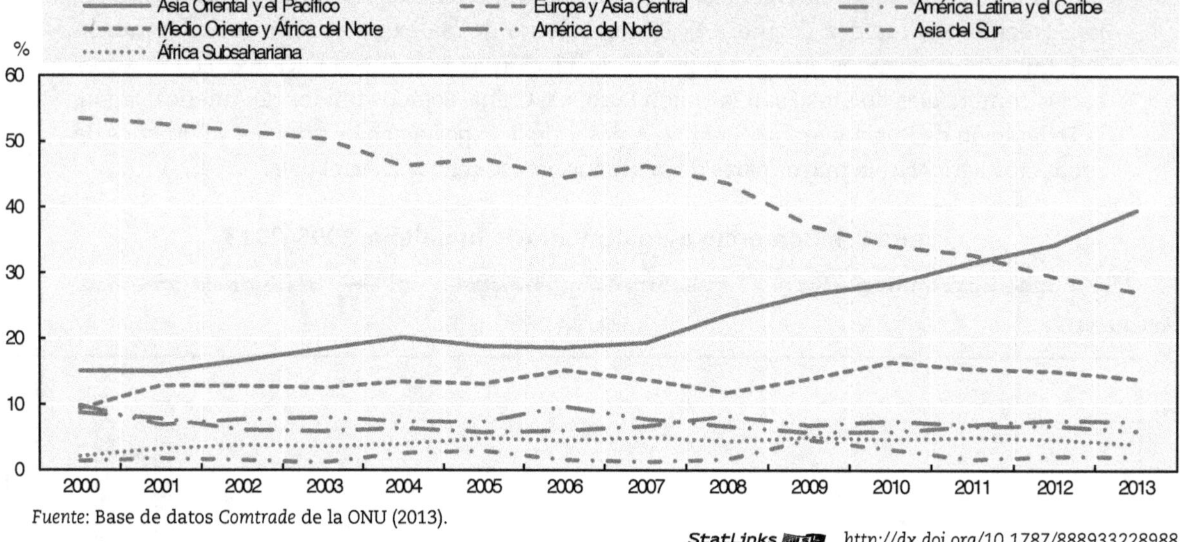

Fuente: Base de datos *Comtrade* de la ONU (2013).

StatLinks http://dx.doi.org/10.1787/888933228988

La creciente importancia de las regiones de Asia Oriental y el Pacífico proviene de la demanda china por los productos agrícolas brasileños. En 2000, China fue el 11vo mercado de importaciones más importante con una demanda menor a los USD 500 millones, o 3% del total. Hacia 2013, China era el país con la mayor demanda por la producción agrícola brasileña, con compras de casi USD 20.5 mil millones, o 23% del total. El segundo mercado más grande de productos agrícolas brasileños fue la Unión Europea, con una importación de USD 18.3 mil millones (casi 20% del total), seguida por Estados Unidos de América, que importó casi USD 4.6 mil millones.

A pesar de que Brasil exporta a más de 180 países, solo unos cuantos compran la mayor parte de la producción. En 2000, los diez mejores mercados (incluso miembros individuales de la UE) compraron 57% de la exportación agrícola total de Brasil y los 20 mejores representaron 75%; hacia 2012 estas proporciones fueron de 56% y 72%, respectivamente.

El tipo de productos agrícolas que Brasil exporta también cambió desde el inicio del siglo. Al separar los productos agrícolas en cuatro grandes categorías con base en su grado de procesamiento, en 2000 la mayor categoría exportadora fueron productos procesados, como jugos y carne fresca o congelada, con un valor de USD 5 mil millones, o 35% de las exportaciones, seguidos muy de cerca por las exportaciones de productos mayoristas, como soya y café de grano, con un valor de USD 4.8 mil millones, o 33% del total. Los productos hortícolas, como frutas y verduras frescas, tuvieron una relativa menor participación en las exportaciones con un valor de USD 567 millones (4% del total). Hacia 2013, las exportaciones brasileñas se habían especializado, con un total de exportaciones de productos de USD 39.5 mil millones, o 44% del total de exportaciones agrícolas, y las exportaciones de productos procesados, a pesar de expandirse a los USD 26.7 mil millones, que representan 30% del total. Las exportaciones de productos hortícolas representaron menos de 2% del total de exportaciones, a pesar de que casi se triplicó desde 2000 a los USD 1.4 mil millones.

Brasil depende relativamente en gran medida de unos cuantos productos para generar la mayor parte de sus ingresos de exportación del sector. En 2013, las exportaciones de soya sumaron USD 23 mil millones, lo que representa 26% de los ingresos por exportaciones agrícolas. Los diez principales productos generaron casi 82% de los ingresos de exportación de los productos agrícolas, en comparación con 79% en 2000 (MAPA, *Intercambio Comercial do Agronegócio: principais mercados de destino*, 2013). La composición de los principales productos y la relativa clasificación cambió un poco en dos años, sin embargo, con el alcohol de maíz y acetato que superan al aceite de soya y las carnes preparadas. Se prevé que el aumento de las exportaciones de alcohol etílico, impulsado por la política de biocombustibles de Estados Unidos de América, no se sostendrá en las *Perspectivas* actuales.

Además, Brasil relativamente no está integrado a las cadenas mundiales de valor, con un modesto 10% de los insumos intermedios de origen extranjero, mientras que otras economías utilizan una parte relativamente pequeña de las exportaciones brasileñas para generar sus propias exportaciones. Una explicación sería la relativamente alta protección de Brasil de su sector manufacturero.

Si bien Brasil aumentó su proporción de exportación en el mercado agrícola y alimentario internacional, sus importaciones de alimentos y sus productos también lo hicieron. Un aumento de USD 4.1 mil millones en 2000 a USD 11.1 mil millones en 2013 cubrió los déficits nacionales en ciertos productos y proporcionó opciones adicionales a los consumidores. Las importaciones de trigo representan alrededor de 20% del valor importado, mientras que otras importaciones principales son productos lácteos, aceite de oliva y diversas preparaciones alimenticias.

Desarrollo de la industria de etanol de Brasil

La mezcla de etanol a base de caña de azúcar con la gasolina en Brasil se remonta a 1931. Los bajos precios del petróleo crudo después de la Segunda Guerra Mundial significaron que la mezcla de etanol en la gasolina regular no era comercialmente viable. Sin embargo, en noviembre de 1975, en respuesta a la primera crisis del petróleo crudo, el gobierno brasileño creó el Programa Nacional de Alcohol, Proálcool. Este programa promulgó la mezcla obligatoria de etanol anhidro con gasolina (en adelante denominado gasohol) para combustibles en los coches normales, lo que permitió que la industria del etanol a base de caña de azúcar aumentara sus capacidades de producción. Proálcool logró reducir el impacto de la crisis del petróleo en la balanza comercial brasileña y aumentó la autosuficiencia energética del país. Sin embargo, cuando se produjo la segunda crisis del petróleo, en 1979, Brasil seguía importando la mayoría de su petróleo, lo cual renovó el interés del gobierno sobre Proálcool y aumentó los subsidios para productores y consumidores, y el crédito para la inversión en el sector. El primer coche que consumía etanol hidratado se lanzó en 1979.

Una sucesión de factores en la segunda mitad de la década de 1980, como el golpe de la baja en el precio del petróleo, el aumento de los precios internacionales del azúcar, la crisis de la deuda y la desregulación de la economía brasileña, redujeron la rentabilidad del sector de etanol hasta la década de 2000, cuando se convirtió en el blanco de inversiones masivas. La creciente preocupación por el calentamiento global, las emisiones de gases de efecto invernadero y la seguridad energética llevaron a un cierto número de países desarrollados y en desarrollo a poner en práctica los ambiciosos objetivos o normativas obligatorias de biocombustibles, así como otras medidas de apoyo al sector de los biocombustibles. Conforme a la Norma de Combustibles Renovables (RFS2), establecida en 2007 en Estados Unidos de América, la caña de azúcar brasileña de etanol se calificó como combustible avanzado, lo que aumentó la demanda del etanol brasileño en el mercado internacional.

Además, la introducción de vehículos de combustible flexible en marzo de 2003 contribuyó a la recuperación de la industria del etanol. Esta nueva tecnología fue ampliamente aceptada por los fabricantes de automóviles y los consumidores (MME/EPE, 2013A): En 2004, los vehículos de combustible flexible representaron 22% de las ventas de vehículos ligeros en Brasil; en 2014, su participación llegó a más de 88%. La demanda interna de etanol brasileño aumentó de alrededor de 4 Mml en 2003 a 16.5 Mml en 2009, con una tasa de crecimiento anual superior a 15% (MME/EPE, 2014) impulsada por el aumento del consumo de combustible y por el precio competitivo del etanol hidratado respecto del gasohol. Durante el mismo periodo, la producción total de etanol aumentó de 14.5 a 26.1 Mml, con el fin de satisfacer no solo la demanda interna, sino también los contratos internacionales y otros usos. Este aumento de la producción fue posible gracias a una amplia financiación de la deuda de las industrias de azúcar y etanol.

La crisis económica mundial a finales de la década pasada interrumpió la tendencia al alza de la industria brasileña de etanol, lo que redujo la construcción de nuevas plantas y la inversión de capital en las unidades existentes. En consecuencia, la expansión de la producción de caña de azúcar cayó. Esto se sintió con fuerza a partir de 2010, pues el sector estaba muy endeudado y las inversiones se redujeron, lo que provocó mayores costos de producción. Esto, junto con varios problemas climáticos que dieron lugar a bajos rendimientos de caña de azúcar, contribuyó al aumento del precio internacional del azúcar y amplificó los impactos negativos en la industria del etanol.

Desde 2006, la política de precios de los combustibles fósiles de Brasil, adoptada con el fin de contener la inflación y aplicada por Petrobras,[4] mantuvo el precio de la gasolina brasileña aislado de las fluctuaciones del precio del crudo en el mercado internacional. Esto afectó los precios del etanol y las ganancias de esta industria. La incertidumbre sobre el futuro de las políticas de biocombustibles en Estados Unidos de América y, en menor medida, en la Unión Europea contribuyó a la crisis del etanol. Por la fuerte disminución de los precios internacionales del petróleo crudo en 2014, los precios al menudeo de gasolina de Brasil están en la actualidad ligeramente por encima de los precios internacionales. Esto, junto con la tributación diferenciada entre etanol y gasohol, así como el aumento de los requerimientos de mezcla para el etanol anhidro que entró en vigor en 2015, debe ayudar a la industria brasileña de etanol en el corto plazo.

El desempeño de la sustentabilidad de la agricultura

Aunque impulsado sobre todo por el fuerte aumento de la productividad, el crecimiento agrícola también se asoció a una expansión de las tierras agrícolas, las cuales aumentaron 34 Mha entre 1990 y 2012. A escala mundial, ésta fue una de las mayores expansiones durante ese periodo. En la primera mitad de la década de 1990, esto ocurrió principalmente debido a la expansión de pastizales, proceso impulsado por la introducción de nuevas tecnologías de gestión de la tierra y el estímulo de políticas, pero que prácticamente se detuvieron a finales de esa década. Desde entonces, la tierra agrícola se incrementó más que nada debido a la expansión de las áreas de cultivo, las cuales solamente en poco más de cuatro años de cultivo, 2000-2001 a 2003-2004, se elevó a 9 Mha, con un aumento de plantaciones de soya de 50%. La expansión de la superficie de soya, sobre todo en el Centro-Oeste, a su vez impulsó las plantaciones de cultivos que se rotan con la soya, en especial con la segunda cosecha de maíz y algodón.

En las últimas décadas se vio una disminución de las tierras nativas de bosque; la proporción de la misma en el total de la tierra se redujo de 68% a 61% entre 1990 y 2011. Continúa el debate sobre cómo y en qué medida la agricultura contribuyó directa o indirectamente a este proceso.[5] Una parte significativa de la deforestación se debe a las actividades de la tala ilegal, para despejar terrenos y utilizarlos después como pastizales. Esto conllevó a las preocupaciones respecto de la expansión de la agricultura en la región amazónica, en particular, la cual junto con la zona de la sabana *cerrado* contiene la mayor parte de la biodiversidad terrestre del mundo. El área acumulada de la deforestación en la Amazonia legal[6] aumentó de 43 Mha en 1990 a 75 Mha en 2010 (IBGE, 2013). Desde mediados de la década de 2000, las tasas de deforestación del Amazonas han ido desacelerando de manera constante, lo que refleja un endurecimiento progresivo en la supervisión del uso de la tierra. Esta tendencia se invirtió temporalmente con un aumento de la deforestación en 2013 de 5 891km^2, pero las últimas estimaciones para 2014 indican una reducción de 18%, a 4 848 km^2 (Instituto Nacional de Investigaciones Espaciales). Algunos análisis tienden a vincular las tasas de deforestación recientes a los proyectos de infraestructura que se realizan en la región amazónica y no a la expansión de la agricultura (FGV, 2013). El impacto ambiental de la expansión agrícola en la región amazónica y del *cerrado* ha recibido mucha atención pública, en los ámbitos tanto nacional como internacional.

Los datos disponibles sugieren que el uso de fertilizantes y productos químicos agrícolas en Brasil se ha intensificado. Sin embargo, según el Censo Agrícola 2006, casi 70% de las granjas informó que no usaron ningún fertilizante durante el año del censo, y la misma proporción informó que no hubo uso de productos químicos agrícolas. Esto implica que el impacto del uso de fertilizantes y productos químicos está fuertemente diferenciado por el tipo de sistema agrícola y por región (Helfand *et al.*, 2013). Por la abundancia de recursos pluviales y el agua, la importancia del riego en Brasil es pequeña, con solo alrededor de 2% de la tierra agrícola equipada con riego. Esta proporción, sin embargo, ha tendido a aumentar desde 1990, con la agricultura en la actualidad como causa de casi 60% de las extracciones anuales de agua dulce. Brasil ocupa el quinto lugar mundial en términos de gases de efecto invernadero global (GEI), aunque las emisiones totales disminuyeron considerablemente como consecuencia de la reducción de la deforestación. La agricultura es una fuente importante de emisiones de gases de efecto invernadero como resultado del cambio de uso de la tierra y un crecimiento considerable en los inventarios de ganado, que se incrementó casi 40% entre 1990 y 2010 en equivalentes de ganado, entre los incrementos más importantes en todo el mundo (USDA, 2013). La expansión de los inventarios duplicó la densidad ganadera, de 3 cabezas por hectárea de tierra agrícola en 1990 a 6 cabezas en 2011. Estos niveles son comparables con las de Nueva Zelanda, donde prevalece un sistema pastoral, pero son bajos en comparación con las regiones del mundo con una producción ganadera más intensiva (por ejemplo, la Unión Europea, con un número promedio total de ganado por hectárea de 9.6 cabezas).

Las cifras promedio de Brasil disfrazan la diferenciación sustancial en la naturaleza y la magnitud de las presiones ambientales en todo Brasil resultantes de diferentes sistemas de cultivo. Por ejemplo, la agricultura comercial en los estados del sur de Río Grande do Sul, São Paulo y Paraná es intensiva en insumos, con un alto uso de fertilizantes. Los sistemas agrícolas en estas áreas están asociados a las preocupaciones sobre el impacto del uso agrícola del agua en cuanto a recursos y del uso de pesticidas en la calidad del agua. Los sistemas agrícolas del Centro-Oeste son más extensos. Los agricultores de estas regiones utilizan cada vez más la siembra directa, la cual también reduce los riesgos de erosión; sin embargo, una pérdida de la cubierta forestal natural y la biodiversidad es una preocupación significativa en estas partes del país (OECD, 2005). El uso de la siembra directa o prácticas de labranza mínima (siembra directa) mitigan algunas presiones sobre el suelo y requiere menos combustible, al tiempo que facilita el uso de cultivos dobles o incluso triples. La siembra directa también se asocia al uso de organismos modificados genéticamente, lo que conduce a un menor uso de pesticidas.

Panorama agrícola de Brasil

El panorama para la agricultura brasileña es aún positivo a pesar de que se perfila un menor crecimiento de la demanda interna e internacional, y de la disminución de los precios reales en la mayoría de los productos agrícolas. Por el lado de la oferta, se espera que los productores se beneficien del crecimiento de la productividad continua, complementado por una depreciación del real brasileño (BRL). Las proyecciones actuales asumen que no habrá cambios significativos en la configuración de la política agrícola en los próximos diez años y que prevalecerá un tiempo "normal" sin eventos graves de un año a otro. Las proyecciones para los cambios macroeconómicos en Brasil y el resto del mundo se basan en las *OECD Economic Outlook* (noviembre de 2014) y las *World Economic Outlook* del Fondo Monetario Internacional (octubre de 2014), mientras que se espera que los precios internacionales del petróleo crezcan a la misma tasa que se proyecta en las *World Energy Outlook* de la AIE (véase el capítulo 1). Cualquier cambio de estos supuestos alteraría significativamente las proyecciones.

Brasil exhibió un crecimiento relativamente fuerte con un ingreso real promedio de 3.5% anual entre 2000 y 2007. Con el inicio de la crisis financiera mundial, el crecimiento disminuyó un poco de 2008 a 2013, en promedio 3.1% anual. Hasta 2016, no se espera que el crecimiento supere 2% anual. A partir de 2017 y hasta el final del periodo de proyección, se espera que el crecimiento del PIB real sea de 2.6% anual en promedio. Se espera que la moneda brasileña (BRL) respecto del dólar estadounidense se deprecie durante todo el periodo de las perspectivas, lo que daría más competitividad a los sectores exportadores brasileños en los mercados mundiales, pero también aumentaría el costo de las importaciones. No se prevé que esto ponga una presión indebida sobre los precios al consumidor, si la inflación se mantiene baja.

Cultivos

Durante los próximos diez años, se espera que el sector de cultivos de Brasil siga creciendo con base en el crecimiento de rendimientos y el aumento de la superficie agrícola. Se espera que los precios al productor aumenten rápidamente durante los próximos diez años, pero cuando se ajusten por inflación, los precios de los cultivos serán relativamente planos. Se espera que el uso del suelo de los principales cultivos en 2024 (semillas oleaginosas, cereales secundarios, arroz, trigo, caña de azúcar y algodón) alcance 69.4 Mha, 20% más que la superficie media utilizada durante los tres años 2012-2014, lo que representa una tasa de crecimiento de alrededor de 1.5% anual (Figura 2.6).[7] En términos relativos, esta expansión de superficie se impulsará sobre todo por el aumento esperado de 37% (en relación con el periodo base)[8] de las tierras asignadas a la producción de caña de azúcar, seguido por los aumentos de 35% y 23% en el área asignada a la producción de algodón y oleaginosas, respectivamente. En términos absolutos, sin embargo, las semillas oleaginosas, predominantemente la soya, seguirán dominando el uso del suelo en Brasil en los próximos diez años, para ocupar casi la mitad del área de cultivo adicional en 2024.

Se espera que un creciente mercado interno ocupe la mayor parte de la producción adicional de los cereales secundarios y de la caña de azúcar. En el caso de los cereales secundarios, la demanda interna de forrajes para un sector ganadero en expansión representa la mayor parte de la producción adicional, mientras que en el caso de la caña de azúcar, es el mercado del etanol en expansión. En consecuencia, para estos cultivos, la proporción de la producción que irá a los mercados internacionales será relativamente estable durante los próximos diez años. No es el caso del algodón o las semillas oleaginosas, donde las proyecciones indican que los mercados mundiales atraerán una mayor proporción de la producción.

Figura 2.6. **Tendencia de la tierra para producción de cultivos en Brasil**

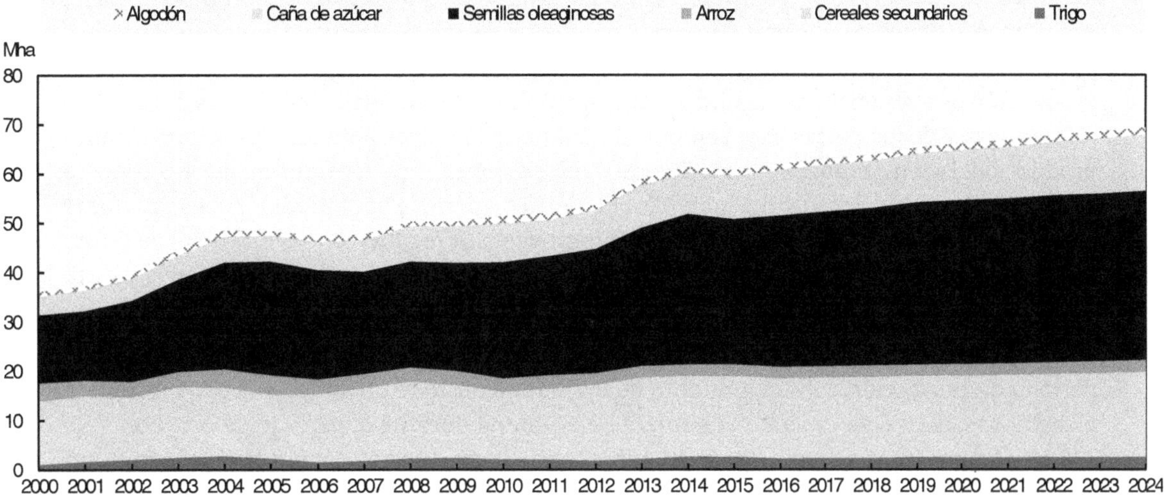

Fuente: OECD/FAO (2015), "OECD-FAO Agricultural Outlook", *OECD Agriculture statistics* (base de datos), *http://dx.doi.org/10.1787/agr-outl-data-en.*

StatLinks *http://dx.doi.org/10.1787/888933228998*

Se prevé también que la productividad mejore en la próxima década pero con diferentes tasas según el cultivo (Figura 2.7). La ausencia de inversión en el sector de caña de azúcar últimamente, junto con las adversas condiciones climáticas, provocaron rendimientos promedios bajos. Se espera que se incremente la inversión en las plantaciones de caña de azúcar altamente mecanizadas durante el periodo de las perspectivas, lo que permitiría mejoras del rendimiento marginal, las cuales sin embargo no alcanzarán los picos anteriores. De manera similar, no se espera que los rendimientos de las oleaginosas mejoren sustancialmente en el transcurso de la próxima década. En contraste, las mejoras de productividad de cereales —cereales secundarios, trigo y arroz— se incrementarán sustancialmente, mientras que los rendimientos del algodón lo harán de forma más moderada (Figura 2.7).

Figura 2.7. **Crecimiento de rendimientos de cereales, caña de azúcar y algodón en Brasil**

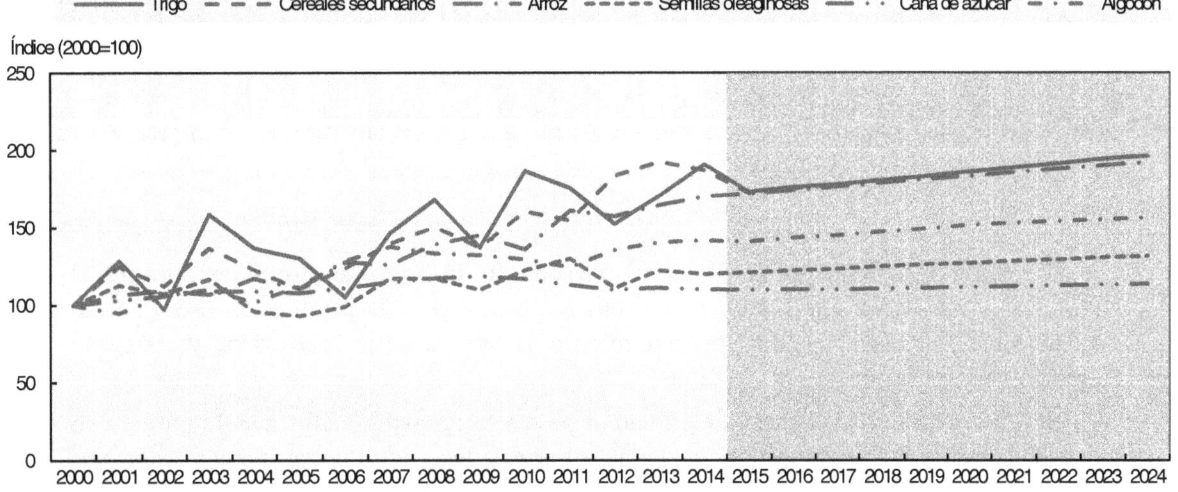

Fuente: OECD/FAO (2015), "OECD-FAO Agricultural Outlook", *OECD Agriculture statistics* (base de datos), *http://dx.doi.org/10.1787/agr-outl-data-en.*

StatLinks *http://dx.doi.org/10.1787/888933229005*

Semillas oleaginosas

Se espera que las soyas continúen siendo el producto agrícola más importante de Brasil. Actualmente, Brasil es el segundo mayor productor detrás de Estados Unidos de América, pero durante el periodo de las perspectivas, se espera que la diferencia se reduzca, pues la producción de soya en Brasil seguirá ampliándose. Entre los grandes productores de semillas oleaginosas y de los países exportadores, Brasil tiene el mayor potencial para aumentar la producción. Es tan productivo como Estados Unidos de América (los rendimientos promedio son casi iguales), pero tiene una gran base de tierra disponible para producir soya, mientras que Estados Unidos de América es más competitivo en la producción de maíz, lo que limita su potencial para desplazar grandes franjas de la zona de soya para satisfacer la futura demanda de semillas oleaginosas.

Se espera que los precios al productor se mantengan relativamente fuertes durante el periodo de proyección con un aumento de 6.9% anual. Esto le da apoyo a la producción de oleaginosas, la cual se espera que aumente 2.5% anual durante el periodo de proyección, a 108 Mt (Figura 2.8).[9] La mayor parte del aumento de la producción esperada proviene de un aumento de 23% en área cosechada a 34.3 Mha en 2024, pues se espera que el rendimiento promedio aumente modestamente a 3.15 t/ha en 2024. Se espera que la tierra adicional para producir soya provenga en su mayoría de la región de Matopiba, que abarca Maranhão, Tocantins, Piauí y Bahía Unidos, y no se espera que compita con otras tierras de cultivo o reduzca las tierras asignadas a otros cultivos.

Figura 2.8. **Producción, consumo y exportaciones de oleaginosas en Brasil**

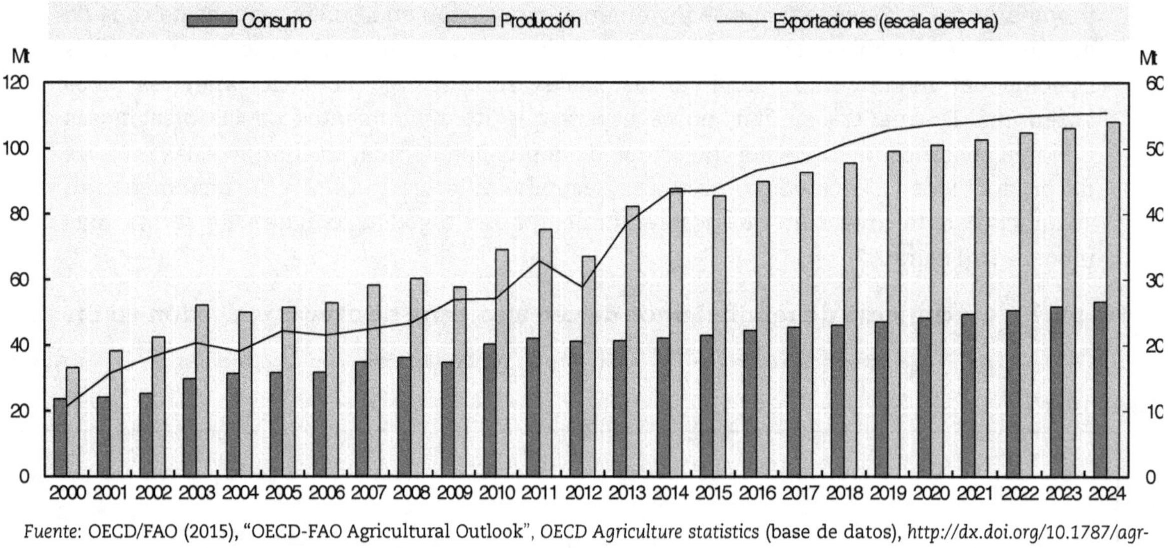

Consumo | Producción | Exportaciones (escala derecha)

Mt | Mt

120 100 80 60 40 20 0 | 60 50 40 30 20 10 0

2000 2001 2002 2003 2004 2005 2006 2007 2008 2009 2010 2011 2012 2013 2014 2015 2016 2017 2018 2019 2020 2021 2022 2023 2024

Fuente: OECD/FAO (2015), "OECD-FAO Agricultural Outlook", *OECD Agriculture statistics* (base de datos), *http://dx.doi.org/10.1787/agr-outl-data-en.*

StatLinks http://dx.doi.org/10.1787/888933229018

También se espera que el consumo de semillas oleaginosas aumente durante el periodo de proyección, pero a un ritmo más lento que el de la producción (2.3% anual) a 53.3 Mt. El superávit nacional de crecimiento (la brecha entre producción y consumo interno) se exportará.

Se espera que la soya continúe siendo el producto de exportación más lucrativo con más de la mitad de la producción brasileña destinada a los mercados mundiales. Valorados en los precios internos al productor, estas exportaciones generarán BRL 87.5 mil millones (USD 22.8 mil millones) en 2024. China ha sido el mercado de importación de soya más importante del mundo y el cliente más grande de Brasil. Brasil también se convirtió en el mayor proveedor de China en 2013, superando a Estados Unidos de América. Estas perspectivas están condicionadas a que la fuerte demanda de soya importada por parte de China continúe, y a que la mayor parte de esta demanda adicional proceda en su mayoría de Brasil, el país con el mayor potencial para aumentar la producción en los próximos años. En caso de que esta demanda fallara, o que las preocupaciones de seguridad alimentaria por parte de China provoquen una mayor diversificación de las fuentes de importación, Brasil podría tener que ajustar rápidamente la producción dado el tamaño de los mercados alternativos de importación. Como se ilustra en el recuadro 2.1, si la demanda china se debilita, no solo las exportaciones de oleaginosas de Brasil a China caerán, sino que las exportaciones de soya a otros países también se desplomarán. Sin mercados internacionales alternativos, la producción y las exportaciones de semillas oleaginosas de Brasil caerán por debajo de la proyección base.

Brasil no solo produce una gran cantidad de semillas de soya, también tiene un considerable sector de trituración que produce harina de soya y aceite de soya. Aunque la mayor parte de la producción de soya de Brasil es para los mercados de exportación, se espera que la demanda interna de trituración continúe aumentando. Se espera que la demanda de trituración crezca cerca de 2.3% anual durante el periodo de manera que, al final del periodo de proyección, se espera que la demanda de triturados alcance casi 47.1 Mt, 27% por encima del periodo base (Figura 2.9). Una mayor trituración generará una mayor producción de harina proteica, la cual crecerá a 39 Mt en 2024. La mayor parte de la producción adicional se quedará en casa para alimentar los sectores de carne de cerdo y de aves con un aumento de consumo de 4.9% anual, a más de 27 Mt, 66% más alto que la proyección base. Sin embargo, se espera que la capacidad de trituración no se expanda lo bastante rápido para satisfacer el aumento de la demanda interna de la harina de soya a partir de los sectores avícola y porcino. Se espera que la demanda interna adicional reduzca el excedente exportable, lo que provocaría la disminución de las exportaciones de harina de soya. Las exportaciones de harina proteica disminuirán aproximadamente 11.9 Mt de casi 14 Mt en el periodo base. Sin embargo, Brasil continuará cerca de Estados Unidos de América como el segundo mayor exportador de harina de soya.

Figura 2.9. **Producción, consumo y exportaciones de harina proteica en Brasil**

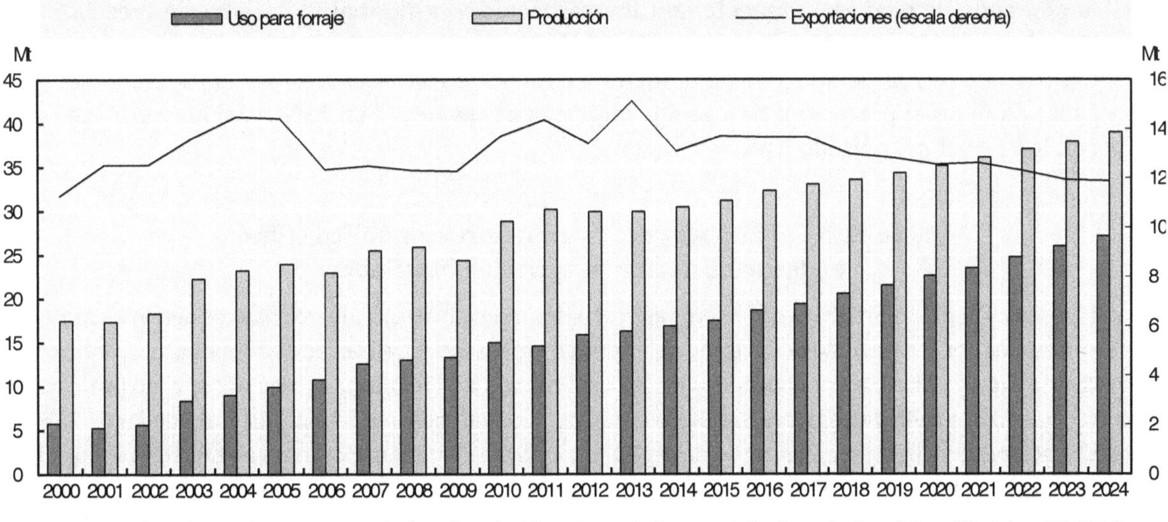

Fuente: OECD/FAO (2015), "OECD-FAO Agricultural Outlook", *OECD Agriculture statistics* (base de datos), *http://dx.doi.org/10.1787/agr-outl-data-en.*

StatLinks http://dx.doi.org/10.1787/888933229026

La demanda de triturado adicional para la harina de soya se traducirá en el aumento de la oferta de aceite de soya. La producción de aceite vegetal crecerá a una tasa anual promedio de 2.5%, para aumentar a 10.2 Mt hacia 2024, 31% por encima del periodo base. Sin embargo, la demanda interna de aceite vegetal para consumo humano crecerá a un ritmo más lento. La demanda de aceite vegetal para consumo humano crecerá de tan solo 2.2% anual a cerca de 5.2 Mt (Figura 2.10). Se espera que el consumo per cápita de aceite vegetal aumente alrededor de 1.5% anual para llegar a 24.2 kg por persona.

Figura 2.10. **Producción, consumo y exportación de aceites vegetales en Brasil**

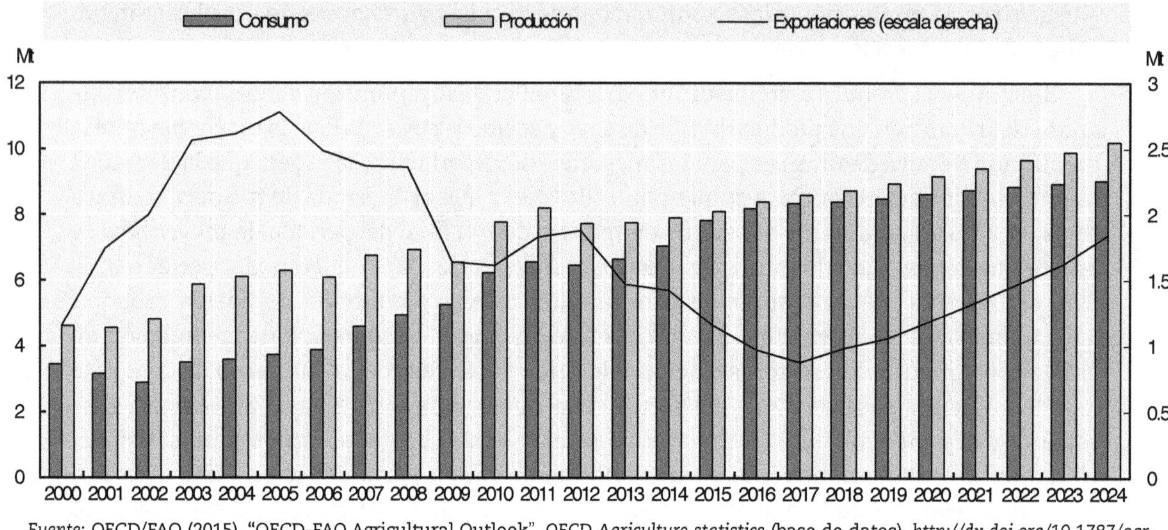

Fuente: OECD/FAO (2015), "OECD-FAO Agricultural Outlook", *OECD Agriculture statistics* (base de datos), *http://dx.doi.org/10.1787/agr-outl-data-en*.

StatLinks *http://dx.doi.org/10.1787/888933229035*

Una fuente adicional de la demanda interna de aceite vegetal será para la producción de biodiésel. El consumo total de aceite vegetal crecerá de 1.4% anual a 9 Mt, 34% más que en el periodo base. Durante la primera mitad del periodo de proyección, se espera que la demanda de biodiésel aumente con fuerza debido a la normativa interna de mezcla. Una demanda de alimentos y una producción de biodiésel más lentas en la segunda mitad del periodo de las perspectivas conducirán a incrementar el excedente exportable. Se espera que las exportaciones de aceite vegetal sean de 1.8 Mt en 2024, casi sin cambios con los 1.6 Mt del periodo base.

Recuadro 2.1. **Impacto del crecimiento económico chino en las exportaciones agrícolas brasileñas**

Como importante exportador de productos agrícolas, los mercados de productos básicos agrícolas de Brasil se ven afectados por el desarrollo de los principales países importadores, en especial China. Las exportaciones agrícolas de Brasil a China aumentaron desde 2000, sobre todo en los últimos cinco años, y las principales exportaciones son semillas oleaginosas, aceites vegetales, algodón, azúcar y aves. En 2014, alrededor de 71% de las exportaciones totales de semillas oleaginosas (31 Mt), o 35% de la producción total de Brasil, se exportaron a China, lo que representa alrededor de 40% del total de las importaciones de semillas oleaginosas por parte de China. Las proporciones de exportación de aceite vegetal y algodón a China en las exportaciones totales de Brasil también fueron altas en 2014, 28% y 24%, respectivamente. Las proporciones de exportación de azúcar y de aves para China, en las exportaciones totales de Brasil, fueron menores: 9.5% y 6.4%, respectivamente.

Recuadro 2.1. **Impacto del crecimiento económico chino en las exportaciones agrícolas brasileñas** *(cont.)*

Después de más de tres décadas de rápido crecimiento, la economía de China está entrando en una "nueva normalidad", con una trayectoria de crecimiento más baja. El gobierno chino redujo su objetivo de tasa de crecimiento alrededor de 7% para 2015, con lo cual busca un desarrollo más sostenible. Para las *Perspectivas*, se espera que el crecimiento económico continúe moderado, para caer a 4.2% en 2024. En consecuencia, las exportaciones agrícolas de Brasil a China se ralentizarán en el periodo de las perspectivas. Si bien las exportaciones de semillas oleaginosas de Brasil a China se incrementarán a 47 Mt en 2024, durante el periodo de las perspectivas las exportaciones crecerán solo 3.9% anual, frente a 18.9% anual en la década anterior. También se prevé que las exportaciones de azúcar, algodón y aves se expandirán más lentamente que antes. Las exportaciones brasileñas de aceite vegetal a China alcanzaron un máximo de 0.95 Mt en 2012, pero disminuyeron drásticamente a 0.36 Mt en 2014. Teniendo en cuenta que China importa más oleaginosas para la trituración interna, lo cual sustituirá la importación de aceite vegetal, se espera que las importaciones de aceite vegetal continuarán la tendencia a la baja con 0.2 Mt en 2024.

Sin embargo, China se enfrentará a muchas incertidumbres en el futuro al tiempo que sus transiciones económicas y su rendimiento económico y demanda de importaciones consiguiente afectarán a Brasil. Para evaluar los impactos cuantitativos, se instrumentaron dos escenarios que alteran la tasa de crecimiento económico de China: uno optimista, en el cual el crecimiento económico de cada año es 25% más alto que en la proyección base, y uno pesimista, en el que el crecimiento anual es 25% menor que en la proyección base.

Como era de esperar, las exportaciones agrícolas de Brasil se ven afectadas por el desempeño económico de China. Los impactos no ocurren solo directamente a través del comercio bilateral, sino también indirectamente mediante cambios en los precios mundiales, los cuales se transmiten en diversos grados a los mercados nacionales de todos los países, entre ellos Brasil. La figura 2.11 muestra en qué medida China importará más (menos) productos agrícolas de todos los proveedores, incluso Brasil, si la economía crece más rápido (más lento) que en la proyección base. Con el escenario de crecimiento más alto, el aumento de las importaciones chinas elevará los precios mundiales, lo que llevará a los productores a aumentar su producción y a los consumidores a reducir su consumo. Los resultados muestran que los efectos globales sobre la producción y el total de las exportaciones de Brasil son positivos, y las semillas oleaginosas y el azúcar representan una parte considerable del incremento global. En general, la producción brasileña aumentará en relación con otros proveedores, pues la oferta de suelo es más elástica y hay más margen para aumentar la intensidad de la producción. Sin embargo, los impactos serán casi opuestos y simétricos si el crecimiento económico de China es menor que en la proyección base.

Los impactos en el mercado de las semillas oleaginosas de Brasil son los más grandes, seguidos por el aceite vegetal y el azúcar; los impactos sobre el algodón y las aves prometen ser modestos. Por ejemplo, en el escenario de alto crecimiento, la demanda de exportación total de semillas oleaginosas de China aumentará 2.9 Mt, o 2.9%, en comparación con la proyección base en 2024, y Brasil cubrirá cerca de la mitad del aumento de la demanda de importaciones (1.5 Mt). El precio de producción de semillas oleaginosas en Brasil aumentará 2.6% debido al mercado ampliado, lo cual estimula un aumento total de producción de 2.4 Mt. Los resultados muestran que las exportaciones de semillas oleaginosas de Brasil a otros países aumentarán ligeramente debido a la ventaja comparativa del país en la producción de este producto. Las exportaciones totales de oleaginosas en Brasil aumentarán 1.9 Mt de la proyección base en 2024. Las tasas de crecimiento promedio anual de las exportaciones totales de semillas oleaginosas de Brasil y de la producción durante los próximos diez años son 2.9% y 2.4% mayores, respectivamente. No obstante, si el crecimiento económico de China es peor que en la proyección base, no solo las exportaciones de semillas oleaginosas de Brasil a China serán 1.4 Mt más bajas en 2024, sino que la exportación de semillas oleaginosas a los demás países se reducirá en 0.4 Mt, lo que provocará la disminución tanto de exportaciones como de la producción de

Recuadro 2.1. **Impacto del crecimiento económico chino en las exportaciones agrícolas brasileñas** *(cont.)*

3.2% anual y de 2.1% anual de la proyección base, respectivamente. Los resultados también muestran las mismas tendencias para otras materias primas, con un fuerte tránsito de las importaciones chinas a las exportaciones brasileñas en los casos de azúcar y las aves, pero con una transmisión mucho más débil para el aceite vegetal y el algodón.

Figura 2.11. **Impacto de un mayor o menor crecimiento económico chino en el sector agrícola de Brasil**

Cambios absolutos en comparación con la proyección base en 2024

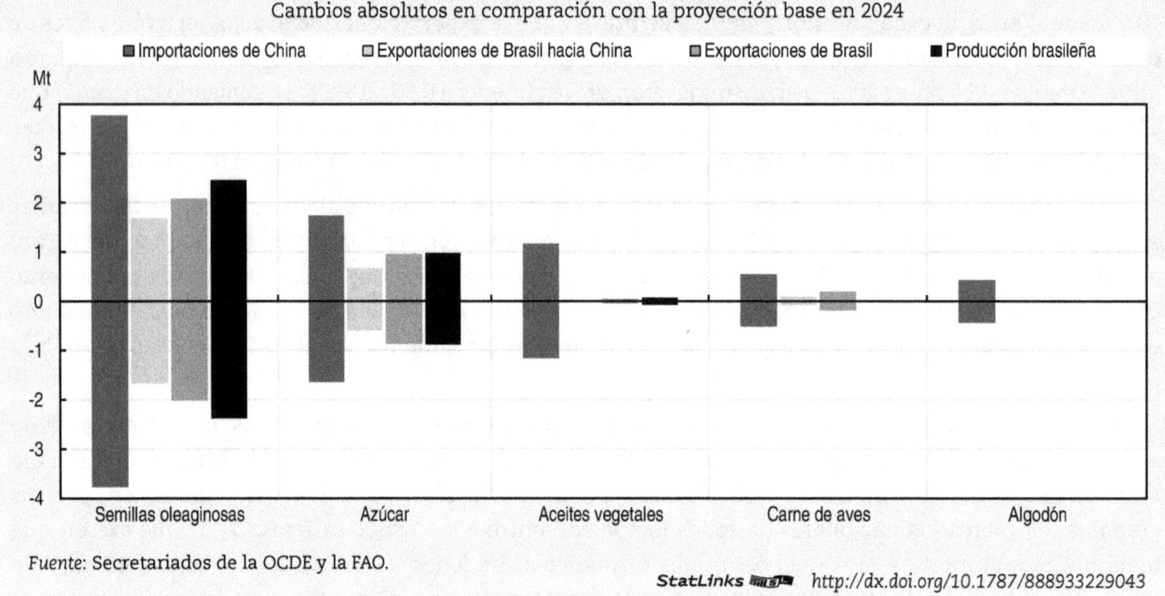

Fuente: Secretariados de la OCDE y la FAO.

StatLinks http://dx.doi.org/10.1787/888933229043

Cereales secundarios

El maíz es, con mucho, el cereal secundario dominante que se cultiva y consume en Brasil. La demanda de cereales secundarios está dominada por la utilización de forrajes. Se espera que la utilización de forrajes aumente después de una pequeña disminución en el año 2016, con un crecimiento de 1.5% anual durante el periodo de proyección a aproximadamente 49.9 Mt en 2024, 23% por encima del volumen del periodo base, más que a la par con el aumento asumido en la producción de la carne de no rumiante (Figura 2.12). El uso total aumentará a una tasa promedio de 1.4% anual para llegar a 62.7 Mt en 2024, 22% por encima del nivel base del periodo.

Se espera que el precio al productor aumente a un ritmo de 5.5% anual, lo que reforzará la producción de cereales secundarios, que se espera sume más de 89 Mt hacia el final del periodo de las perspectivas. Esto se sustenta en una expansión moderada de la superficie cosechada y por las mejoras de rendimiento, las cuales siguen las tendencias recientes y alcanzarán un nuevo máximo de 5.2 t/ha en 2024. Se espera que la producción aumente más rápido que el consumo interno, lo que resultará en el aumento de las exportaciones netas, las cuales serán un refuerzo del nivel del periodo base de 26.4 Mt hacia 2024. Brasil tiene existencias acumuladas que han alcanzado niveles relativamente altos en comparación con su consumo. Se espera que las relaciones existencias-usos caigan modestamente durante los primeros años de la proyección, con una reconstrucción gradual en la segunda mitad de la década, de modo que la relación existencias-usos llegará a 23% en 2024.

Figura 2.12. **Producción, consumo, exportación y reservas de cereales secundarios en Brasil**

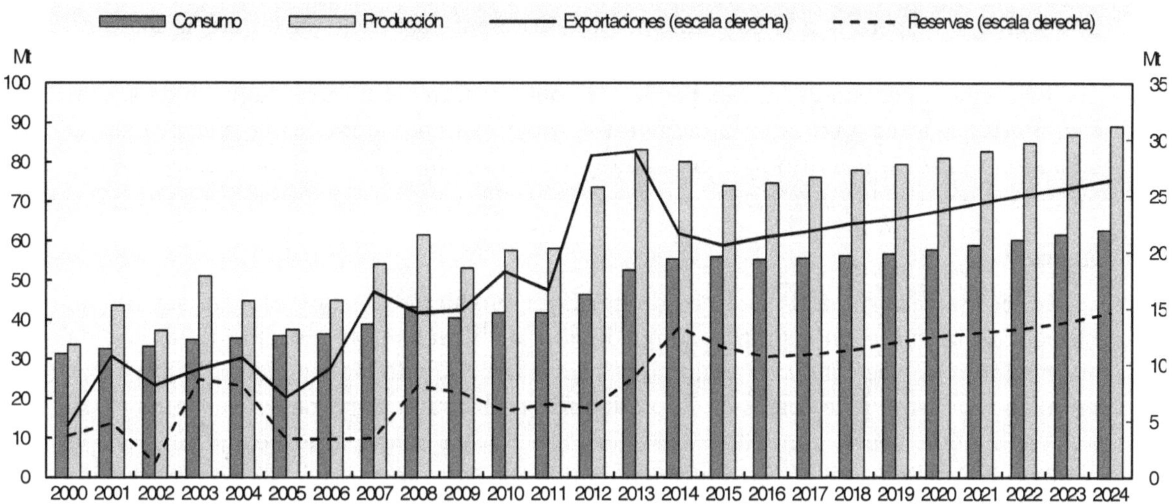

Fuente: OECD/FAO (2015), "OECD-FAO Agricultural Outlook", *OECD Agriculture statistics* (base de datos), *http://dx.doi.org/10.1787/agr-outl-data-en.*

StatLinks *http://dx.doi.org/10.1787/888933229052*

Trigo

La demanda de trigo en Brasil está dominada por el consumo alimentario, que representa 95% del consumo total. Se espera que la demanda para el consumo humano siga en aumento, pero por debajo de la tendencia de la última década. Se espera que la demanda de trigo para alimentos sume un total de 11 Mt en 2024, 4% superior a la proyección. Con el aumento demográfico, el resultado será un ligero descenso en el consumo per cápita. Se espera que los forrajes y otros usos para el trigo se mantengan relativamente estables de manera que el consumo total en 2024 sea de aproximadamente 11.5 Mt.

Se espera que el precio al productor aumente durante el periodo de las perspectivas cerca de 6.4% anual, lo que incentivará la producción. Se espera que la superficie cosechada disminuya un poco al comienzo de las perspectivas y luego aumente lentamente durante el resto del periodo de proyección, con un total de 2.6 Mha en 2024. Se espera que la producción aumente, sobre todo mediante el aumento de los rendimientos. Se espera que el rendimiento promedio crezca de alrededor de 1% por año a casi 3 t/ha en 2024. La producción aumentará de alrededor de 6 Mt en la proyección a 7.8 Mt en 2024. El aumento de la oferta interna bastará para satisfacer la demanda y las importaciones, relativamente estables. Con un aumento del precio de importación de un promedio de 6.4% por año, las importaciones de 6.6 Mt en 2024 estarán un poco por debajo del valor del periodo de proyección, de 6.7 Mt. Las existencias de trigo en 2012 cayeron a niveles muy bajos, los cuales se repusieron en los dos años siguientes. Pudo haber habido un rebasamiento y en 2014 se espera que las reservas se estimen en 1.8 Mt, cediendo una proporción relativamente alta de existencias-usos de 16%. Durante las perspectivas, se espera que las existencias crezcan con la demanda de modo que se prevé una relación existencias-usos más estable, de 11%.

Arroz

El arroz, junto con el trigo y las legumbres, es una parte importante de la dieta brasileña. Durante el transcurso de los próximos diez años, se espera que la producción de arroz aumente a una tasa anual promedio de 1.6%, a 9.5 Mt, principalmente como resultado de las mejoras en el rendimiento promedio, pues se espera que la superficie cosechada no cambie sustancialmente. La superficie cosechada seguirá siendo relativamente igual, alrededor de 2.4 Mha, mientras que se espera que el rendimiento aumente casi 1.3% anual, a casi 4 t/ha. En cambio, se espera que el consumo sea relativamente estable, con un crecimiento de solo 8.7 Mt hacia 2024. En consecuencia, los excedentes exportables de Brasil crecerán un poco durante el periodo de las perspectivas, lo que confirma el cambio de Brasil de ser un importador de arroz a un exportador de arroz. Incluso con un aumento de la población, el consumo conservará su ritmo y el consumo per cápita se mantendrá en alrededor de 40 kg durante el periodo de proyección.

Azúcar

Brasil continúa y continuará siendo el mayor productor y exportador de azúcar del mundo. No obstante, en los últimos años la falta de inversión en el sector de la caña de azúcar, junto con las condiciones climáticas adversas, ha dado lugar a bajos rendimientos promedio. La ventaja de costos en la producción de Brasil de caña de azúcar también se ha erosionado, pues el aumento de la mecanización en otros países redujo un poco la competitividad de Brasil en los mercados mundiales. Estos factores, junto con los precios bajos de azúcar en los últimos, han causado que varios ingenios quiebren o se inactiven. Se espera que algunos de estos factores negativos se reviertan durante el periodo de las perspectivas. La esperada depreciación del real brasileño frente al dólar estadounidense y el menor precio del petróleo ayudarán a impulsar la inversión en las plantaciones de caña de azúcar altamente mecanizadas.

En contraste con el precio al productor de la azúcar refinada, el cual se redujo a partir de 2010 hasta poco antes del comienzo de las perspectivas, el precio al productor de la caña de azúcar se incrementó durante este tiempo como resultado de la continua demanda de caña de azúcar para etanol. Para el periodo de las perspectivas, se espera que los precios al productor, tanto la azúcar refinada como la azúcar de caña aumenten a un más modesto 2.6% anual para la azúcar de caña y a un relativamente más robusto 4.8% anual para el azúcar blanco. En consecuencia, se espera que la producción de caña de azúcar crezca a una tasa anual de 3.3%, a 884 Mt (42% más alto que el nivel del periodo base), impulsados

Figura 2.13. **Distribución de la caña de azúcar entre la producción de etanol y la producción de azúcar en Brasil**

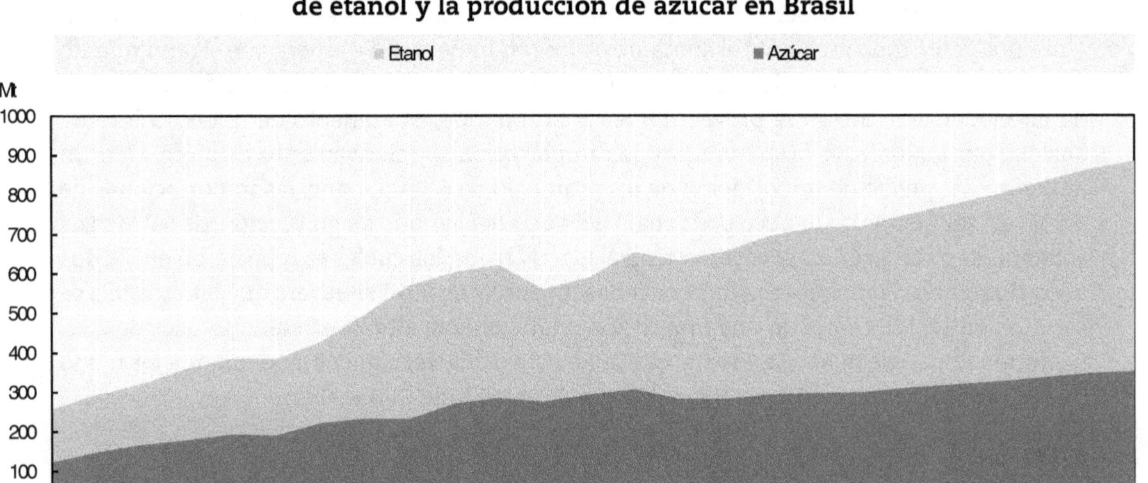

Fuente: OECD/FAO (2015), "OECD-FAO Agricultural Outlook", *OECD Agriculture statistics* (base de datos), *http://dx.doi.org/10.1787/agr-outl-data-en*.

StatLinks *http://dx.doi.org/10.1787/888933229069*

principalmente por el aumento de la superficie cultivada (Figura 2.13). La superficie cosechada aumentará a un ritmo anual de 2.9%, y se espera que aumente a 11.5 Mha para 2024. Por otra parte, el rendimiento promedio ha caído de su pico en 2010 y se espera que aumente moderadamente en el transcurso de las perspectivas pero no al anterior pico, pues los márgenes de azúcar, muy dependientes del nivel del real brasileño, no serán lo bastante altos para que las grandes empresas inviertan mucho en el sector.

Con un precio al productor en aumento, se espera que la producción de azúcar, después de un periodo de crecimiento muy lento, alcance 48.4 Mt, de 38.9 Mt del periodo base. Esto se deberá sobre todo a medidas que promuevan la producción de etanol, la cual desviará más caña de azúcar para etanol en lugar de la producción de azúcar. La caña de azúcar para producir etanol crecerá cerca de 532 Mt en 2024, 61% por encima del nivel del periodo base. Como resultado, la proporción de la caña de azúcar destinada a la producción de azúcar caerá de 47% del periodo base a 40% al final.

Se espera que el consumo de azúcar aumente a 15.8 Mt (una tasa de crecimiento anual promedio de 1.4%) durante el curso de las perspectivas a 17% por encima del nivel del periodo base. Incluso con más y más caña de azúcar destinada al mercado de etanol, la producción de azúcar se expande más rápido que el consumo, lo que genera un mayor excedente exportable. Las exportaciones totales se elevan desde los 25.7 Mt del periodo base a 31.9 Mt al final, con un crecimiento de 4.1% por año. Los exportadores de Brasil parecen centrarse en la exportación de azúcar en bruto en lugar de refinada. La mayor parte de las exportaciones de azúcar de Brasil se encuentra en su forma no refinada, y aunque Brasil exportará cada vez mayores cantidades de azúcar refinada en los próximos diez años, no regresarán a los niveles del periodo base. Si bien las exportaciones de azúcar sin refinar crecen a casi 27 Mt, para promediar una tasa de crecimiento de 4.7% anual, las exportaciones de azúcar refinada crecen mucho más lento, un promedio de 1.8% anual, a 5.2 Mt, 15% por debajo del nivel del periodo base. La participación general de Brasil en el mercado mundial de azúcar, aunque por debajo de los máximos del pasado reciente, aumentará poco a poco durante el periodo de las perspectivas, a casi 44% en 2024.

Biocombustibles

En estas *Perspectivas* se asume que durante la primera parte del periodo de proyección los precios internos de la gasolina en Brasil se mantendrán ligeramente por encima de los precios internacionales y volverán a conectarse con los precios globales del petróleo crudo en la última parte del periodo de proyección. Se esperan cambios recientes de políticas públicas que incluyan el aumento de los impuestos a la gasolina y se mantengan bajos los impuestos sobre el etanol, así como el nuevo requisito de 27% de mezcla de gasohol (frente a 25%), para así aliviar un poco en el corto plazo la industria interna del etanol brasileño, al favorecer al etanol en su relación con el precio de gasolina, por lo menos en algunos estados. Esto implicará que en los primeros años del periodo de proyección el mercado brasileño de etanol permanecerá relativamente aislado del mercado mundial, con precios al productor por encima de los internacionales. Por tanto, se espera que la producción de etanol a base de caña de azúcar aumente 60%, a casi 42.5 Mml durante el periodo de las perspectivas, la mayoría de los cuales se consumirán en el país (Figura 2.14).

Se espera que la demanda total de etanol aumente a casi 39 Mml hacia el final del periodo de proyección, obligado por el requisito de mezcla y por la competencia entre el etanol hidratado y el gasohol en la bomba. Se espera que el uso de etanol combustible en 2024 sume 17 Mml de etanol anhidro y 21 Mml de etanol hidratado para uso de combustible.

Se espera que las exportaciones netas sigan siendo limitadas al inicio del periodo de las proyecciones, en tanto que la industria del etanol brasileño satisfará mayormente la demanda interna sostenida antes de repuntar a un poco más de 3.5 Mml hacia 2024. La recuperación de las exportaciones tendrá lugar en la segunda mitad del periodo de proyección, justo cuando se espera que los precios del etanol y gasolina brasileños se alineen con los internacionales. La expansión de las exportaciones ocurrirá a una tasa relativamente moderada, pues se espera que las oportunidades se limiten debido a las incertidumbres alrededor de la política de bioenergía de Estados Unidos de América y el límite de 10% de mezcla.

Figura 2.14. **Uso, producción y comercio neto del etanol en Brasil**

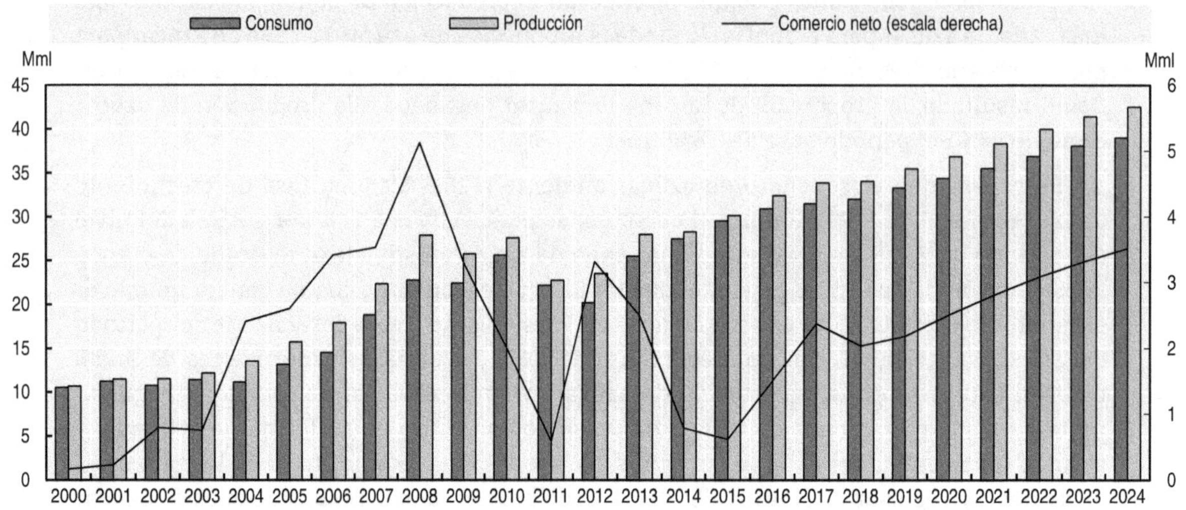

Fuente: OECD/FAO (2015), "OECD-FAO Agricultural Outlook", *OECD Agriculture statistics* (base de datos), *http://dx.doi.org/10.1787/agr-outl-data-en.*

StatLinks http://dx.doi.org/10.1787/888933229078

El uso de biocombustibles también aumentará debido al requerimiento de mezclas más altas que se introdujo a finales de 2014 (7%). Se espera que el consumo y oferta internos aumenten de 3.4 Mml en 2014 a 5.1 Mml hacia 2024. Las oportunidades de exportación serán limitadas.

Algodón

El algodón es otra mercancía importante para Brasil. Los avances en la tecnología del suelo y el desarrollo de nuevas variedades de cultivos permitieron que los rendimientos del algodón aumentasen rápidamente desde finales de la década de 1990 a más del doble del promedio mundial. Esto permitió que Brasil se convirtiera en el quinto mayor productor de algodón del mundo. Las políticas gubernamentales pudieron contribuir también a la expansión de la producción de algodón de Brasil, con una política de precios mínimos al productor y así apoyar el ingreso de los agricultores cuando los precios son bajos.

Durante el transcurso del periodo de proyección, se espera que el progreso tecnológico continuo y la abundante base de tierras y otras riquezas naturales permitan que la producción de algodón crezca a un ritmo más rápido que el de la producción de otros importantes países productores de algodón, como China, Estados Unidos de América y Pakistán. Durante los próximos diez años, se espera que la producción crezca a una tasa promedio anual de 4.6%, para alcanzar los 2.3 Mt en 2024, 52% más que en el periodo base (Figura 2.15). Esto se deberá principalmente a una expansión del uso del suelo con una superficie cosechada que aumenta 3.3% por año, a 1.36 Mha, equivalente a alrededor de 35% sobre el nivel del periodo base. Se espera que el crecimiento de rendimientos disminuya durante los próximos diez años, con una tasa de crecimiento promedio de alrededor de 1.2% anual. Se espera que la producción de algodón de Brasil crezca aún más rápido que la del mayor productor de algodón del mundo, la India, la cual tiene un mayor potencial de un mayor crecimiento de rendimientos, partir de una base baja. Durante el transcurso de los próximos diez años, se espera que Brasil disminuya sus reservas de algodón.

Figura 2.15. **Producción, consumo, reservas y exportaciones de algodón en Brasil**

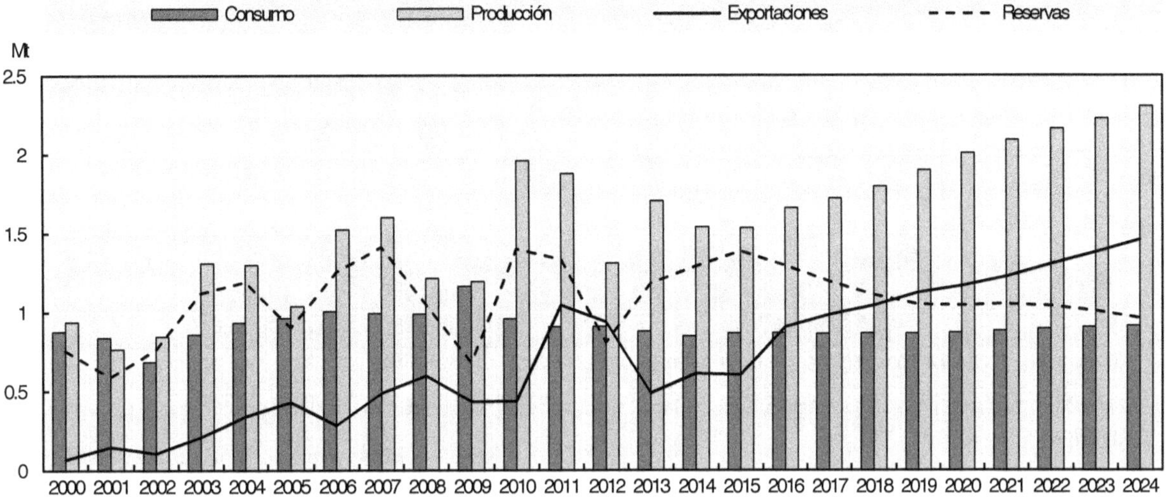

Fuente: OECD/FAO (2015), "OECD-FAO Agricultural Outlook", *OECD Agriculture statistics* (base de datos), *http://dx.doi.org/10.1787/agr-outl-data-en.*

StatLinks *http://dx.doi.org/10.1787/888933229088*

Con la demanda interna relativamente estable y un esperado crecimiento robusto en los precios mundiales, el mercado mundial será importante para el sector del algodón de Brasil. Durante el periodo de proyección, la proporción de algodón exportado crecerá a partir de menos de la mitad de la producción a 63% hacia el final del periodo, lo que convertiría a Brasil en uno de los líderes mundiales, con alrededor de 14% del mercado mundial.

Las proyecciones esbozadas arriba dependen de la recuperación del consumo de algodón de molino en los mercados mundiales y de la reducción de las reservas de algodón chinas. También se espera que la cambiante competencia por los recursos para elaborar otros productos básicos influya en el panorama de los mercados de algodón.

Brasil también tendrá la capacidad de utilizar su posición de gran productor de algodón para promover la cadena de valor en el procesamiento de algodón. Brasil es el quinto país procesador de algodón más grande, con una proporción de 3% del mercado mundial. Esto se utiliza sobre todo para satisfacer la demanda interna, la cual se espera que aumente lentamente en el mediano plazo, pero no se espera que supere los niveles registrados a finales de la década de 2000, cuando el consumo mundial per cápita de algodón alcanzó máximos históricos.

Carne

Brasil es uno de los productores y exportadores de aves, carne de vacuno y carne de cerdo más grandes del mundo. Se espera que la producción de carne de Brasil continúe su rápido crecimiento en la próxima década. La depreciación del real brasileño respecto del dólar estadounidense, menores costos de alimentación proyectados, genética animal mejorada, junto con una mejor salud y nutrición, combinados con demandas nacional e internacional cada vez mayores, deberá sostener la expansión proyectada de la producción de carne brasileña. La producción de carne de ave será responsable de más de la mitad del aumento previsto de la producción de carne, impulsada por la demanda tanto interna como internacional. La expansión restante del sector de carne se compartirá entre la carne de vacuno y la de cerdo (Figura 2.16).

Figura 2.16. **Producción de carne de res, de cerdo y de aves en Brasil**

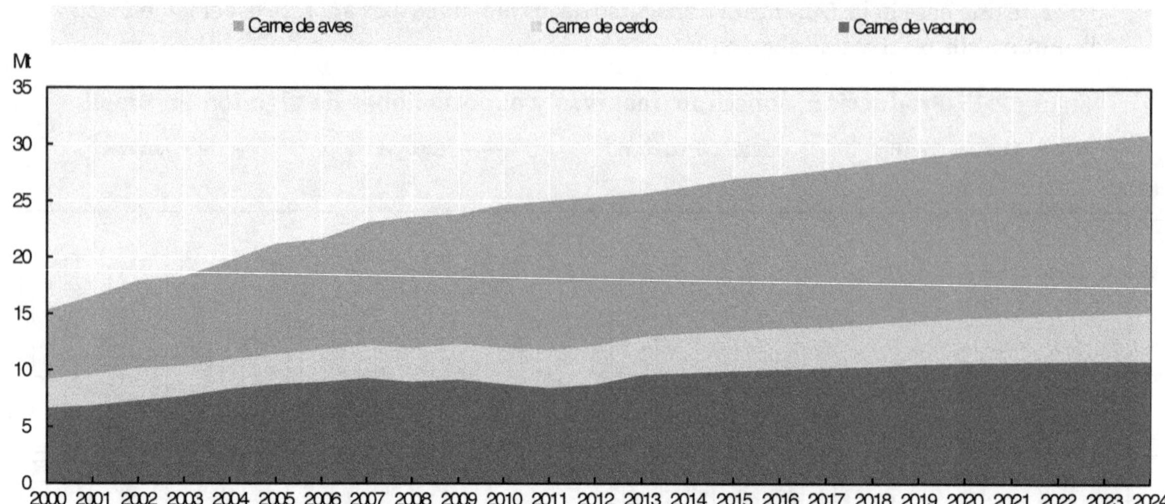

Fuente: OECD/FAO (2015), "OECD-FAO Agricultural Outlook", *OECD Agriculture statistics* (base de datos), *http://dx.doi.org/10.1787/agr-outl-data-en.*

StatLinks *http://dx.doi.org/10.1787/888933229099*

Se espera que los precios al productor aumenten fuertemente durante los próximos diez años, sobre todo para la carne de cerdo (5.9%), la carne de res y de vacuno (4.4%) anual, mientras que los precios de aves crecerán a un ritmo más modesto: 3.9% anual. Sin embargo, cuando se ajustan a la inflación, los precios suben en su mayoría a un ritmo modesto.

Con la expectativa de que el precio de la carne de aves aumentará a un ritmo menor que el precio de la carne de res y el de la carne de cerdo, el consumo interno crecerá más rápido que la población, con un consumo per cápita que alcanzará 42.3 kg por persona por año (kg/p) de los 39.3 kg/p en el periodo base. En general, el consumo per cápita de los tres tipos de carne primarios está a punto de aumentar, lo que reflejaría el desarrollo económico continuo de Brasil. El consumo per cápita llegará a 83 kg/p en 2024, para añadir 5.8 kg/p a la dieta de cada persona en relación con el periodo base, impulsado principalmente por el consumo adicional de carne de ave.

Incluso con el aumento del consumo interno, se espera la competitividad de Brasil en los mercados internacionales de la carne de res, de vacuno y de ave aumenten, y con una moneda que se deprecia, que fortalezca la competitividad de precios. Se espera que una parte creciente de la producción vaya a los consumidores mundiales, lo que permitirá que Brasil capture más proporción del mercado internacional de la carne de res, de vacuno y de ave.

Carne de ave

Como reflejo de la creciente diversificación del desarrollo de la dieta mundial hacia la proteína animal, se espera que la demanda de carne de aves siga aumentando incluso en Brasil, donde la carne de aves mantiene su posición como la carne dominante en la dieta de los consumidores. La producción aumentará 22% respecto del periodo base, para llegar a 15.7 Mt (peso listo para cocinar, rtc) (Figura 2.17). El consumo interno también está a punto de aumentar, pero a un ritmo más lento, lo que elevará el excedente exportable. El sector avícola brasileño está orientado a satisfacer una mayor demanda mundial, lo que permite una oferta exportable sostenida. Las exportaciones seguirán expandiéndose a lo largo del periodo de proyección, para alcanzar 5.3 Mt en 2024, aumentando así la proporción brasileña de carne de ave en el mercado mundial a un poco más de 31%.

Figura 2.17. **Producción, consumo y exportación de carne de ave en Brasil**

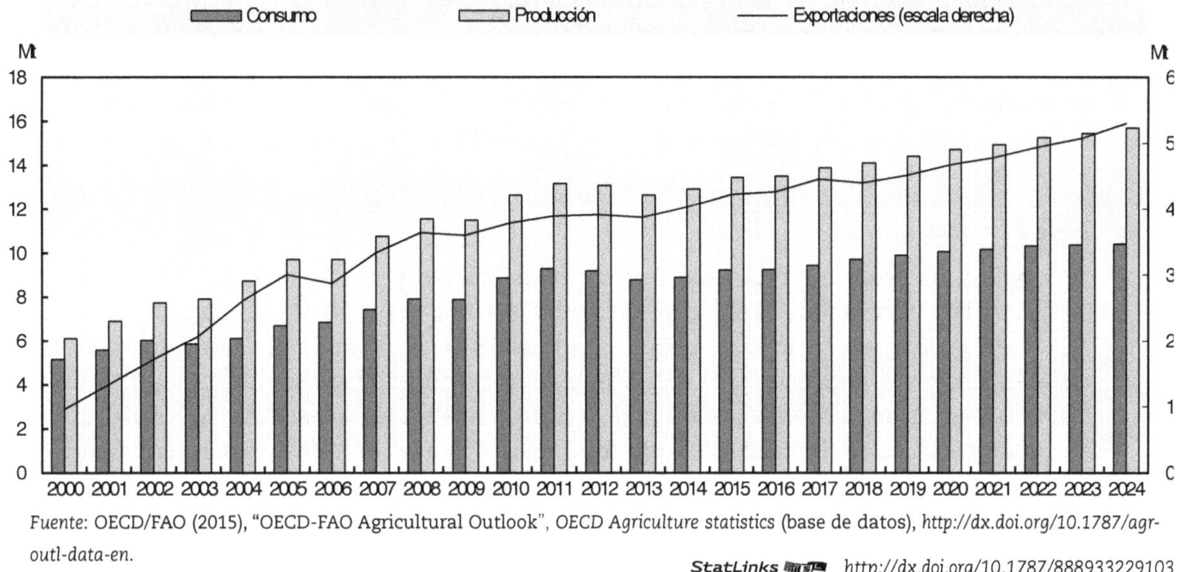

Fuente: OECD/FAO (2015), "OECD-FAO Agricultural Outlook", *OECD Agriculture statistics* (base de datos), *http://dx.doi.org/10.1787/agr-outl-data-en.*

StatLink *http://dx.doi.org/10.1787/888933229103*

Carne de vacuno

Se espera que la producción de carne de vacuno de Brasil aumente, impulsada por la mejora en genética animal, una mejor gestión de plantas forrajeras que permitirán una mayor densidad de reservas, una mayor disponibilidad de ganado para sacrificio, precios internos estables de ganado y la mejora de la eficiencia del alimento, lo que resultará en el aumento de peso en canal debido a una mayor utilización del consumo humano durante la estación seca. Se espera que la producción aumente a una tasa promedio de 1.1%, a casi 11 Mt (equivalente de peso en canal) en 2024, 16% por encima del periodo base (Figura 2.18). El aumento de precios al consumidor en un entorno de crecimiento relativamente bajo del ingreso amortiguará el consumo interno, el cual aumentará a 8.4 Mt en 2024, 11% por encima del periodo base.

Figura 2.18. **Producción, consumo y exportación de carne de vacuno en Brasil**

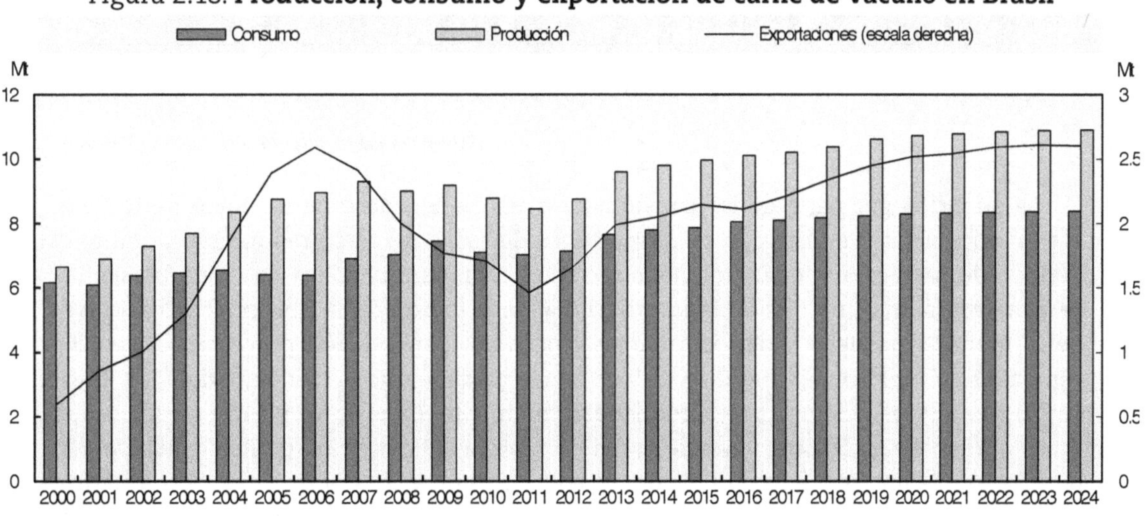

Fuente: OECD/FAO (2015), "OECD-FAO Agricultural Outlook", *OECD Agriculture statistics* (base de datos), *http://dx.doi.org/10.1787/agr-outl-data-en.*

StatLink *http://dx.doi.org/10.1787/888933229115*

Es probable que la expansión del hato ganadero brasileño, junto con la fuerte demanda internacional y la depreciación del real brasileño, mantenga la carne brasileña muy competitiva en el mercado mundial. Se espera que las exportaciones de carne de vacuno crezcan a una tasa anual promedio de 2.7%, para alcanzar 2.6 Mt, 37% por encima del periodo base. Las exportaciones adicionales aumentarán la participación de Brasil en el mercado mundial a 20% en 2024, en comparación con la proporción de 18% del periodo base.

Carne de cerdo

Debido a un costo relativamente bajo de alimentación y el aumento de precios, se espera que la producción de carne de cerdo crezca a 4.3 Mt (equivalente de peso de canal) en 2024, 24% más que el periodo base (Figura 2.19). La creciente producción de carne porcina brasileña abastecerá principalmente la creciente demanda interna, que aumentará a 3.7 Mt en 2024, 26% más que el periodo base, incluso con el aumento de los precios nacionales al consumidor a 5% anual. La carne de cerdo continuará como la carne menos favorecida por los consumidores brasileños, pero incluso con el aumento de la población, el consumo per cápita crecerá 2 kg/p a 13.5 kg/p en 2024.

Figura 2.19. **Producción, consumo y exportación de carne de cerdo en Brasil**

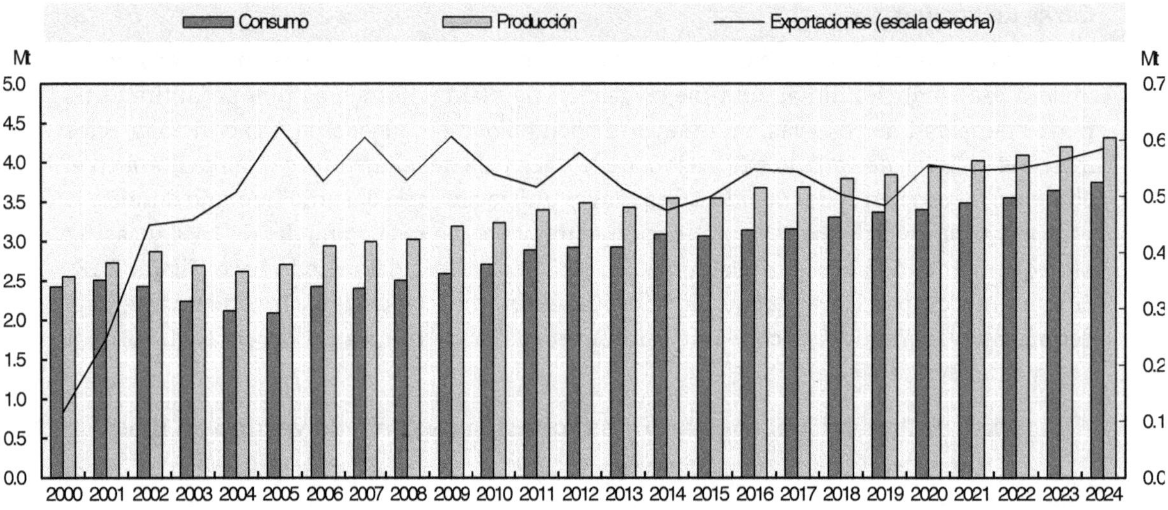

Consumo
Producción
Exportaciones (escala derecha)
Mt
5.0
4.5
4.0
3.5
3.0
2.5
2.0
1.5
1.0
0.5
0.0
Mt
0.7
0.6
0.5
0.4
0.3
0.2
0.1
0.0
2000 2001 2002 2003 2004 2005 2006 2007 2008 2009 2010 2011 2012 2013 2014 2015 2016 2017 2018 2019 2020 2021 2022 2023 2024

Fuente: OECD/FAO (2015), "OECD-FAO Agricultural Outlook", *OECD Agriculture statistics* (base de datos), *http://dx.doi.org/10.1787/agr-outl-data-en.*

StatLinks *http://dx.doi.org/10.1787/888933229125*

La adopción por parte de los consumidores nacionales absorbe la mayor parte de la oferta adicional, sin embargo, las exportaciones de carne de cerdo repuntarán durante el periodo de proyección de sus mínimos recientes. Las exportaciones de carne brasileñas se beneficiarán de una demanda internacional más fuerte, de la depreciación continua de la moneda brasileña y de los menores costos de alimentación proyectados (con los esperados cultivos abundantes de soya y de maíz), para mejorar la competitividad de Brasil en los numerosos destinos que suministra actualmente. En el corto plazo, se espera que Brasil aumente sus exportaciones de carne de cerdo a la Federación de Rusia, debido a la prohibición de un año de importaciones que Rusia impuso a Estados Unidos de América, Australia, Noruega, Canadá y la Unión Europea como respuesta a sus sanciones económicas. Se espera que parte de la participación aumentada de Brasil en las exportaciones de carne de cerdo al mercado ruso permanezca en el mediano plazo.

Lácteos

Brasil es básicamente autosuficiente en leche y productos lácteos, y no se prevén grandes cambios estructurales durante el periodo de proyección. Se espera que el hato de vacas aumente poco a poco y que la producción de leche continúe con la tendencia al aumento de la demanda interna lentamente, y satisfaciendo la población y el crecimiento de los ingresos. También se espera que la producción de leche aumente poco a poco durante el periodo de proyección y permanezca en niveles bajos, lo que refleja el sistema de producción basado en pastura.

Con los precios internos a la espera de que aumenten de 6% a 8% durante el periodo de proyección, se espera que la demanda interna de productos lácteos (mantequilla, queso, leche descremada y leche entera en polvo) aumente poco a poco con la población y los ingresos. La producción básicamente rastreará la demanda, reduciendo el papel de los mercados internacionales para este sector. De entre los cuatro productos, los brasileños parecen preferir el consumo de queso (4 kg/p), un incremento moderado durante el periodo de proyección (Figura 2.20). Pero la demanda de leche entera en polvo se expandirá más rápido durante el periodo de proyección, con un consumo per cápita que ascienda a 3.7 kg/p. Se espera que el consumo per cápita de mantequilla y leche descremada en polvo se mantenga relativamente estable, 0.4 kg por persona y 0.6 kg/p, respectivamente. Con la producción nacional más o menos relacionada con el consumo interno, las importaciones de mantequilla y leche descremada en polvo se mantendrán estables en niveles bajos, mientras que las importaciones de queso y leche entera en polvo disminuirán ligeramente. Los lácteos se consumen sobre todo de forma fresca o poco procesados, y durante los próximos diez años representarán una participación estable de 53% de la producción de leche de Brasil. Con 84 kg/p en 2024, se prevé que el consumo per cápita de Brasil de productos lácteos frescos será comparable a los valores en América del Norte.

Figura 2.20. **Consumo per cápita de productos lácteos en Brasil**

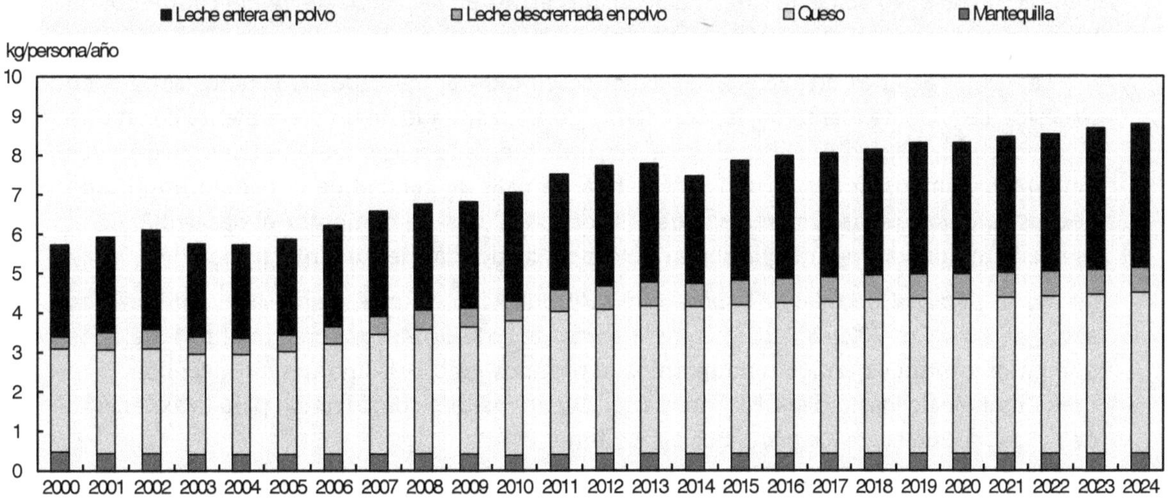

Fuente: OECD/FAO (2015), "OECD-FAO Agricultural Outlook", *OECD Agriculture statistics* (base de datos), *http://dx.doi.org/10.1787/agr-outl-data-en.*

StatLinks http://dx.doi.org/10.1787/888933229133

Legumbres

Las legumbres, en particular los granos, son parte de la dieta básica en Brasil, y por tanto este cultivo, junto con el arroz, es muy importante para la seguridad alimentaria y la nutrición. Durante la última década, la producción de granos osciló entre 2.8 Mt y un registro récord de 3.6 Mt en 2011. El cultivo es vulnerable al mal tiempo, lo que provoca grandes fluctuaciones anuales de la producción. En los últimos años la producción se redujo por la sequía en el Noreste y por plagas y enfermedades en el Centro-Sur. El mercado interno absorbe más o menos 3.5 Mt de granos de cada año. Se necesitan importaciones para cerrar la brecha; en los últimos años oscilaron entre 120 kt y hasta 400 kt. En el periodo 2023-2024, se espera que la producción se mantenga estable en cerca de 3.2 Mt, aunque pueden producirse déficits de cultivos en el corto plazo. La tendencia al alza en los rendimientos se mantendría gracias a una mayor aplicación de las tecnologías existentes y las continuas mejoras en la infraestructura, como el riego, en especial en unidades de producción de mayor escala. Durante la próxima década, se espera que el consumo interno aumente a cerca de 3.6 Mt, lo que sugiere que las importaciones se mantendrán en los niveles actuales.

Café

Brasil es el mayor productor y exportador de café del mundo, lo que representa alrededor de un tercio de la producción y exportación mundiales. La producción creció constantemente en los últimos años, impulsada por las ganancias en los rendimientos. La superficie cosechada disminuyó desde la década de 2000 debido a la crisis del clima (por ejemplo, heladas y sequías), así como los daños causados por plagas y enfermedades. La producción y consumo totales de café en Brasil aumentaron en la última década 3.7% y 2.7%, respectivamente. Aunque se espera que la producción en 2014-2015 disminuya debido a la grave sequía que afectó las principales zonas productoras, se prevé que el consumo interno se mantendrá estable en los niveles del año anterior.

Las exportaciones totales de café de 2014-2015 también se contrajeron, como consecuencia del retroceso de la producción. Alrededor de 90% de las exportaciones de café de Brasil es en forma de granos verdes, con envíos de café instantáneo que representan la mayor parte del resto. El Programa Integrado de Exportación de Café Procesado de Brasil (PSI) tiene como objetivo ubicar el café brasileño más arriba en la cadena de valor al aumentar la proporción de productos de café procesados.

Las exportaciones brasileñas se envían sobre todo al mercado de Estados Unidos de América, seguido de Alemania, Japón e Italia. Como resultado de un crecimiento constante en el consumo interno, Brasil es ahora el segundo mercado más grande del mundo después de Estados Unidos de América. La demanda de café de calidad se expandió impulsada por los cambios de las preferencias de los consumidores así como por el desarrollo en el mercado minorista, con una particular presencia de tiendas de café internacional.

En la próxima década, se espera que la producción de café llegue a 61 millones de sacos de 60 kg en 2023-2024, 25% más a partir de 2013-2014. Este crecimiento refleja los aumentos continuos en los rendimientos sostenidos gracias a una mayor inversión y un mejor manejo de los cultivos. Por otra parte, hay un margen considerable para la expansión de la producción entre los pequeños agricultores.

Se prevé que las exportaciones de café aumentarán 25%, a 40 millones de sacos de 60 kg, lo que consolidará a Brasil como principal productor y exportador mundial. Aunque el crecimiento proyectado es más lento que el de la última década, varios factores podrían tener un impacto en los niveles de exportación. En particular, el rápido crecimiento del consumo interno podría reducir los suministros de exportación. El mercado interno en expansión ha retrasado las exportaciones un poco con niveles de exportación proyectados como proporción de la producción, al caer a 65% en comparación con 68% en la actualidad. Otro factor es que el creciente énfasis en la exportación de productos procesados de café podría enfrentar perspectivas menos favorables debido a la progresividad arancelaria presente en varios mercados. Sin embargo, el hecho de que Brasil ofrece una amplia gama de cafés (instantáneo, grano tostado, molido tostado, especial, orgánico, etc.) le da una ventaja competitiva sobre otros muchos países productores y exportadores.

Naranjas y jugo de naranja

Brasil es el mayor exportador mundial de cítricos procesados, en particular, el jugo de naranja concentrado y congelado (JNCC). La producción de naranjas se destina sobre todo al procesamiento para exportación. El mercado interno de fruta procesada es relativamente pequeño, con el consumo interno en su mayoría en forma fresca. La producción de naranjas en Brasil se mantuvo estable durante los últimos diez años, tras un rápido crecimiento en los periodos anteriores. Más recientemente, los agricultores de algunas regiones abandonaron sus huertos debido a las continuas pérdidas en el mercado de fruta fresca.

Se espera que la producción de naranjas aumente en los próximos diez años, aunque a un ritmo más lento. Hacia 2023-2024 la producción total podría alcanzar 17.5 Mt, aproximadamente 7% por encima del nivel de 2013-2014. Los aumentos continuos en la productividad compensarían con creces las nuevas reducciones en las áreas, que serían de 13% durante la década. Se espera que el mercado interno siga absorbiendo solo relativamente pequeños volúmenes de fruta fresca. La parte de la producción destinada al procesamiento aumentará en el periodo 2023-2024, y las exportaciones de jugo de naranja, a 2.6 Mt.

Frutas

Brasil es uno de los mayores productores mundiales de fruta. Su producción se destina en gran parte al mercado interno. Entre las principales frutas producidas se encuentran plátano, manzana, uva, melón y frutas tropicales, en especial mango, aguacate, piña y papaya. Es difícil determinar las áreas exactas de cultivo y volúmenes de producción porque una gran parte de la producción se lleva a cabo en pequeñas granjas para autoconsumo o venta en mercados locales. Durante la última década se otorgó un creciente énfasis a la producción de productos orgánicos, y las medidas dirigidas de asistencia técnica y de apoyo se dirigen a unidades agrícolas familiares que participan en este tipo de cultivo.

Para todas las variedades principales de frutas, tanto la expansión de las áreas como las mejoras de rendimientos contribuyeron a niveles de producción más altos. En términos de volumen total, el fruto más importante es la *piña*. Durante la última década, la producción osciló entre 2.2 Mt y 2.7 Mt, con una producción media de los últimos años de unos 2.5 Mt. La producción podría ampliarse a 2.9 Mt en la próxima década, muy acorde con el aumento de la demanda interna. El mercado interno absorberá casi la totalidad de la producción, y las exportaciones se han reducido a prácticamente nada. La *manzana* también representa un gran volumen de cosecha, con una producción que oscila en torno a 1.25 Mt. La producción de manzana experimentó una fuerte tendencia al alza en la última década, lo que refleja principalmente el rápido aumento de los rendimientos. Los volúmenes de exportación han fluctuado de año a año, pero en promedio asciende a menos de 10% de la producción. El mercado nacional ha estado creciendo con rapidez y absorbe la mayor parte de la producción. Hacia 2023-2024, se espera que la producción de manzana llegue a más de 1.6 Mt como resultado de mayores áreas sembradas y nuevos aumentos de los rendimientos.

Se espera también un fuerte crecimiento continuado hacia 2023-2024 de la producción de *uva*. El cultivo es principalmente de regadío y aplica tecnologías avanzadas de cultivo y cosecha. Desde el año 2005 la producción aumentó constantemente a más de 1.4 Mt. Durante la próxima década, con áreas ampliadas y mayor rendimiento, el cultivo podría llegar a 1.65 Mt. La producción se destinará sobre todo al mercado interno.

Durante la última década, la producción de *melón* y *cantalupo* también se expandió debido a mayores plantaciones y rendimientos más altos. Entre las variedades de frutas, el melón depende más de los mercados mundiales, con alrededor de un tercio de la producción exportada. Sin embargo, este porcentaje se redujo en la última década debido a la creciente demanda interna.

El *plátano* es la fruta más cultivada en todo el país. Se espera que la producción siga en crecimiento como consecuencia del aumento de la productividad. Si bien las exportaciones fueron bajas en la última década debido a la importancia del mercado interno, podrían aumentar las ventas a los mercados extranjeros como resultado de la reorganización de la industria y la apertura de nuevos canales de comercialización.

Además de la piña, en Brasil se produce una amplia gama de frutas tropicales. El mango, aguacate y papaya son los más importantes en términos de volumen. Estas variedades de frutas se venden principalmente por el mercado interno y contribuyen de manera significativa a las necesidades nutricionales de las poblaciones rurales y urbanas. La producción de estos frutos parece haber permanecido muy estable durante la última década. Se esperan pocos cambios en la producción de aguacate en el periodo 2023-2024, mientras que la papaya y el mango mantendrán su tendencia al alza en la próxima década para alcanzar 1.8 Mt y 14 Mt, respectivamente. Alrededor de 10% de la producción de mango se exporta, mientras que solo cantidades muy pequeñas de las otras frutas encuentran su camino a los mercados extranjeros.

Cuadro 2.1. **Resumen de los niveles de producción de otros productos brasileños**

	Unidad	2005-06	2010-11	2011-12	2012-13	2013-14	2014-15	2023-24
Granos	Mt	3.5	3.7	2.9	2.8	3.4	3.2	3.2
Café	millon sacos[1]	32.9	48.1	43.5	50.8	49.2	45.3	61.0
Naranja (fresca)	Mt	17.9	18.5	19.8	18.0	17.5	16.5	17.5
Aguacate	Mt	0.2	0.2	0.2	0.2	0.2	0.2	0.2
Piña	Mt	2.3	2.2	2.4	2.5	2.5	2.5	2.9
Papaya	Mt	1.6	1.9	1.9	1.5	1.6	1.6	1.8
Mango	Mt	1.0	1.2	1.2	1.2	1.2	1.2	1.4
Plátano	Mt	7.0	7.3	6.9	6.9	7.1	7.2	7.8

Nota: Se muestran los primeros años calendario.

[1] Un saco de café equivale a 60 kg.

Fuente: FAO/CONAB/ICO y Ministerio de Abastecimiento Agrícola, Ganadero y Alimenticio.

StatLinks http://dx.doi.org/10.1787/888933229742

Pesca y acuicultura

El sector de la pesca y la acuicultura desempeña un papel importante en la seguridad alimentaria de Brasil, pues proporciona una importante fuente de proteínas y un medio de vida para millones de hogares. Se estima que alrededor de 4 millones de personas[10] participan directa o indirectamente en este sector.

En Brasil la pesca y la acuicultura se pueden realizar a lo largo de 8 400 km de la costa marina y en sus abundantes recursos de agua dulce, una de las mayores cuencas hidrográficas del mundo. Durante los últimos años, los principales aumentos de la producción total pesquera tuvieron el impulso de la acuicultura. La producción de la acuicultura ha sido significativa, con una tasa promedio de crecimiento de alrededor de 9% anual en la última década.[11]

En la actualidad, Brasil es el segundo mayor productor de acuicultura en el continente americano después de Chile. Los principales incrementos se producen en las especies de agua dulce, las cuales dominan la producción, con la maricultura,[12] que representa alrededor de 15% del total. Las perspectivas para la acuicultura son buenas con una producción en espera de que crezca 52% por encima del nivel promedio de 2012-2014 hacia 2024, impulsada por el aumento de la demanda interna y por las políticas nacionales que apoyan el crecimiento sustentable del sector. Los principales retos para una mayor expansión están vinculados a cuestiones ambientales y a los impactos potenciales de la acuicultura en la biodiversidad y servicios del ecosistema. Se realizan esfuerzos para mejorar la colaboración entre el Ministerio de Pesca y Acuicultura y el Ministerio del Medio Ambiente respecto de la sustentabilidad del sector.

A pesar de que la producción de capturas aumentó un poco durante la última década, varios recursos pesqueros costeros y continentales están plenamente explotados o sobreexplotados como consecuencia de la pesca excesiva. La mayoría de la pesca se realiza con flotas obsoletas que muy a menudo se dirigen a reservas de peces que ya son fuertemente explotadas, lo que provoca una baja eficiencia. La pesca excesiva ha causado disminución de productividad y conflictos por el acceso a los recursos. Éstos se producen entre los pescadores artesanales e industriales y entre las comunidades pesqueras.

Las pescas artesanales dominan la producción de captura, con más de 60% de los desembarques totales. Esta proporción es mayor en la pesca continental. Las perspectivas indican que las capturas crecerán un poco, debido principalmente a futuros aumentos de aguas continentales obtenidos a través de una mejor gestión de los recursos. Durante la última década, cerca de 30% de la pesca de captura se originó de las vías navegables continentales.

Durante la última década, el consumo interno de pescado y productos pesqueros aumentó constantemente gracias a la creciente producción e importación pesqueras. El consumo aparente de pescado per cápita creció de 6.0 kg/p en 2005 a 9.9 kg/p en el año 2014. Este crecimiento es también resultado de las campañas masivas en el país para promover el consumo de pescado. Existen variaciones regionales significativas, con un mayor consumo en el estado amazónico. Se espera que el consumo aparente de pescado per cápita crezca aún más en la próxima década, para llegar a 12.7 kg/p en 2024, un crecimiento de 30% respecto del nivel promedio de 2012-2014 (Figura 2.21).

Figura 2.21. **Producción y consumo pesqueros en Brasil**

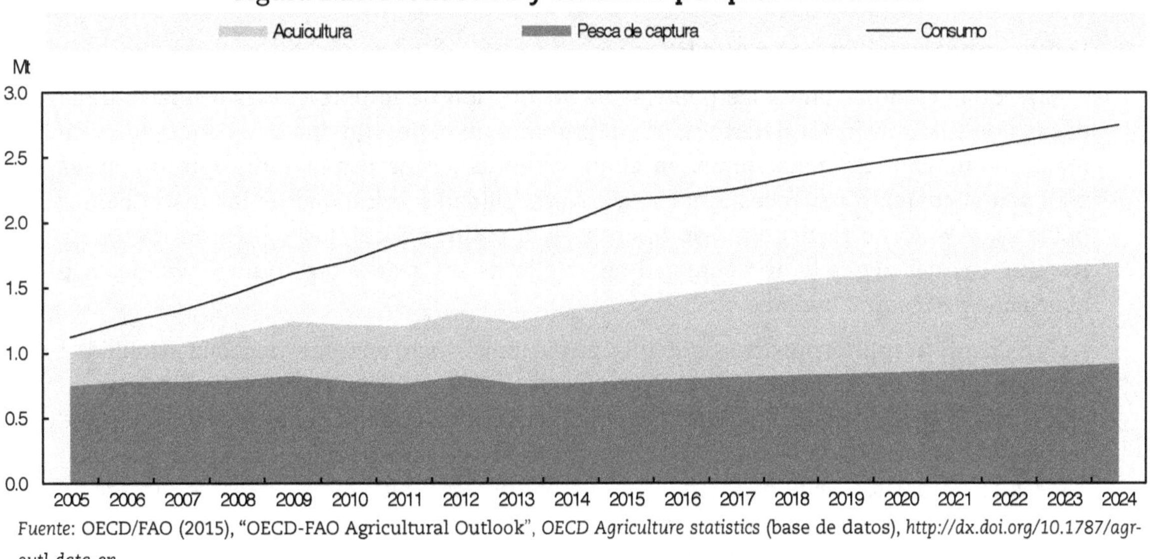

Fuente: OECD/FAO (2015), "OECD-FAO Agricultural Outlook", *OECD Agriculture statistics* (base de datos), *http://dx.doi.org/10.1787/agr-outl-data-en.*

StatLinks http://dx.doi.org/10.1787/888933229141

Desde hace varios años, Brasil ha sido un importador neto de pescado y productos de pesca, y el mayor importador de pescado en América Latina y el Caribe. El fuerte aumento de la demanda con el fortalecimiento del real brasileño frente al dólar estadounidense generó un aumento impresionante de las importaciones de pescado para consumo humano (de USD

297 millones en 2005 a USD 1.5 mil millones en 2014) y una disminución en las exportaciones (de USD 405 millones a USD 207 millones en el mismo periodo). Incluso con la depreciación proyectada del real brasileño frente al dólar estadounidense, las perspectivas indican que las importaciones aumentarán 46% (en términos de volumen) durante la próxima década.

El sector de la pesca y la acuicultura se encuentra en una fase de reestructuración. Los principales esfuerzos se concentran en el fortalecimiento institucional con el objetivo de obtener una planificación y una gestión más eficaz de la pesca. Las políticas gubernamentales actuales respecto del sector se basan, entre otras cosas, en los siguientes criterios: sustentabilidad, inclusión social, estructuración adecuada de las cadenas productivas, fortalecimiento del mercado interno, enfoques territoriales para los programas de gestión y desarrollo, aumento de la competitividad y consolidación de las políticas estatales.

Las políticas gubernamentales también pretenden mejorar las actividades posteriores a la cosecha, con el objetivo de reducir las pérdidas debido a la manipulación y almacenamiento impropios del pescado. Estos desechos se producen sobre todo en la pesca artesanal, pero también en la industrial. El Ministerio de Pesca y Acuicultura estima que la adopción de medidas para reducir estas pérdidas aumentaría los ingresos de la pesca 40%. Además, el marco legal también busca estimular la participación del sector privado en todos los aspectos de la producción, transformación y comercialización pesqueras; fomenta la creación y el funcionamiento de industrias de transformación de pescado y de industrias que proveen insumos básicos para el sector pesquero.

Efectos de las políticas gubernamentales en los mercados agrícolas de Brasil

El gobierno de Brasil persigue tres grandes tipos de políticas para el sector agrícola: una económica, para apoyar el crecimiento continuo del sector y la generación asociada de ingresos; una social, relacionada con los medios de subsistencia de los hogares más pobres y sus costos de compra de alimentos; y otra ambiental, relacionada con la conservación de los recursos naturales y la biodiversidad. Esta sección examina políticas específicas en estas tres áreas con el fin de identificar algunas prioridades estratégicas para la próxima década.

Políticas macroeconómicas y estructurales

Desde la eliminación de las políticas de sustitución de importaciones a finales de la década de 1980, un factor determinante importante en el desempeño de la agricultura de Brasil fue un contexto más amplio en el que opera el sector. Los factores determinantes incluyen el contexto macroeconómico, la gobernabilidad y la calidad de las instituciones públicas, el entorno regulatorio, las finanzas y la política fiscal, la política de inversión, las políticas del mercado de trabajo, el desarrollo de infraestructura dura y blanda, y la educación y el capital humano.

En cuanto al contexto macroeconómico global, Brasil logró mejorar mucho la estabilidad desde mediados de la década de 1990, pero las tasas de interés reales aún son elevadas (lo que refleja el llamado "costo brasileño"), con financiamiento a tasas de interés de mercado que representa más de 30% de los costos para los agricultores de cultivos obligados a pedir prestado a tasas comerciales. Según los estándares internacionales, Brasil ofrece tasas de protección relativamente altas, con un arancel aplicado promedio de alrededor de 10%. Esto aumenta el costo de las importaciones, incluso insumos para agricultura. Como resultado, Brasil tiene una baja participación en las cadenas de valor globales, mientras que se estima que el contenido de importación de todas las exportaciones brasileñas alcanzará solo 10%, y las exportaciones de productos agrícolas primarios y productos alimenticios, 7%. Además de la protección en la frontera, Brasil aplica disposiciones de contenido local en proyectos financiados con fondos públicos; esta condición también la impone el Banco Nacional de Desarrollo Económico y Social

(BNDES) sobre los préstamos para bienes de capital, incluso los sectores agroalimentarios y agroindustriales. Los bienes de capital importados no se financian con cargo al Sistema Nacional de Crédito Rural, salvo que no haya un producto similar hecho en el país, mientras que esos productos están sujetos a un mínimo de suministro de contenido local de 60%.

Por otro lado, Brasil tiene un régimen de IED relativamente abierto, y a mediados de 2012 fue el sexto mayor receptor mundial de IED. Sin embargo, la IED está restringida en varios sectores, por ejemplo, la adquisición de tierras rurales por parte de personas físicas o jurídicas extranjeras, lo que refleja las preocupaciones sobre el potencial "acaparamiento de tierras" tras las alzas mundiales de los precios de alimentos de 2007 y 2008. El sector de elaboración de productos agrícolas enfrenta menos restricciones. La inversión extranjera, por ejemplo, ha contribuido al desarrollo de la producción de fertilizantes en Brasil; la IED también ha sido muy importante en los sectores del azúcar y etanol al impulsar su desarrollo tecnológico.

Los mercados financieros de Brasil tienen en gran medida el apoyo de los bancos. Los costos de los préstamos al libre mercado son altos por diversas razones, como una alta tasa de refinanciación del Banco Central, altas reservas bancarias obligatorias para los estándares internacionales y un alto nivel de tributación del sector bancario. Esto aumenta el costo de capital y crea un sesgo hacia la inversión de alto riesgo y corto plazo en lugar de inversiones de largo plazo. Algunos agricultores y empresas agrícolas se benefician de créditos dirigidos BNDES con tasas más altas que las del marco del Sistema Nacional de Crédito Rural, principalmente la tasa de interés de largo plazo fijada por el gobierno (TJLP) más gastos administrativos.

En las últimas dos décadas, los sistemas fiscales y de contribuciones de Brasil aumentaron los ingresos públicos de 24% a 34% del PIB, porcentaje comparable al de muchos países desarrollados, pero alto en relación con la mayoría de las economías de América Latina y otras economías BRIICS (por ejemplo, 17% en China, 18% en India, 12% en Indonesia y 27% en África del Sur). También es difícil cumplir con los impuestos en Brasil, en particular los impuestos indirectos, como el IVA estatal (*Imposto sobre Circulação de Mercadorias e Serviços*, ICMS), para lo cual cada uno de los estados de Brasil tiene sus propios códigos fiscales, impuestos base y tasas fiscales.

Los sectores agrícolas y agroindustriales están exentos del impuesto ICMS sobre las materias primas y productos semielaborados destinados a la exportación, lo cual se aplica de manera efectiva a la mayor parte de las exportaciones agrícolas brasileñas. Esta preferencia, desde su introducción a mediados de la década de 1990, es un factor que contribuyó a la expansión de las exportaciones agrícolas. También se conceden preferencias del ICMS en las ventas de insumos agrícolas. Por tanto, se aplican diversas reducciones en la base fiscal del ICMS al comercio interestatal en insumos agrícolas. La legislación federal también faculta a los estados a adoptar preferencias similares para las transacciones dentro de los estados. Otras preferencias se enfocan a las contribuciones de seguridad social. Las exportaciones, incluidas las agroalimentarias, están libres de los impuestos PIS/COFINS; las tasas de PIS/ COFINS también se establecen en cero sobre los insumos agrícolas importados, y el pago de estos impuestos se suspende en algunos productos agrícolas primarios de producción nacional suministrados para su procesamiento. Los productores agrícolas también tienen derecho a amortizar las pérdidas sufridas el año anterior del ingreso sujeto a impuestos, y las empresas dedicadas a actividades agrícolas pueden depreciar la integridad del valor de los bienes de capital adquiridos en el mismo ejercicio fiscal (OECD, 2005; Banco Mundial y PwC , 2013a).

Numerosos estudios citan deficiencias de transporte y otras infraestructuras físicas como obstáculo estructural fundamental para el desarrollo económico y social de Brasil. La densidad de caminos y trenes en Brasil es menos de la mitad de la media del resto de BRIICS, y muy inferior al de las economías clave de la OCDE (aunque tal comparación es limitada dadas las diferencias de las condiciones geográficas y niveles de desarrollo de los países). Durante la cosecha de soya de 2013, los camiones formaron cola durante 25 kilómetros hasta llegar al puerto de Santos. El gobierno reconoce la debilidad de la infraestructura brasileña, y desde mediados de la década de 1990 se han llevado a cabo importantes reformas institucionales y regulatorias en los sectores de infraestructura, y desde mediados de la década de 2000 se introdujeron varios programas federales y estatales. Los gobiernos federal y estatales también han introducido diversos incentivos fiscales y crediticios para aumentar la inversión privada en infraestructura.

La política nacional general de desarrollo de la infraestructura tiene implicaciones importantes para el sistema agroalimentario. Varios proyectos ejecutados por el Ministerio de Transportes y la Secretaría de los Puertos de Mar no son específicos de la agricultura, pero tienen un gran potencial para mejorar la capacidad y el tiempo que implican el manejo y transporte de los productos agrícolas. Otras actividades incluyen el desarrollo de sistemas electrónicos para facilitar el control de los traslados en puertos y otros puntos fronterizos, y el apoyo financiero para el almacenamiento privado y público. El sistema agrícola se beneficiará significativamente de estas políticas e inversiones, lo que aumentará la capacidad y reducirá el tiempo dedicado al manejo y transporte de los productos agrícolas, así como mejorará significativamente la competitividad de costos.

El mejoramiento de la educación nacional se convirtió en una política nacional en la década de 1980, aunque Brasil aún está rezagado en educación, tanto en términos de niveles de logro educativo como en términos de rendimiento estudiantil. El desempeño de Brasil estuvo cerca de la media de los países de América Latina en las pruebas PISA de la OCDE en 2012, pero 2.5 años de escolaridad por debajo de la media de los países de la OCDE. La educación agrícola experimentó un fuerte aumento de la matrícula universitaria y en las disciplinas que se ofrecen, impulsado por el auge agrícola en Brasil, pero el desempeño de los alumnos rurales todavía tiene rezagos en comparación con el de sus equivalentes urbanos. En 2014 se aprobó el plan nacional de educación 2014-2024 (Plano Nacional de Educação, PNE), el cual establece que se destinará no menos de 7% del PIB a la educación en 2019 y no menos de 10% en 2024. También da prioridad a la reducción de desigualdad y promueve el acceso a la educación.

Políticas públicas de apoyo a la agricultura

Los principales instrumentos de la política agrícola son el apoyo de precios, el crédito en condiciones favorables y el apoyo de seguros, aunque también se preparan políticas específicamente dirigidas para aumentar los ingresos y la seguridad alimentaria de las granjas familiares vulnerables. En el Recuadro 2.2 se describen los detalles de estos programas. Se complementan con regulaciones sobre uso del suelo, la especificación de qué zonas agrícolas son adecuadas para qué cultivos (y por tanto más susceptibles de recibir crédito oficial), así como de regulaciones sobre el uso de biocombustibles y la producción orgánica. Brasil también dirige fondos públicos sustanciales para la reforma agraria y así dar más posibilidades a la población de bajos recursos de generar mejores ingresos. Estos fondos proporcionan a los grupos desfavorecidos acceso a tierras agrícolas, a recursos financieros y a conocimientos y habilidades necesarias para llevar a cabo la agricultura y otras actividades económicas.

Recuadro 2.2. **Precios, crédito y programas de seguros agrícolas en Brasil**

El apoyo a los precios de mercado tiene como objetivo reducir la volatilidad de precios, proteger los ingresos de los agricultores, mejorar la disponibilidad de los suministros de alimentos y compensar los costos adicionales de los productores en las regiones alejadas de los principales mercados y puertos. También hay programas específicos dirigidos a la agricultura en pequeña escala, con algunas compras distribuidas a través de los programas de alimentación.

Los precios mínimos garantizados se revisan anualmente, y cubren treinta y tres cultivos. Éstos se anuncian regionalmente a través de la PGPM (*Política de Garantía de Preços Mínimos*) por el Secretario de Política Agrícola (SPA) operado por la Agencia Nacional de Abastecimiento (*Companhia Nacional de Abastecimento*, CONAB). Este mecanismo cubre una gran variedad de cultivos, desde arroz, trigo, maíz, algodón y soya hasta cultivos regionales como yuca, frijol, açaí, guaraná, sisal y algunos productos ganaderos, como leche de vaca y de cabra, y miel. Otros mecanismos de apoyo a los precios para la agricultura comercial son las compras gubernamentales directas (*Aquisição do Governo Federal*, AGF) y la financiación de la prestación de almacenamiento por la FEPM (*Financiamento para Estocagem de Produtos Agropecuários Integrantes da Política de Garantía de Preços Mínimos*), el ex *Empréstimo do Governo Federal* (EGF). El Ministerio de Desarrollo Agrario (MDA) apoya el desarrollo de la agricultura familiar y hace uso de la política de precios mínimos. Los instrumentos que apoyan los precios y tienen como objetivo la agricultura a pequeña escala son las compras gubernamentales similares al AGF (*Programa de Aquisição de Alimentos*, PAA) y el programa de precios mínimos para la agricultura familiar (*Programa de Garantía de Preços para a Agricultura Familiar*, PGPAF). Conforme al PAA, la CONAB hace adquisiciones directas de la agricultura familiar a precios de mercado, ya sea para reserva o para distribución como parte de un programa de alimentación. El PGPAF asegura que los pequeños agricultores reciban un precio garantizado con base en el costo de producción promedio regional de las explotaciones familiares.

En 2014, según la política de precios mínimos, para el sector comercial se gastaron BRL 5.6 mil millones (USD 2.5 mil millones) en apoyo a los precios, compras gubernamentales de productos agrícolas y mantenimiento de las reservas públicas. Para la agricultura familiar el programa PAA (compras gubernamentales) asignó BRL 1.2 millones (USD 516 millones) en 2014. En 2013, se les dio a los agricultores de maíz principalmente (USD 211 millones) los pagos compensatorios a través del programa *Premio Equalizador Pago ao Produtor* (PEPRO). Para 2014, el PEPRO estaba disponible para el trigo (USD 35 millones), el algodón (USD 105 millones) y el maíz (USD 110 millones).

El crédito agrícola es el principal instrumento de ayuda a los productores del sector y se les proporciona tanto a las granjas familiares comerciales como a las de pequeña escala. El Sistema Nacional de Crédito Rural (*Sistema Nacional do Crédito Rural*, SNCR) dirige crédito a los agricultores con tasas de interés preferenciales. Para la agricultura comercial el sistema SNCR ofrece crédito para comercialización, capital de trabajo e inversión. Algunas asignaciones de crédito de inversión con la SNCR son financiadas por el BNDES y gestionadas por el MAPA, como el *Programa ABC, Moderagro, Moderinfra, Moderfrota, PSI rural, Prodecoop, Pronamp, Procap-Agro, Inovagro* y *PCA*. El crédito para la agricultura familiar opera con los auspicios del PRONAF-Crédito de MDA y ofrece solamente capital de trabajo y préstamos de inversión. También se presta apoyo a los productores a través de la reprogramación de deuda. Una mayor reprogramación de deuda se produjo a finales de la década de 1990 y principios de la de 2000 tanto para los productores comerciales como los familiares. La reprogramación de deuda contribuyó con 10% del PSE en Brasil en 2012-2014.

Las fuentes de financiamiento para el crédito en condiciones favorables provienen de recursos "obligatorios" (*Exigibilidad dos Recursos Obrigatórios*), esquema según el cual se obliga a los bancos a mantener ya sea 34% de sus depósitos a la vista como reservas obligatorias en el Banco Central a una tasa de interés cero o a asignar la misma proporción en préstamos a actividades agrícolas con tasas inferiores a las del mercado. También es obligatorio que los bancos destinen 72% de sus depósitos de ahorro al crédito rural con tasas de interés de mercado, aunque la tasa de interés puede ser preferencial si el gobierno cubre la diferencia. Además, las regiones Norte, Norte-Este y Centro-Oeste disponen de fondos "constitucionales".

Recuadro 2.2. **Precios, crédito y programas de seguros agrícolas en Brasil** *(cont.)*

El crédito concesional proporcionado a los agricultores siguió en aumento en 2014, pues creció 13% en comparación con 2013. El crédito asignado a la agricultura alcanzó BRL 177 mil millones (USD 76 mil millones) en 2014, de los cuales 13% (BRL 24 mil millones o USD 10 mil millones) se destinó a la agricultura familiar, y 87%, a la agricultura comercial. En los últimos años se reforzaron los programas rurales de inversión a crédito con el objetivo de ampliar la capacidad de almacenamiento de granos, para promover la innovación tecnológica en las propiedades rurales y la ampliación del uso de maquinaria agrícola.

El seguro agrícola es otra área importante para el gobierno. Hay cuatro programas principales: el programa premium del seguro rural (*Programa de Subvenção ao Prêmio do Seguro Rural*, PSR), el programa de seguro general para la agricultura (*Programa de Garantía da Atividade Agropecuaria*, PROAGRO), estos dos enfocados en los agricultores comerciales y administrados por MAPA. El PROAGRO-Mais o seguro de agricultura familiar (*Seguro da Agricultura Familiar*, SEAF) y el programa de garantía de cultivos (*Programa Garantía-Safra*, GS) se ocupan de la agricultura familiar a pequeña escala. Estos cuatro programas apoyan a los agricultores ya sea mediante el pago de una parte de los costos de las primas de seguros o mediante la compensación a los agricultores por pérdidas de producción debidas a los desastres naturales. El seguro agrícola, que ha aumentado rápidamente, representó 17% de la ayuda a agricultores durante 2012-2014.

En 2014, el programa de seguro rural proporcionó BRL 700 millones (USD 300 millones) en subsidios de seguros a los productores comerciales y cubrió 10 Mha de cultivos importantes; los recursos asignados a otro programa de seguro llamado PROAGRO fueron muy superiores, con BRL 1.5 mil millones (USD 645 millones). Estos dos programas solo atienden la agricultura de gran escala. El apoyo del seguro para la agricultura familiar pertenece al programa PROAGRO-MAIS-SEAF. Este programa dedicó en 2014 más de BRL 3.2 mil millones (USD 1.3 mil millones) para apoyar la agricultura de pequeña escala. Las tasas de subsidio van de 40% a 100% de la prima.

La medición anual de apoyo a la agricultura de la OCDE atribuye un valor monetario a las diferentes formas de apoyar al sector agrícola. El apoyo se clasifica de acuerdo con su tendencia a distorsionar la producción del comercio y también indica cómo varían las prioridades de las políticas en todo el sector. Un elemento es el apoyo a los agricultores, que puede proporcionarse mediante el pago de precios por encima de los niveles del mercado mundial o con pagos presupuestarios directos. Este apoyo se captura por el Estimado del Apoyo al Productor (PSE). Un segundo elemento es el apoyo presupuestario a la agricultura en forma de "servicios generales", por ejemplo, para investigación y desarrollo, sistemas de asesoramiento e inspección de alimentos. Éstos se capturan por el Estimado de Servicios Generales de Apoyo (GSSE). Por otra parte, en algunos países los gobiernos también transfieren dinero de los contribuyentes a los consumidores (a menudo más pobres) a través de subsidios a los alimentos. El apoyo a los productores, el apoyo de servicios generales y transferencias de los contribuyentes a consumidores más pobres representan el Estimado de Apoyo Total (TSE) de la OCDE.

Brasil ofrece una tasa mucho más baja de apoyo a los agricultores que el promedio de la OCDE, o que la mayoría de las economías emergentes cubiertas por la Vigilancia y Monitoreo anual de la OCDE (Figura 2.22). En 2012-2014, el porcentaje de los ingresos brutos procedentes del apoyo para los agricultores (% PSE) promedió 4% en Brasil. Esto se compara con las tasas de 3% en Chile y 12% en México, dos países de América Latina de la OCDE. Es considerablemente más bajo que el promedio de 19% de la Unión Europea y 19% de China, sus dos mercados principales. También es inferior a la media de 8% de Estados Unidos de América, su principal competidor en varios productos. El promedio de la OCDE es de 18%. Aunque el PSE de Brasil es relativamente bajo, se proporciona más apoyo a través de los instrumentos de distorsión, incluso un amplio apoyo para estabilizar los precios (precios mínimos garantizados) y la intervención en el sistema de crédito para proporcionar créditos a los agricultores con tasas preferenciales.

Figura 2.22. **Nivel y composición del apoyo a productores en Brasil y países seleccionados**

Estimación de la ayuda al productor como porcentaje de los ingresos agrícolas brutos

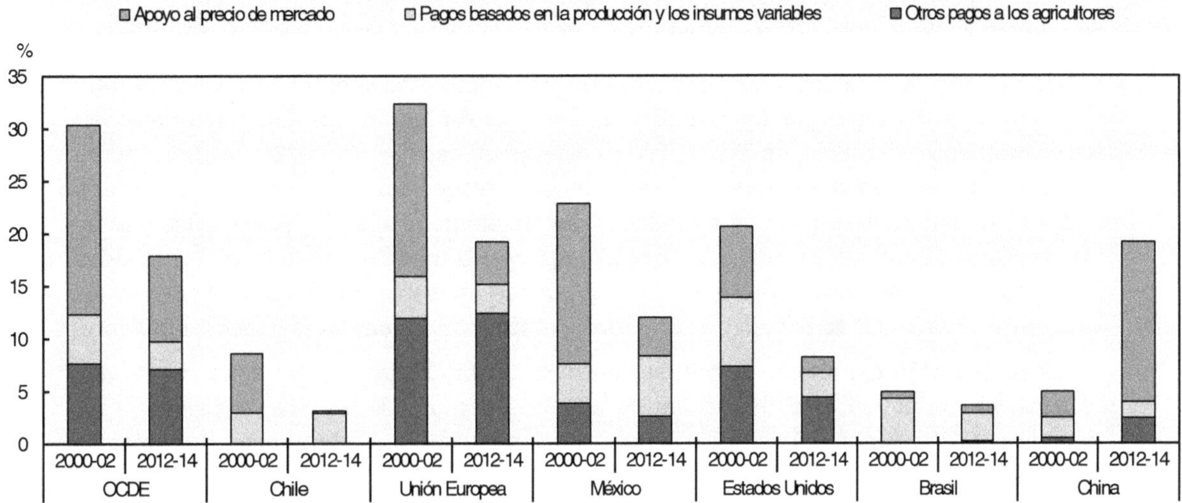

Fuente: OECD (2015), "Producer and Consumer Support Estimates", OECD Agriculture statistics (base de datos), *doi: 10.1787/agr-pcse-data-en.*

StatLinks http://dx.doi.org/10.1787/888933229155

Además de apoyar los precios agrícolas y proveer pagos directos a los agricultores, los gobiernos proporcionan apoyo presupuestario a la agricultura en general. En Brasil, la participación de la GSSE en las transferencias totales generadas por la política agrícola (medida por el TSE) fue similar a la media de la OCDE en 2012-2014, con 17%, y más alto que en la mayoría de los mercados o países competidores. Sin embargo, es mucho más baja que la participación de 50% en Chile durante el mismo periodo (Figura 2.23). Por tanto, una parte relativamente pequeña de la ayuda total se dirige a inversiones sectoriales que garanticen las ganancias de productividad de largo plazo, como sistemas de conocimiento, infraestructura e instituciones de apoyo. En general, el apoyo al sector agrícola supone una carga relativamente baja en la economía brasileña. En 2012-2014, la proporción del TSE

Figura 2.23. **Proporción de los servicios generales (GSSE) en relación con el apoyo total (TSE)**

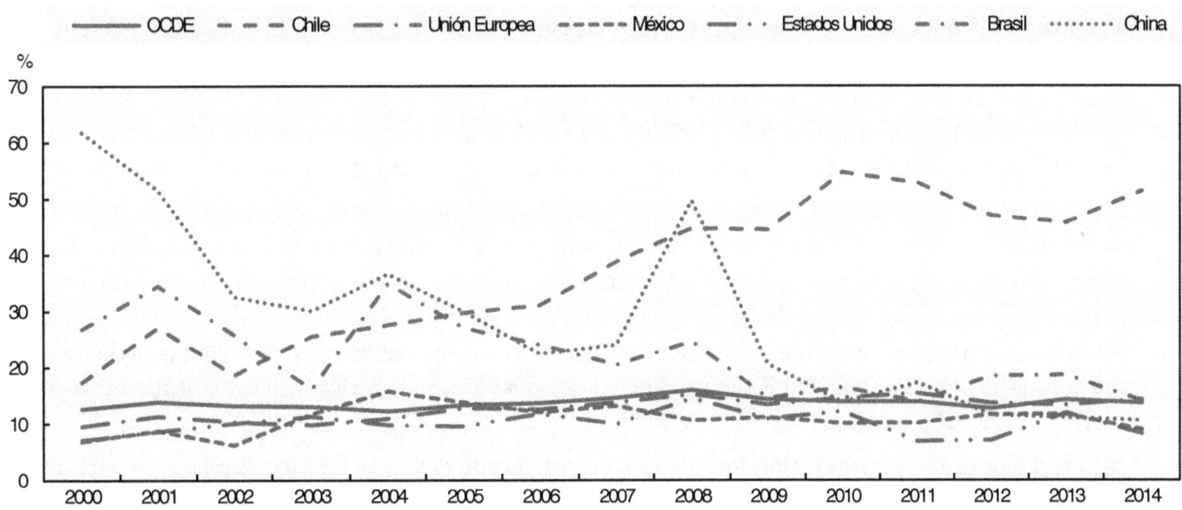

Fuente: OECD (2015), "Producer and Consumer Support Estimates", OECD Agriculture statistics (base de datos), *doi: 10.1787/agr-pcse-data-en.*

StatLinks http://dx.doi.org/10.1787/888933229163

respecto del PIB fue de 0.4% en Brasil. En conjunto, estos datos sugieren que hay un margen para que la política se oriente mejor a los resultados de productividad y sustentabilidad, y por un mayor gasto en la provisión de bienes públicos importantes.

Sistema de innovación agrícola de Brasil

La ciencia y la tecnología representaron un papel importante en el notable desarrollo del sector agrícola brasileño. La inversión en I y D se tradujo en un alto crecimiento en el conocimiento científico de Brasil, en particular en la agricultura tropical. Embrapa proporciona recomendaciones integrales que van desde cómo corregir suelos ácidos y baja fertilidad, el desarrollo de variedades que se adapten a las latitudes bajas y altas temperaturas de ambientes tropicales, hasta plagas y sistemas de control de enfermedades y de producción. Las universidades también producen investigación de alto nivel en áreas que complementan las actividades de Embrapa, como en nutrición, salud y medio ambiente.

La cooperación extranjera, la cual se centró tradicionalmente en las zonas tropicales de América Latina, se está desarrollando con una gama más amplia de países de la zona de la OCDE, África y Asia sudoriental. La colaboración de Embrapa con otros países desarrollados se benefició de un mecanismo pionero, el LABEX (Programa de Laboratorios Virtuales), activo en los Estados Unidos de América, Europa y Asia. Este mecanismo facilita la participación en redes globales o regionales de investigación agrícola. Embrapa también colabora activamente en la transferencia de tecnología y la investigación adaptativa con economías en desarrollo, con énfasis en las zonas tropicales de América Latina, el Caribe y África. Con esta estrategia, el gobierno brasileño estimula las organizaciones públicas de I y D y el sector privado para ampliar sus actividades internacionales. En el Recuadro 2.3 se describe el papel de Brasil en la promoción de la cooperación Sur-Sur.

Recuadro 2.3. **El papel de Brasil en la promoción de la cooperación Sur-Sur**

Brasil es un fuerte promotor de la cooperación Sur-Sur. Durante la última década hubo un aumento sustancial de los recursos brasileños asignados a la cooperación técnica. Como resultado, el país ha cambiado gradualmente desde una posición de receptor a una de proveedor de asistencia para el desarrollo. La cooperación técnica prestada por Brasil se caracteriza por ser impulsada por la demanda, no condicional y observante de la igualdad entre los asociados para el desarrollo.

La agricultura encabeza la lista de los campos prioritarios de la cooperación técnica brasileña. Embrapa, considerada una fuente de conocimientos de vanguardia en agricultura tropical, investigación, tecnología y formación, ha visto un aumento en la demanda de la cooperación técnica brasileña. Entre 2003 y 2012, la agricultura representó casi 20% de las iniciativas totales, seguida de proyectos en los sectores de salud (15%), educación (11%), seguridad pública (11%) y medio ambiente (6%). Otras áreas con representación de acciones individuales de menos de 5% son desarrollo social, energía, ciencia y tecnología, comunicaciones y muchos más.

El Ministerio de Relaciones Exteriores (MRE) ha dado forma al enfoque y ubicación geográfica de las iniciativas de cooperación técnica coordinadas por su Agencia de Cooperación Brasileña (ABC). África sigue siendo el principal destino, con alrededor de 55% de las asignaciones totales, cuya mayor parte se destina a países de habla portuguesa. Durante 2013-2015 los proyectos de cooperación técnica, en la etapa de diseño o ejecución, ascendieron a USD 36 millones y beneficiaron a 42 países de África, y la agricultura representó 19% del total regional.

Más recientemente la cooperación técnica se ha diversificado cada vez más en términos de cobertura de países, modalidades de cooperación y enfoque temático. Durante 2013-2015, los proyectos también beneficiaron a 31 países de América Latina y el Caribe, y 21 de Asia, Oceanía y Cercano Oriente.

Recuadro 2.3. **El papel de Brasil en la promoción de la cooperación Sur-Sur** *(cont.)*

La ampliación de la cooperación técnica de Brasil en la agricultura se ilustra por su participación en la Cumbre de la Innovación del Mercado Agrícola África-Brasil-América Latina y el Caribe, cuyo objetivo es vincular a expertos e instituciones para desarrollar proyectos de investigación cooperativa para el desarrollo. Su enfoque principal reside en los pequeños agricultores, aumentar la producción de alimentos y contribuir con la reducción del hambre y la pobreza (*http://www.mktplace.org*).

Con la acumulación de experiencia y el aumento del tamaño de las operaciones, la cooperación brasileña se desplaza gradualmente de pequeños proyectos *ad hoc* a proyectos de mayor envergadura, con horizontes de tiempo más largos, que abordan también las crecientes necesidades de sustentabilidad y de capacidad. Algodón Cuatro fue el primer proyecto estructural de este tipo, puesto en marcha en 2009, con Embrapa como organismo de ejecución, en colaboración con Benin, Burkina Faso, Chad y Malí. Su objetivo era promover el desarrollo sostenible de la cadena de valor del algodón de la región mediante la transferencia de tecnología agrícola tropical brasileña, en particular, el mejoramiento de la base genética de las plantas de algodón, manejo integrado de plagas y la introducción del sistema de cultivo sin labranza. El presupuesto de ABC para la primera fase del proyecto fue de USD 5.2 millones. En 2014 se inició una segunda fase de esta colaboración horizontal, Algodón 4 + 1, entre Brasil y los cuatro países de África Occidental más Togo.

Otros proyectos de largo plazo que implican el apoyo técnico de Embrapa incluyen el desarrollo del cultivo de arroz en Senegal y varias iniciativas relacionadas entre sí para fortalecer el sector agrícola de Mozambique.

El aumento de la cooperación técnica de Brasil se vio acompañado de un aumento de los acuerdos de cooperación trilateral con otros países donantes y agencias de la ONU. En Mozambique, la Embrapa se dedica a tres grandes proyectos: i) la plataforma con Estados Unidos de América dirigida a la capacitación para la innovación tecnológica y el desarrollo de la agricultura; ii) la seguridad alimentaria con Estados Unidos de América para fortalecer la familia y/o la subsistencia hortícola; y iii) ProSavannah con Japón para adaptarse a la experiencia exitosa de Brasil en el *Cerrado* para el desarrollo agrícola de las sabanas de Mozambique en el Corredor de Nacala. Tanto las aportaciones públicas como las privadas apoyan partes de este gran proyecto de largo plazo.

Aparte de la tecnología y la formación, otra área de cooperación técnica se basa en la transferencia de la experiencia de Brasil en el campo de las políticas para el desarrollo agrícola y rural. A partir de 2010, con el Diálogo Brasil-África, la idea de proporcionar apoyo a los países socios para adaptar las políticas de Brasil y así promover el desarrollo agrícola ha despertado interés. Por tanto, el Programa Brasileño de Fortalecimiento de la Agricultura Familiar inspiró el Programa Internacional de Más Alimentos que ofrece intercambio en experiencia de políticas públicas e instalaciones de crédito para mejorar la productividad mediante la compra de maquinaria y equipo agrícola. Entre los países participantes se encuentran Ghana, Kenia, Mozambique, Senegal y Zimbabue.

Un programa de adquisición de alimentos, similar al aplicado en Brasil, llamado Compra de los Africanos para África (PAA África) tiene como objetivo abordar la seguridad alimentaria a través de la contratación pública de pequeños agricultores y donaciones a las familias vulnerables, programas de alimentación escolar y construcción de reservas. El gobierno brasileño se comprometió con USD 2.4 millones a apoyar el proyecto en Etiopía, Malawi, Mozambique, Níger y Senegal. La FAO y el PMA ayudan en la instrumentación de este programa de cooperación trilateral. Con apoyo de la FAO, la experiencia brasileña en el desarrollo de políticas innovadoras y programas como "Hambre Cero" se está compartiendo con un gran número de países de América Latina y el Caribe y, cada vez más, en África.

El papel del sector privado en el Sistema de Innovación Agrícola de Brasil (AIS) creció de manera significativa en las últimas dos décadas debido al auge de la agroindustria, en especial en la región del *Cerrado* de Brasil central. Su papel se orienta principalmente al suministro de insumos y de asistencia técnica a los agricultores, pero la investigación agrícola está creciendo (semillas, equipos, máquinas, alimentación, agroquímicos, etcétera).

Es importante fomentar y apoyar la inversión privada en I y D agrícola mediante la adaptación de los obstáculos regulatorios y políticos para la inversión de los programas de innovación y simplificación que financian la innovación privada. Podría reforzarse la capacidad de las empresas para participar en proyectos de innovación locales, por ejemplo, mediante el apoyo a redes y acciones de sensibilización y facilitar los intercambios de personal y becarios con organismos públicos de investigación. Diferentes organismos, como el BNDES (Banco Nacional de Desarrollo) y la FINEP (Agencia de Financiación de Proyectos y Programas), tienen programas específicos para impulsar las asociaciones público-privadas. Un nuevo programa lanzado en marzo de 2015 invita a agentes externos a abrir los laboratorios de I y D en Brasil (*http://www.innovateinbrasil.com.br/*).

El Ministerio de Agricultura, Ganadería y Abastecimiento Alimentario (MAPA) es responsable de la coordinación de la investigación agrícola en el nivel federal por medio de Embrapa. El Ministerio de Desarrollo Agrario (MDA) encabeza la asistencia rural técnica y los servicios de extensión que se centran en la agricultura familiar. En el ámbito nacional, las prioridades de I y D se establecen por el gobierno nacional por conducto de los diferentes ministerios involucrados en la innovación, con la guía del Ministerio de Ciencia, Tecnología e Innovación (MCTI), el cual también tiene un papel importante en la provisión de recursos para la investigación agrícola, sobre todo en el aspecto de I y D universitarios. La investigación agrícola por tanto está integrada al sistema nacional de innovación, tal como se refleja en la Estrategia Nacional para el Desarrollo de la Ciencia, Tecnología e Innovación 2012-2015, y sigue mecanismos claros, en los niveles tantol federal como estatales. Los interesados están representados en los consejos y juntas que discuten las demandas y prioridades sectoriales. Embrapa aplica evaluaciones regulares de desempeño y de impacto, internamente o con expertos externos, y los resultados se ponen a disposición del público. Las estimaciones de los beneficios sociales de la investigación se han publicado anualmente por más de diez años.

Con el fin de superar las limitaciones de los agricultores más pobres no vinculados a una cadena de suministro o mercado de crédito, la *Politica Nacional de Assistência Tecnica e Extensao Rural* (PNATER) exige servicios de asistencia técnica específicos para las granjas familiares. Durante 2003-2009 se asignaron BRL 1.5 mil millones a ayudar a 2.5 millones de familias campesinas. En 2003 el gobierno federal creó la Agencia Nacional para la Asistencia Técnica y Extensión Rural (ANATER) para ampliar los recursos y el alcance de los servicios públicos de extensión a los agricultores más pobres y hacer frente a los problemas de sostenibilidad. Mientras la ANATER se está estructurando, el gobierno brasileño apoya la agricultura con el Programa Nacional de Fortalecimiento de la Agricultura Familiar (PRONAF), el Plano Safra 2014-2015 y la Política Nacional de Agricultura Orgánica y Agroecología, puesta en marcha en 2013 con apoyo de la MDA.

Políticas públicas para mejorar la sostenibilidad ambiental de la agricultura

La política agrícola se centra cada vez más en el desarrollo agrícola sostenible. La zonificación agrícola representa un instrumento importante que vincula el apoyo agrícola a la sostenibilidad ambiental de la actividad agrícola. El respeto de las normas de zonificación es condición de elegibilidad de los productores para los programas de crédito y de seguro subsidiados en condiciones favorables. Brasil se ha comprometido voluntariamente a reducir sus emisiones de gases de efecto invernadero entre 36.1% y 38.9% en el periodo hasta 2020.

Con este fin, el gobierno puso en marcha en 2010 un programa de crédito clave denominado Plano ABC, Agricultura de Bajo Carbono, que promueve la recuperación de pastizales que han sufrido la degradación del suelo y pone en marcha un sistema de producción integrada de cultivos, de ganadería y de silvicultura. Desde sus inicios hasta principios de 2015 se han aprobado cerca de 32 000 contratos con el lanzamiento de un importe de crédito por cerca de USD 10 mil millones.

Una gama de programas específicos promueven prácticas agrícolas sostenibles. Estos programas están diseñados para los segmentos agrícolas tanto comerciales como familiares. Varios programas de crédito para el segmento de granja familiar tienen un enfoque ambiental. Éstos incluyen créditos para las plantaciones en suelos improductivos y degradados, crédito para siembra de bosques, como el aceite de palma para biocombustibles, y crédito para modernizar los sistemas de producción y preservar los recursos naturales. El programa de Agroecología del PRONAF ofrece crédito de inversión para la introducción de sistemas agrícolas sostenibles con el medio ambiente y la producción orgánica. Sin embargo, los impactos posiblemente de mayor alcance en el largo plazo pueden derivar de normas ambientales aplicables al uso de las tierras agrícolas, incluso el requisito de que las granjas designen áreas secundarias para preservación. La instrumentación del nuevo código forestal de 2012 exige el registro de las unidades agrícolas con el Registro Rural Ambiental (*Cadastro Ambiental Rural*, CAR). Después de mayo de 2017, las propiedades rurales no incluidas en el CAR no tendrán acceso al crédito agrícola. Sin embargo, los agricultores podrán comprometerse a cumplir con los requisitos ambientales de acuerdo con el Plan de Cumplimiento Ambiental (PRA) relacionado, incluso la restauración de bosques, la conservación de suelos y el mantenimiento antes mencionado de una parte de la propiedad bajo la cubierta natural. Además de tener 20 años para cumplir con el PRA, recibirán apoyo financiero (en particular los pequeños agricultores) para ayudar en la rehabilitación. La instrumentación de este Plan, cuyo objeto es regular un mejor uso de la tierra, con la preservación de zonas de ribera, reducción de deforestación en el Amazonas y el fortalecimiento de los esfuerzos de reforestación, es un gran desafío para el gobierno y el sector.

Políticas públicas para los biocombustibles

Además de la promoción de prácticas agrícolas sostenibles, el gobierno instrumenta una serie de políticas agroenergéticas. Las principales fuentes de energía renovable agrícola de Brasil son la caña de azúcar (etanol y biogás), los bosques plantados (leña y carbón) y el biodiésel. El gobierno de Brasil brinda un fuerte apoyo a los biocombustibles mediante medidas como las siguientes: préstamos para la construcción de plantas de etanol y almacenes; incentivos fiscales a los automóviles de combustible flexible que funcionen con cualquier combinación de etanol y gasolina; y relaciones de mezcla obligatoria tanto para la gasolina como para el diésel. Sigue vigente la mezcla obligatoria de etanol con gasolina en mezclas de combustibles, así como la mezcla obligatoria de biodiésel con diésel fósil. Las relaciones de mezcla actuales son de 27% y 7%, respectivamente. La mayor parte del biodiésel proviene del aceite de soya, aunque el uso de aceite de palma está aumentando. Otros programas, como el de la salud animal y vegetal, siguen siendo importantes en el marco de la política agrícola. Se han gastado más de BRL 240 millones (USD 123 millones) anuales en esta área en los últimos cinco años.

Dado el contexto actual, las medidas para mejorar en el corto plazo la industria azucarera y de etanol de Brasil están más o menos restringidas a una tributación diferenciada entre el etanol hidratado y gasohol, y una expansión en la mezcla obligatoria de etanol anhidro en la gasolina.

La tributación diferenciada existe desde hace mucho tiempo. El ICMS, cuya tasa se establece de forma independiente por cada estado de la federación, es el principal impuesto que grava las ventas de etanol y gasohol hidratados. La tasa fiscal más baja para etanol hidratado (12%) se carga en el estado de São Paulo, el estado productor y consumidor más grande, mientras que la tasa fiscal nacional promedio es de 16%. Para la gasolina, la tasa fiscal nacional promedio es de 25%.

A principios de 2015 se introdujeron medidas de alivio: la mezcla de etanol anhidro en la gasolina aumentó a 27%, se aplicó de nuevo el impuesto CIDE para la gasolina y los niveles de impuestos PIS/COFINS se incrementaron solo para la gasolina. Sin embargo, el alcance de estas medidas aún es relativamente limitado al mitigar solo los grupos más eficientes y menos endeudados de este sector.

En 2005 el gobierno de Brasil puso en marcha el Programa Nacional de Producción y Uso de Biodiésel (PNPB). Reúne tanto a las empresas agrícolas de gran escala como a los pequeños agricultores (MDA, 2011). El programa presenta un contenido obligatorio de biocombustible de 2% (B2) añadido al diésel fósil en 2008 y estableció una meta de 5% (B5) para 2013, aunque en realidad esto se alcanzó en 2010. Brasil se convirtió en el tercer productor y consumidor de biodiésel más grande del mundo en 2014, y hacia el final del año se estableció un nuevo contenido obligatorio de 7% (B7) (Presidência da República, 2014). El consumo en ese año llegó a los 3.4 Mml (ANP, 2014).

Una importante iniciativa implementada conforme el PNPB fue el esquema de Sello de Combustible Social que se otorga a productores de biodiésel que hacen de 10% a 30% (porcentaje que varía según la región) de sus compras de materia prima a pequeños agricultores. Los incentivos para la compra a los pequeños agricultores incluyen reducción de impuestos, términos favorables para créditos y, sobre todo, la posibilidad de participar en la fase de una proporción de volumen de 80% en las subastas de biodiésel.[13] Además del Esquema Sello de Combustible Social, el Ministerio de Desarrollo Agrario (MDA) estableció un proyecto para un centro de producción de biodiésel que tuvo como objetivo aumentar la participación de los agricultores de pequeña escala. Para 2014, 85 000 granjas ya participaban en el PNPB y 42 empresas, que representaban 99% de la producción nacional de biodiésel, tenían el Sello de Combustible Social (MDA, 2014). El programa ha tenido un impacto positivo en la creación de empleo en las zonas rurales y también permitió la introducción de tecnología actual y la capacitación a los pequeños agricultores, lo que lleva a una mayor productividad en tierras degradadas (FAO, 2013).

Políticas sociales internas con impacto en la agricultura

Desde la década de 2000, la mejora de las condiciones macroeconómicas, junto con las específicas políticas de protección social, se ha reflejado en una reducción significativa de la pobreza nacional. Entre 2001 y 2012 la pobreza general se redujo de 24.3% a 8.4% de la población,[14] mientras que la pobreza extrema se redujo de 14% a 3.5%. Durante este periodo, el ingreso del 20% más pobre de la población creció tres veces más que el del 20% más rico,[15] con una resultante reducción de la brecha de desigualdad que sin embargo sigue siendo grande.

En paralelo con la reducción de la pobreza, Brasil ha hecho un rápido progreso en la reducción del hambre. De hecho, ya ha logrado tanto los Objetivos de Desarrollo del Milenio (ODM) de reducir a la mitad para finales de 2015 la proporción de su población que padece hambre, así como la más rigurosa Cumbre Mundial sobre la Alimentación de 1996 (CMA) en reducción del número absoluto de personas que padecen hambre.[17] Desde comienzos de la década de 2000, la tasa de desnutrición en Brasil ha caído a la mitad, de 10.7% a menos de 5%. Según un reciente análisis del Ministerio de Desarrollo Social y Lucha contra el Hambre, la tasa de desnutrición se redujo a menos de 2% en 2013.

Aunque las políticas ya existían a finales de la década de 1990 para corregir la desigualdad económica y social de la región, la mayor aceleración en la reducción de la pobreza se produjo cuando el entonces presidente Luis Ignacio Lula da Silva colocó como prioridad de la agenda política de Brasil el combate al hambre. El lanzamiento del programa Hambre Cero en 2003 introdujo un nuevo enfoque que dio máxima prioridad a la seguridad alimentaria, así como la inclusión social y económica para los grupos vulnerables de la población, mediante políticas macroeconómicas, sociales y agrícolas coordinadas.

El programa Hambre Cero se convirtió en el núcleo de la Política de Seguridad Alimentaria y Nutricional, que el gobierno adoptó en 2006; y este inclusivo modelo de seguridad alimentaria se incorporó gradualmente en las leyes nacionales destinadas a promover la realización progresiva del derecho humano a una alimentación adecuada, consagrado en la Constitución de Brasil en 2010. La estrategia Brasil sin Pobreza Extrema adoptada en 2011 se basa en el éxito de Hambre Cero y se dirige a la población en pobreza extrema. El actual Plan Nacional de Seguridad Alimentaria y Nutricional incorpora más de 40 programas y acciones con gastos totales de unos 35 mil millones de dólares en 2013.

Los principales objetivos de la Política de Seguridad Alimentaria y Nutricional implican políticas económicas y medidas de protección social, en particular el mecanismo de transferencia de efectivo *Bolsa Familia* (descrito en el recuadro 2.4), junto con medidas innovadoras para fortalecer la agricultura familiar. Estos dos componentes principales tienen como fin promover, de manera integral, la generación de ingresos, la creación de empleo, el crecimiento de la producción agrícola y un mejor acceso a los alimentos. Las acciones políticas para mejorar la seguridad alimentaria y la nutrición se extendieron posteriormente a otros ámbitos con repercusiones para el sector agrícola, como prácticas agrícolas sostenibles y educación en nutrición y hábitos alimentarios.

Recuadro 2.4. **Bolsa Familia**

Bolsa Familia, lanzado en 2003, representa el mayor programa de este tipo en todo el mundo. Desde 2011 *Bolsa Familia* forma parte del plan Brasil Sin Pobreza Extrema que se dirige a dicha población. Este programa actualmente ofrece transferencias directas de ingresos a más de 13.8 millones de familias de bajos ingresos. Estas transferencias han tenido un impacto inmediato en el aumento del acceso a los alimentos, lo que a su vez estimula la producción y el crecimiento del ingreso agrario local.

En el largo plazo, las transferencias representarán una inversión en capital humano y la productividad como resultado de las condiciones que se deben cumplir para tener derecho a las prestaciones. Aparte de vigilancia de la salud y la inmunización de los niños, el requisito de asistencia a la escuela contribuye a mejorar las oportunidades para la inclusión social y económica de las generaciones futuras. Un análisis de la evidencia a partir del censo de 2010 indica que *Bolsa Familia* se asoció a un aumento pronunciado en el estudio continuo, o al menos en estudiar y trabajar, en contraste con solo trabajar, en zonas tanto urbanas como rurales. La probabilidad de solamente trabajar disminuyó más en las zonas rurales, en especial para los niños.

La inversión en este programa se triplicó en diez años, para llegar a cerca de USD 11 mil millones en 2013, y actualmente representa alrededor de un tercio del gasto federal en programas de seguridad alimentaria y nutrición (CAISAN, 2014).

Agricultura familiar

El fortalecimiento de la agricultura familiar en el marco del programa Hambre Cero fue el otro elemento clave en el programa para la mejora de ingresos, el empleo y el acceso a los alimentos entre las poblaciones vulnerables. En 2013, los gastos de apoyo a los agricultores familiares ascendieron a USD 5.6 millones.[18] El número de este tipo de granjas familiares es impresionante, pues representan más de 80% de las unidades de producción. En total, más de 12 millones de personas, o más o menos 75% del empleo rural total, trabajan en establecimientos familiares.[19] Además, la agricultura familiar representó 38% del valor bruto de la producción agrícola en 2006 (FAO/INCRA 2006). Al inicio del programa Hambre Cero, más de 25% de la población pobre de Brasil vivía en zonas rurales, donde las tasas de pobreza superaban 45%. Entre 2003 y 2009, más de 5 millones de personas en las zonas rurales salieron de la pobreza y su incidencia se redujo de 45% a 28%. En estas regiones, la agricultura familiar sigue siendo la actividad económica predominante.

El Programa Nacional de Fortalecimiento de la Agricultura Familiar (PRONAF) tuvo como fin corregir las fallas del mercado que habían deprimido los precios y condenaban a los pequeños agricultores a reducir su producción, percibir menos ingresos y a un acceso precario a los alimentos. De entre las principales medidas en favor de la agricultura familiar, PRONAF ofrece créditos con intereses bajos, la mayor parte de los cuales se destina a la agricultura. Durante la última década, las categorías de la granja familiar se incrementaron gradualmente para incluir las unidades con mayor ingreso bruto anual, lo que amplía el acceso al crédito rural dirigido. Entre 2003 y 2014, los recursos de crédito del PRONAF aumentaron de BRL 2.4 mil millones a cerca de BRL 25 mil millones. Del crédito total destinado en 2014, casi 60% fue para inversión.

Las operaciones PRONAF cuentan con el apoyo del Programa de Agricultura Familiar Precio Garantizado (PGPAF), programa de seguro que ofrece descuentos en contratos de crédito para compensar las caídas de los ingresos agrícolas debidas a las reducciones en los precios de mercado o a pérdidas de cultivos inducidas por el clima. Además, un fondo de seguro de cosecha se dirige específicamente a los agricultores de la región semiárida de Brasil cuando la sequía causa pérdidas de cosechas graves para los agricultores familiares.

El Programa de Agricultura Familiar para la Adquisición de Alimentos (PAA) implementado en 2003 estaba destinado inicialmente a proporcionar incentivos a la agricultura familiar para aumentar la producción de alimentos tanto para el autoconsumo como para la venta a precios garantizados a las agencias de adquisición del sector público. La adquisición se hace de las empresas agrícolas familiares inscritas en el PRONAF con el fin de sostener los precios, mejorar las oportunidades de mercado y a través de donaciones a mejorar la disponibilidad de alimentos para las poblaciones vulnerables. Desde mediados de la década pasada, con mucho, la mayor parte de la adquisición ha sido para la donación simultánea. En 2014, 85% de los fondos de adquisiciones se utilizaron de esta manera (CONAB-PAA, 2014). Una parte importante de PAA adquirió suministros (34% en 2014) para el programa de alimentación escolar. En 2009, el Programa Nacional de Alimentación Escolar (PNAE) necesitó que las escuelas públicas destinaran al menos 30% de los gastos en alimentos a compras directas a los agricultores familiares. Conforme al PNAE, se sirve un estimado de 47 millones de comidas gratuitas en las escuelas todos los días.

Entre 2003 y 2014 se gastaron cerca de BRL 3.3 mil millones en el marco del PAA, y el número total de proveedores era más de 51 000. Desde 2011, en el marco del Plan Brasil Sin Miseria, las adquisiciones PAA se dirigen específicamente a los 16 millones de personas que viven en la pobreza extrema con un ingreso mensual inferior a BRL 70. En 2014, cerca de 24 000 proveedores de PAA, o 47%, calificaban en esta categoría.

La priorización de la agricultura familiar también se refleja en las medidas para transferir tecnologías convenientemente adaptadas por los organismos estatales de investigación y Embrapa así como la ejecución de proyectos para promover el desarrollo en una serie de sectores, como la cría de animales, frutas y verduras, y cultivos de alimentos básicos. En 2005, el gobierno de Brasil puso en marcha el Programa Nacional de Producción y Uso de Biodiésel (PNPB), el cual contiene disposiciones especiales para los agricultores familiares.

Políticas comerciales agrícolas

Brasil emprendió reformas comerciales radicales en la década de 1980 y principios de la de 1990. Las reducciones arancelarias y la liberalización de los mercados internos, junto con importantes cambios tecnológicos y estructurales en el sector agroalimentario, crearon una nueva estructura de incentivos en la agricultura brasileña. En la actualidad, los productos agrícolas y alimenticios importados a Brasil están sujetos a aranceles *ad valorem* y no se imponen aranceles específicos o salvaguardias especiales. Solo un porcentaje muy pequeño (0.2%) de las líneas arancelarias agrícolas tiene una cuota arancelaria.

Brasil, junto con Argentina, Uruguay, Paraguay y Venezuela, es miembro del MERCOSUR. Bolivia inició un proceso de adhesión en diciembre de 2012 que todavía no concluye. El Arancel Externo Común del Mercosur (CET) constituye el núcleo de la estructura arancelaria de las importaciones de Brasil. El CET incorpora 1 030 líneas arancelarias agrícolas con tasas arancelarias que van de 0% a 20%. Sin embargo, cada país miembro de Mercosur tiene una lista de excepciones al CET.

Según la definición de agricultura de la OMC, el promedio arancelario sencillo para las naciones más favorecidas (NMF) en 2014 fue de 10.2%. Alrededor de 8% de NMF agrícola con tasas arancelarias aplicadas eran libres de impuestos en 2013, y la mayoría (57%) tenía entre 5% y 10%. Cerca de 1.6% de las líneas arancelarias excedía de 25% (OMC, CCI y UNCTAD, *Perfiles arancelarios en el mundo*, 2014). Algunos grupos de productos que enfrentan aranceles por encima del promedio son productos lácteos (18.3%), azúcar y productos de confitería (16.5%), bebidas, licores y tabaco (17.0%), y café y té (13.3%), mientras que las importaciones de algodón (6.9%), semillas oleaginosas, grasas y aceites y sus productos (7.9%), y animales y productos animales (8.2%) están sujetos a aranceles por debajo del promedio.

La tasa arancelaria sencilla promedio de la OMC de Brasil para 2004 (último año del periodo de aplicación para los países en desarrollo) fue de 35.3%. La tasa arancelaria con límite promedio de Brasil para los productos agrícolas es más de tres veces la tasa promedio NMF aplicada. Las tasas arancelarias con límites máximos y mínimos coinciden con las tasas mínimas y máximas aplicadas a NMF. Sin embargo, mientras que hay más de 250 líneas arancelarias consolidadas con un máximo de 55%, solo dos están realmente fijadas en este nivel. Este "excedente arancelario" se debe sobre todo a la existencia del AEC de Mercosur, el cual establece la protección eficaz de fronteras con niveles muy inferiores a las consolidaciones del país.

El MERCOSUR ha firmado diferentes acuerdos con casi todos los países de América Latina. En 2009, el MERCOSUR firmó un Tratado de Libre Comercio (TLC) con Israel, con Egipto en 2010 y con Palestina en 2011. Los acuerdos preferenciales entre el MERCOSUR e India y con la Unión Aduanera de África Meridional (SACU) se firmaron en 2009. No se han firmado acuerdos comerciales desde entonces. Los acuerdos comerciales con Israel y la India están en vigor, pero los acuerdos con Egipto, Palestina y la SACU todavía tienen que ratificarse en el Congreso Nacional.

La mayoría de las importaciones agrícolas de MERCOSUR ingresan a los países miembros libres de impuestos, mientras que el arancel promedio de las importaciones agrícolas procedentes de países no pertenecientes al MERCOSUR está cerca de 12%. Los exportadores brasileños se enfrentan a tareas relativamente bajas cuando exportan a la mayoría de sus principales socios. Las exportaciones de todos los productos a la Unión Europea en 2012 enfrentaron una tasa promedio NMF con base en peso de 6.2%, mientras que las exportaciones a Estados Unidos de América y China enfrentaron aranceles promedio de 3.4% y 7%, respectivamente. Sin embargo, los productos brasileños que entran en la Federación de Rusia enfrentan un promedio de 21.4%, mientras que para entrar a Japón tuvieron que superar un arancel promedio de 83%.

Se ha producido un rápido crecimiento de las exportaciones agrícolas de Brasil, a pesar de que esas exportaciones permanecen centradas en torno a las materias primas al mayoreo y ligeramente procesadas, y existe una integración relativamente pequeña con las cadenas de valor globales. Una razón para esto son los altos aranceles a la producción en relación con otros países, lo que eleva el costo de los insumos importados. Aunque Brasil ha liberado su comercio con el tiempo, el promedio de las tasas arancelarias aplicadas a los productos manufacturados se redujo de 16% en 1996 a 10% en 2012. Este porcentaje es más alto que el aplicado por los demás BRIICS y cerca de tres veces mayor que el promedio mundial.

Las importaciones de productos agrícolas están sujetas a medidas estándares sanitarias y fitosanitarias de Brasil (SPS). El sistema de Brasil se basa en el análisis de riesgos, que generalmente tiene en cuenta el origen de la importación y las características del producto (Recuadro 2.5). Brasil acepta los certificados fitosanitarios y zoosanitarios emitidos por los servicios sanitarios oficiales de los países que siguen las directrices de la Comisión del Codex Alimentarius, la Organización Mundial de Sanidad Animal, la Convención Internacional de Protección Fitosanitaria y otras organizaciones científicas internacionales. Un total de 3 275 líneas de productos en el nivel de dígitos del SA-8 están sujetas a los controles de SDA, con 2 675 de estas líneas que requieren autorización de SDA antes del embarque o arribo en las fronteras de Brasil.

Recuadro 2.5. **Regulaciones sanitarias y fitosanitarias en Brasil**

La importación de productos sujetos a controles sanitarios y fitosanitarios requiere una licencia no automática. El Ministerio de Abastecimiento de Agricultura, Ganadería y de Alimentos (MAPA), a través de su Secretaría de Protección Agropecuaria (SDA), es responsable de la protección de la salud animal y vegetal. La SDA tiene autoridad para controlar los aspectos sanitarios y fitosanitarios de la producción y el comercio internacionales de todo el ganado, frutas, verduras, granos, plantas, medicamentos veterinarios, pesticidas y componentes; también registra e inspecciona productos y actividades que utilizan los organismos modificados genéticamente, en nombre de la Comisión Técnica Nacional de Biotecnología (CTNBio), la cual emite la autorización correspondiente. El Ministerio de Pesca y Acuicultura (MPA) es responsable de la salud de animales acuáticos; su Oficina General de Coordinación para la Sanidad Animal Acuática (CGSAP) lleva a cabo controles sanitarios para proteger los entornos naturales y de reproducción en Brasil, incluso las importaciones de peces y animales acuáticos y sus materiales reproductivos. La Agencia Brasileña de Vigilancia Sanitaria (ANVISA), entidad autónoma vinculada al Ministerio de Salud bajo un contrato de dirección, es la encargada de controlar la producción y comercialización de productos y servicios sujetos a vigilancia sanitaria para la protección de la salud humana. ANVISA es responsable, entre otras cosas, de la aprobación de la importación de productos alimenticios y de la realización de inspecciones sanitarias en los puntos de entrada en Brasil.

Desafíos estratégicos

Las perspectivas de la agricultura brasileña en los próximos diez años son favorables, a pesar de las perspectivas de un crecimiento más lento en la demanda tanto nacional como en la internacional, y la caída de los precios reales desde sus picos recientes para la mayoría de los productos agrícolas. Se espera que tanto el mercado nacional como el internacional crezcan, con un cambio en la composición de la demanda hacia los productos en los que Brasil es un productor competitivo, en particular la carne y los requisitos asociados de alimentación (maíz y semillas oleaginosas), azúcar y productos de mayor valor, como frutas tropicales. Ese crecimiento proporcionará más oportunidades a la agricultura comercial de Brasil, pero sumará nuevas oportunidades para la agricultura familiar en productos en los que las economías de escala son menos evidentes, sobre todo café, frutas tropicales y horticultura. Como resultado de este crecimiento, la agricultura seguirá desempeñando un papel importante en términos de empleo, generación de ingresos y ganancias por exportación. El aumento de los ingresos de las granjas familiares y los abundantes suministros de una amplia gama de alimentos también contribuirán a promover mejoras en la seguridad alimentaria y la nutrición.

El dinamismo de la agricultura brasileña se fundó sobre la disponibilidad de nuevas tecnologías adaptadas a la agricultura tropical, la adopción de métodos modernos de gestión, como instrumentos financieros, y cambios de políticas públicas. La clave para el crecimiento futuro está en sostener las mejoras en la productividad agrícola, las cuales provendrán de una combinación de mejoras en el rendimiento de los cultivos, algunas de la conversión de pastizales (como pastizales degradados y abandonados) en tierras de cultivo y de una producción más intensiva de ganado. El sistema de investigación e innovación agrícola de Brasil ha sido un gran éxito, con las nuevas tecnologías para la agricultura en zonas tropicales y al hacer disponibles una nueva e innovadora producción y prácticas de gestión. Tal éxito se puede aprovechar mediante una mayor participación del sector privado. Todo el potencial del sector privado para contribuir a la innovación agrícola se puede realizar mediante el fortalecimiento del marco normativo, la mejora de la infraestructura, la promoción de capital humano calificado y el desarrollo de sociedades de inversión en investigación y desarrollo entre los sectores público y privado. Al mismo tiempo, se necesita un continuo compromiso por parte del gobierno hacia la investigación y el desarrollo agrícolas, incluso en nuevas áreas como la biotecnología y las respuestas al cambio climático, para así hacer frente a los problemas del sector agrícola en general.

La participación de los agricultores en el crecimiento económico de Brasil se puede mejorar mediante una mayor inversión en los servicios de educación, capacitación y extensión, los cuales proporcionan una mayor difusión de tecnologías existentes. Sin embargo, para muchos agricultores tradicionales, la clave para su desarrollo será un equilibrado desarrollo rural que cree puestos de trabajo tanto fuera como dentro de la agricultura. Un amplio apoyo de base, como el apoyo a la educación y a la salud pública, puede ayudar a consolidar los éxitos de Brasil en la reducción de la pobreza y la eliminación del hambre, para asegurar el aumento de los ingresos a niveles sostenibles más allá del umbral de la pobreza.

Entre los factores que influyen en la competitividad del sector agrícola de Brasil, la mejora en la logística y la infraestructura de transporte es una prioridad clave. Esto reduciría los costos de los productores orientados a la exportación de Brasil, mientras que se benefician los agricultores de todo tipo en virtud de un mejor acceso a los mercados nacionales. El fortalecimiento de los sistemas de salud animal y vegetal e inspección es otra área que también puede apoyar el desarrollo de largo plazo de los mercados nacionales e internacionales para el sector agrícola brasileño.

En general, Brasil asigna un porcentaje relativamente bajo de su apoyo a la agricultura a las inversiones sectoriales, como infraestructura, servicios de extensión y apoyo institucional, y sistemas de conocimiento. Mientras que los beneficios de corto plazo aumenten para los agricultores provenientes de los programas de apoyo a los precios y de crédito, en el largo plazo las inversiones sectoriales pueden tener una mayor rentabilidad para los agricultores. Aunque Brasil comparativamente ofrece poco apoyo a los agricultores, podrían haber oportunidades para transferir gradualmente los recursos adicionales para la inversión pública a la luz de las mejoras previstas en la productividad agrícola y la rentabilidad asociada del sector. Por otra parte, la expansión de las líneas de crédito provenientes de fuentes del sector privado podría liberar más recursos públicos para la inversión de largo plazo.

La falta de un acuerdo de la Ronda de Doha de la OMC impidió el acceso al mercado para los productores brasileños a muchas partes del mundo. Sin un acuerdo amplio de la OMC, Brasil se beneficiaría de una profundización de las reformas comerciales en el Mercosur y una amplia búsqueda de acuerdos comerciales con socios existentes y potenciales. Durante la última década una gran parte de las exportaciones de Brasil se fueron a China. Conforme el crecimiento de China se desacelera, otros mercados asiáticos serán cada vez más importantes. Al mismo tiempo, la liberalización intersectorial eliminaría sesgos en los incentivos en todos los sectores y reduciría los costos de los insumos importados. Esto ayudaría a promover la agregación de valor en la agricultura y una mayor inserción en las cadenas globales de valor, pues ambos permanecen subdesarrollados según los estándares internacionales. Esas ganancias podrían reforzarse con reformas al complejo y costoso sistema fiscal del país, y con la eliminación de obstáculos administrativos que los productores enfrentan en el establecimiento y manejo de negocios.

Uno de los retos primordiales para la agricultura brasileña en el largo plazo es el fortalecimiento del crecimiento de la productividad y el mantenimiento de la competitividad internacional de costos, mientras se sigue avanzando en la reducción de la pobreza y la desigualdad. Con el programa Hambre Cero y el posterior Programa Nacional de Seguridad Alimentaria y Nutrición se han tenido reducciones significativas en las tasas de hambre y de pobreza en el país en la última década. Desde 2011 el enfoque del Plan Brasil Sin Miseria para ayudar a las familias especialmente necesitadas, la mayoría de los cuales están ubicadas en las zonas rurales, puede contribuir a la disminución de la exclusión económica y social de estos grupos vulnerables. Aparte de los pagos de transferencias monetarias condicionadas, en el largo plazo se pueden incrementar los beneficios de asistencia técnica rural dirigida.

Las mejoras en la producción agrícola se pueden lograr de forma sostenible. La mayoría de los aumentos previstos en la producción provendrá de las ganancias de productividad, y puede mitigarse la presión sobre los recursos naturales —en especial la tierra, pero en algunas regiones el agua también—. Asimismo hay margen para un mayor desarrollo de prácticas de producción más sostenibles, como la conversión de tierras de cultivo existentes y degradadas a pastizales y la integración de los sistemas de cultivos y ganado. Brasil tiene una gran cantidad de tierra que puede ser explotada para la producción agrícola sin invadir más la selva amazónica. Esto implicará regulaciones más estrictas sobre la actividad ilegal y sobre el apoyo técnico y financiero para el Código Forestal; se podría fortalecer aún más mediante la asignación de derechos de propiedad sobre la tierra ya despejada. Una mayor claridad de los derechos de propiedad también mejoraría la sustentabilidad del uso de la tierra en otras regiones.

Los beneficios de un crecimiento sostenible en la agricultura de Brasil son muy vastos. Al mismo tiempo que mejora la disponibilidad de alimentos para los consumidores tanto nacionales como internacionales, también genera oportunidades de ingresos para un electorado diverso de agricultores. Esas ganancias son totalmente compatibles con el énfasis del gobierno en la reducción de la pobreza y de la desigualdad de ingresos, y al mismo tiempo mejora la sustentabilidad ambiental del sector agrícola.

Notas

1. Brasil tiene una definición oficial de una "granja familiar" que se adopta en este capítulo (Ley 11.326/2006, del 24 de julio de 2006, orden administrativa del Ministerio de Desarrollo Agrario núm. 111, del 20 de noviembre de 2003, y la Resolución núm. 3 467, del 2 de julio de 2007). Una granja familiar debe ser gestionada por el propietario, utilizar principalmente mano de obra familiar y tener un tamaño de menos de 4 módulos fiscales. Un módulo fiscal es una medida relacionada con los impuestos sobre la base del potencial de generación de ingresos de la tierra, que oscila entre 5 y 110 hectáreas según la zona geográfica. Conforme a esta definición, 84% de las granjas de Brasil son granjas familiares, con un promedio de 18.4 hectáreas. Por el contrario, las granjas no familiares promedian 309 hectáreas.
2. La USDA utiliza datos publicados por FAOSTAT para calcular el crecimiento de la PTF como la diferencia entre el crecimiento de la producción y el crecimiento de consumo (http://www.ers.usda.gov/data-products/international-agricultural-productivity.aspx). El índice agregado de volumen de producción se basa en la Producción Agrícola Bruta en dólares constantes de 2004-2006, mitigados con el tiempo mediante un filtro Hodrick-Prescott. El índice agregado del consumo de insumos se calcula como el promedio de la tierra, ganado, maquinaria, fertilizantes e índices de uso de alimentación, ponderado por los porcentajes de estos insumos en la producción agrícola disponibles en la literatura.
3. Este valor se basa en la definición de productos agrícolas por la OMC que no incluyen el pescado ni los productos pesqueros.
4. Petrobras es una empresa multinacional energética brasileña semipública. Las actividades de Petrobras abarcan la exploración y producción de petróleo y gas natural, la refinación de petróleo, el transporte y la distribución de gas natural y productos derivados del petróleo, la generación de electricidad y la producción petroquímica.
5. Las diferentes perspectivas se resumen, por ejemplo, en el Recuadro 1.1, "Impacto de la agricultura en la Amazonia brasileña", en OECD (2005) y en FGV (2013), pp. 26-29.
6. La "Amazonia Legal" abarca nueve estados brasileños y cubre cinco millones de kilómetros cuadrados, más de 50% de la superficie total de Brasil.
7. A causa del cultivo doble o incluso triple, junto con la sustitución de área entre los diversos cultivos, las cifras pueden exagerar el hecho de que la nueva tierra se pone en producción.
8. Al menos que se indique lo contrario, todas las referencias al cambio relativo en el valor en 2024 son respecto del valor promedio durante los tres años de 2012 a 2014. También se utiliza el término "periodo base" para referirse al valor promedio en 2012-2014.
9. El Ministerio brasileño de Agricultura, Ganadería y Abastecimiento Alimenticio (MAPA) proyecta la producción de soya para 2024 en 118.0 Mt. Las diferencias metodológicas contribuyen a explicar los diferentes resultados para este cultivo, así como para el trigo y el arroz, pues MAPA utiliza modelos de predicción basados en series de tiempo, mientras que las proyecciones de la FAO-OCDE se basan en un modelo estructural.
10. http://www.mpa.gov.br/files/Docs/Planos_e_Politicas/Plano%20Safra%28Cartilha%29.pdf.
11. El Ministerio de Pesca y Acuicultura (MPA) revisó hace poco los datos de la acuicultura.
12. Maricultura: cultivo, manejo y recolección de organismos marinos en su hábitat natural o en unidades de cría especialmente construidos para ello, como estanques, jaulas, corrales, recintos o depósitos.
13. Las subastas están a cargo de la Agencia Nacional de Petróleo, Gas Natural y Biocombustibles de Brasil. Del volumen total de biodiésel suministrado con cumplimiento de la mezcla obligatoria, 80% está reservado para los titulares de Sello de Combustible Social, mientras que el 20% restante está abierto a la competencia de los productores con o sin el Sello de Combustible Social.
14. CAISAN. 2014. *Balanco das Acoes do Plano Nacional de Seguraça Alimentar e Nutricional - Plansan 2012/2015*. Brasilia.
15. IPEA. 2014. *Objetivos de Desenvolvimento do Milenio. Relatorio nacional de acompanhamento*. Brasilia, Instituto de Investigación Económica Aplicada, IPEA.

16. Gobierno de Brasil. 2014. *Indicadores de Desenvolvimento Brasileiro 2001-2012*. Brasilia.
17. FAO, FIDA, PMA: *El sstado de la inseguridad alimentaria en el mundo 2014*, pp. 23-26.
18. CONSEA. 2014. *Analise dos indicadores de segurança alimentar e nutricional. 4° Conferencia National de Segurança Alimentar e Nutricional +2*. Brasilia.
19. Del Grossi, M. E. 2011. "Poverty Reduction: From 44 million to 29.6 million people", en J. Graziano da Silva, M. E. del Grossi y C. Galvao de Franca (eds), *The Fome Zero (Zero Hunger Programme): The Brazilian Experience*. Roma, Organización de las Naciones Unidas para la Alimentación y la Agricultura.
20. A. Veiga Aranha. 2011. "Zero Hunger: A Project turned into a Government Strategy", en J. Graziano da Silva, M. E. del Grossi y C. Galvao de Franca (eds), *The Fome Zero (Zero Hunger Programme): The Brazilian Experience*. Roma, Organización de las Naciones Unidas para la Alimentación y la Agricultura.

Bibliografía

Banco Mundial (2014), *World Development Indicators 2014*, World Bank, Washington, D.C. *DOI: http://dx.doi.org/10.1596/978-1-4648-0163-1*.

Brandão, A., G. C. de Rezende y R. da Costa Marques (2005), "Agricultural Growth in the Period 1999-2004, Outburst in Soybean Area and Environmental Impacts in Brazil", *Texto Para Discussão No.* 1062, Rio de Janeiro.

CONAB (2014), Programa de Aquisicao de Alimentos (PAA), *Resultado das Acoes da CONAB em 2014*, Brasilia, D.F.

Empresa Brasileira de Pesquisa Agropecuaria (Embrapa) – Ministerio de Agricultura, Ganadería y Abastecimiento Alimentario MAPA (2014), *Technological solutions and innovation: Embrapa in the International Year of Family Farming*, Brasilia, D.F.

FAO (2014), "The State of Food and Agriculture 2014: Innovation in family farming", FAO Publications, Roma, *www.fao.org/3/a-i4040e.pdf*.

FAO, IFAD y WFP (2014), "The State of Food Insecurity in the World 2014: Strengthening the enabling environment for food security and nutrition", FAO, Roma, *www.fao.org/3/a-i4030e.pdf*.

FAOSTAT (2013), *On-line database*, FAO, Roma, *http://faostat.fao.org/*.

FAO y OECD (2014), "Opportunities for Economic Growth and Job Creation in Relation to Food Security and Nutrition, Report to the G20 Development Working Group", *https://g20.org/wp-content/uploads/2014/12/opportunities_economic_growth_job_creation_FSN.pdf*.

FGV (2013), *Agroanalysis*, The Agribusiness Magazine from FGV, Special edition, Fundação Getulio Vargas, Rio De Janeiro.

Gasques, J. G., E. T. Bastos, C. Valdez y M. R. P. Bacchi (2014), "Produtividade da agricultura Resultados para o Brasil e estados selecionados", Embrapa, Brasilia, D.F.

Graziano da Silva, J., M. E. del Grossi y G. C. de Franca (eds.) (2010), *The Fome Zero (Zero Hunger programme): the Brazilian experience*, FAO y Ministerio de Desarrollo Agrario, Brasilia.

Helfand, S., M. Pereira y W. Soares (2014), "Pequenos e Médios Produtores na Agricultura Brasileira: Situação Atual e Perspectivas", en A. Buainain, E. Alves, J. M. Silveira y Z. Navarro (eds. técnicos), *O mundo rural no Brasil do século 21: a formação de um novo padrão agrário e agrícola*, Embrapa, Brasilia, D.F., pp. 533-557.

IBGE, Instituto Brasileiro de Geografia e Estatística (2006), *Censo Agropecuario 2006*, Rio de Janeiro.

Ministerio de Agricultura, Ganadería y Abastecimiento Alimentario (MAPA/ACS) (2014), *Projections of agribusiness: Brazil 2013/14 to 2023/24 Long-term Projections*, Brasilia.

Ministerio do Desenvolvimento Agrario (MDA) y Ministerio do Desenvolvimento Social e Combate a Fome (MDS), *Plano Brasil sem Miseria, Resultados no meio rural 2011/2014*, *www.mda.gov.br/sitemda/sites/sitemda/files/user_arquivos_25/Caderno%20de%20Graficos%20BSM%20-%203%2C5%20anos%20-%20Rural.pdf*.

Ministério de Minas e Energia, Empresa de Pesquisa Energética (MME/EPE) (2013a), *Avaliação Do Comportamento Dos Usuários De Veículos Flex Fuel No Consumo De Combustíveis No Brasil*.

Ministério de Minas e Energia, Empresa de Pesquisa Energética (MME/EPE) (2013b), *Balanço Energético Nacional*.

Ministério de Minas e Energia, Empresa de Pesquisa Energética (MME/EPE) (2014), *Análise de Conjuntura dos Biocombustíveis*.

OECD (2014), "Innovation for Agriculture Productivity and Sustainability: Review of Brazilian Policies", OECD, París, *www.oecd.org/officialdocuments/publicdisplaydocumentpdf/?cote=TAD/CA/APM/WP(2014)23/FINAL&docLanguage=En*.

OECD (2014), "Analysing Policies to improve agricultural productivity growth, sustainably: Revised framework", OECD, París, *www.oecd.org/tad/agricultural-policies/Analysing-policies-improve-agricultural productivity-growth-sustainably-december-2014.pdf*.

OECD (2014), *OECD Economic Outlook*, vol. 2014/2, OECD Publishing, París. *DOI: http://dx.doi.org/10.1787/eco_outlook-v2014-2-en*.

OECD/CAF/ECLAC (2014), *Latin American Economic Outlook 2015: Education, Skills and Innovation for Development*, OECD Publishing, París. *DOI: http://dx.doi.org/10.1787/leo-2015-en*.

OECD (2014), *OECD Economic Surveys: Brazil 2013*, OECD Publishing, París. *DOI: http://dx.doi.org/10.1787/eco_surveys-bra-2013-en*.

OECD (2005), *OECD Review of Agricultural Policies: Brazil 2005*, OECD Publishing, París. *DOI: http://dx.doi.org/10.1787/9789264012554-en*.

PARTE 1

Capítulo 3

Resúmenes de los productos básicos

En este capítulo se describe la situación del mercado y los aspectos más destacados de la última serie de proyecciones cuantitativas de mediano plazo para los mercados agrícolas mundiales y nacionales en el periodo de diez años 2015-2024. Cada uno de los aspectos destacados de los productos básicos se complementa con un análisis más detallado en la versión completa en internet. Proporciona información sobre precios, producción, uso, comercio y principales incertidumbres de cereales, oleaginosas, azúcar, carne, productos lácteos, pescado, biocombustibles y algodón. Las proyecciones cuantitativas se elaboraron con ayuda del modelo de equilibrio parcial Aglink-Cosimo de la agricultura mundial. El capítulo también describe los supuestos macroeconómicos y de políticas públicas que sustentan las proyecciones, y cada aspecto destacado de los productos básicos se complementa con cuadros estadísticos.

CEREALES

Situación del mercado

La situación del mercado de granos en la campaña comercial 2014 (véase en el Glosario la definición de campaña comercial) se caracterizó por un amplio suministro. Dos cosechas récord de maíz consecutivas en Estados Unidos de América, por encima del promedio, de maíz y cebada, y el rendimiento en la Unión Europea y la Federación de Rusia, llevaron las reservas mundiales de cereales secundarios a niveles récord y los precios de mercado a su nivel más bajo en los últimos cinco años. La situación del mercado de trigo fue similar, pues las cosechas fueron buenas en la mayoría de los principales países productores de trigo con significativos aumentos de la producción en Argentina, la Comunidad de Estados Independientes (CEI) y la Unión Europea. Sin embargo, se espera que la producción de trigo en 2015 disminuya de la producción récord de 2014, lo que refleja una disminución prevista en la producción de trigo en invierno en Europa, con rendimientos previstos para volver a los niveles promedio de los máximos del año anterior. La producción mundial de arroz en 2014 alcanzó casi 495 Mt en equivalente de arroz blanqueado, ligeramente inferior a la de 2013 y muy por debajo de los niveles que se habrían alcanzado si el crecimiento hubiera continuado con su tendencia decenal de 2% anual. Este resultado se debe en gran parte a los contratiempos climáticos en Asia, que provocaron una disminución de la producción en India, Indonesia, Nepal, Sri Lanka y Tailandia. Por primera vez en una década, la utilización mundial de arroz superó la producción, lo que resultó en una disminución de las reservas mundiales de arroz a 177 Mt.

Aspectos relevantes de la proyección

Los precios de los cereales parten de niveles bajos en 2014 en comparación con los registrados desde 2007. En el corto plazo, un crecimiento más lento de la economía, una históricamente alta producción en los últimos dos años que llevaron a la acumulación de reservas, así como los bajos precios del petróleo pueden hacer que los precios disminuyan aún más. Sin embargo, en el mediano plazo, se espera que la evolución de los precios en términos nominales se vea impulsada por los costos, con un aumento ligeramente a la sombra de la inflación y, por tanto, una disminución moderada en términos reales. En cuanto al arroz, se prevé un punto de inflexión hacia una creciente ruta de precio nominal una temporada después que para otros granos, debido a las enormes reservas de arroz acumuladas en Tailandia. Se prevé que los precios promedio nominales de los tres cereales durante el periodo de las perspectivas serán de 6% a 15% más bajo que en la década anterior (Figura 3.1).

Se espera que la producción de cereales aumente en la próxima década. En 2024 la producción será 14% mayor que el periodo base (2012-2014), impulsada sobre todo por mejoras de rendimiento, mientras que se espera que la expansión del área sea limitada. En relación con el periodo base, se prevé que la producción en 2024 aumentará en magnitudes similares para el trigo (12%), cereales secundarios (15%) y arroz (14%). Se esperan 86 Mt adicionales de la oferta mundial de trigo con una gran participación proveniente de India (15 Mt), Federación de Rusia (13 Mt), China (8 Mt), así como la Unión Europea y Argentina (7 Mt cada uno). Se espera que la producción de cereales secundarios aumente 194 Mt (Estados Unidos de América 51 Mt, China 37 Mt, Unión Europea 12 Mt, Federación de Rusia 6 Mt y Ucrania 6 Mt). Se espera que el aumento global de 70 Mt en la producción de arroz sea dominado por los países asiáticos (61 Mt), sobre todo India (17 Mt), Indonesia (8 Mt), Bangladesh, Tailandia (6 Mt), Vietnam y China (5 Mt).

Figura 3.1. **Precios mundiales de cereales**

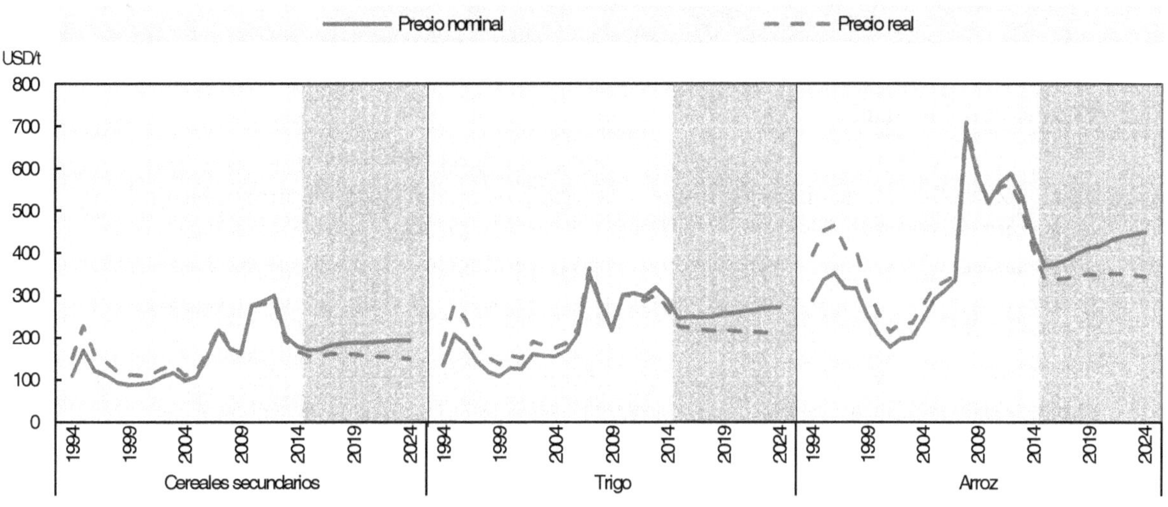

Nota: Cereales secundarios: Maíz golfo de EUA, amarillo núm. 2 (f.o.b.), golfo de EUA, trigo: trigo núm. 2 de EUA rojo duro de invierno (f.o.b.), arroz: Tailandia, 100% B, 2do grado.

Fuente: OECD/FAO (2015), "OECD-FAO Agricultural Outlook", *OECD Agriculture Statistics* (base de datos), *http://dx.doi.org/10.1787/agr-outl-data-en.*

StatLinks *http://dx.doi.org/10.1787/888933229173*

Se espera que el consumo mundial de cereales crezca 388 Mt para alcanzar 2 786 Mt hacia 2024. El consumo de trigo aumentará 13% en comparación con el periodo base y seguirá dominado por el uso de alimentos en una proporción constante de aproximadamente 69% del uso total. Se prevé que la utilización forrajera de trigo aumentará sobre todo en China, Federación de Rusia y Unión Europea. El consumo de cereales secundarios seguirá siendo dominado por la utilización de forraje, con una representación de más de dos terceras partes del aumento del consumo mundial (una utilización adicional de forraje de 156 Mt). La mayor parte de la alimentación adicional se va a consumir en los países en desarrollo (1 030 Mt) para alimentar un sector ganadero en expansión. Se espera que el uso del arroz para alimentos impulse el consumo total hasta los 562 Mt hacia 2024. Se espera que el crecimiento sea mayor en los países en desarrollo (1.2% anual) que en los países desarrollados (0.4% anual), con los países asiáticos que representarán casi 80% del aumento global del consumo.

Se espera que el comercio mundial de cereales crezca ligeramente más rápido que la producción (1.6% anual frente a 1.3% anual), lo cual implica crecientes porcentajes de comercio en la producción mundial. Para el trigo se espera que esta proporción alcance 21% en 2024, comparado con 13% y 9% de cereales secundarios y arroz, respectivamente. De mantenerse las tendencias históricas, se espera que los países desarrollados abastezcan de trigo y cereales secundarios a los países en desarrollo, mientras que el arroz se comercializará sobre todo entre los países en desarrollo. Se espera que los actores globales en los mercados internacionales del arroz sigan siendo los mismos.

Teniendo en cuenta las reservas normales y después de regresar a los rendimientos promedio hacia 2015, el riesgo a la baja sobre los precios de los cereales durante el periodo de las perspectivas es mayor que el potencial al alza. Una posible mayor desaceleración de las economías de rápido crecimiento, como China, y una creciente competencia entre los exportadores también podrían aumentar este riesgo. Por otra parte, la escasez de suministros causada por las graves sequías puede dar lugar a un aumento de los precios internacionales.

El capítulo de cereales ampliado está disponible en:

http://dx.doi.org/10.1787/agr_outlook-2015-07-es

SEMILLAS OLEAGINOSAS Y SUS PRODUCTOS

Situación del mercado

La producción mundial de semillas oleaginosas en la campaña comercial 2014 (véase en el glosario la definición de campaña comercial) alcanzó niveles récord por segundo año consecutivo. Por tanto, los precios de las semillas oleaginosas cayeron considerablemente y permanecen bajo presión. Al mismo tiempo la producción de soya aumentó más rápido que la de semilla de colza, girasol y maní (las otras semillas oleaginosas incluidas), lo que incrementó la concentración del sector.

La producción de aceite vegetal no aumentó en consonancia con la producción de semillas oleaginosas debido a una menor expansión del aceite de palma y la creciente participación de la soya, la cual tiene un contenido considerablemente más bajo de aceite que otras semillas oleaginosas principales. Por otro lado, el crecimiento de la demanda se desaceleró en los últimos tiempos debido al estancamiento de la producción de biodiésel a partir de aceites vegetales en los países desarrollados. Esto ha dado lugar a los bajos precios del aceite vegetal. Se espera que los precios bajos actuales den como resultado un aumento de la demanda de alimentos en el futuro cercano.

La continua demanda creciente de harina proteica ha sido el principal motor de la expansión de la producción de semillas oleaginosas en los últimos años. Esto aumentó la proporción de la harina proteica en el valor de las semillas oleaginosas y favoreció la soya sobre otras semillas oleaginosas. En comparación con los cereales secundarios y otros ingredientes de alimentos, los precios de la harina proteica se han mantenido relativamente altos, pero podría esperarse una corrección durante 2015.

Aspectos relevantes de la proyección

En términos nominales se espera que los precios de todas las semillas oleaginosas y sus productos aumenten menos que la tasa de inflación asumida durante el periodo de las perspectivas. Los precios reales resultantes se reducirán ligeramente, con base en el supuesto de una mayor eficiencia en el sector que le permite satisfacer la creciente demanda mundial a precios reales por debajo del nivel actual. Las relaciones de precios en el sector cambiarán un poco. Debido a la saturación de la demanda per cápita de alimentos en muchas economías emergentes y a la reducción del crecimiento de la producción de biodiésel a partir de aceites vegetales, los precios reales del aceite vegetal declinarán más rápido que los precios reales de la harina proteica.

Durante el periodo de las perspectivas, se espera que la producción mundial de semillas oleaginosas continúe su expansión, sin embargo, con una tasa de crecimiento de 1.6% anual, caerán ligeramente del 35% anual experimentado durante la última década. Se espera que la producción de colza en Canadá y la Unión Europea crezca mucho más lento que en la década anterior, pues las semillas oleaginosas con alto contenido de aceite como la colza se ven más afectadas por la desaceleración del crecimiento en los precios de los aceites vegetales.

El comercio internacional de semillas oleaginosas representará un consistente alto porcentaje de la producción mundial de alrededor de 31% durante la próxima década. El flujo principal irá del continente americano (Estados Unidos de América y Brasil) a Asia (sobre todo China). En el ámbito mundial, la trituración de semillas oleaginosas en harina (pastel) y aceite dominará el uso de las semillas oleaginosas; el uso alimentario directo será significativo solo en algunos países asiáticos. Hacia 2024, más de 87% de la producción mundial de semillas oleaginosas será triturado.

El aceite vegetal incluye aceite por trituración de semillas oleaginosas (alrededor de 53%), palma (36%), almendra de palma, coco y semilla de algodón. La producción mundial de aceite vegetal permanecerá concentrada en unos cuantos países en la próxima década. A pesar de una desaceleración de la expansión de superficie, se dará un crecimiento significativo en las principales regiones productoras de aceite de palma de Indonesia y Malasia. La otra fuente de crecimiento es el aceite de soya producido en la aglomeración de la creciente producción de soya. Se espera que el crecimiento de la demanda de aceite vegetal disminuya en la próxima década debido a a) una reducción del crecimiento en el uso de alimentos per cápita en los países en desarrollo de 1.1% anual en comparación con 2.7% en la década anterior, y b) la estancada producción de biodiésel a partir de aceites vegetales debido a la satisfacción progresiva de las cuotas y las previstas reducciones de los objetivos de producción de biodiésel.

La producción y consumo de harina proteica están dominados por la harina de soya. En comparación con la última década, el crecimiento del consumo de la harina proteica disminuirá significativamente, reflejando tanto un crecimiento más lento de la producción mundial de ganado como un grado de saturación en la inclusión de la harina proteica en las raciones de forraje. Las granjas comerciales han optimizado cada vez más el uso de la harina proteica en la ración de forraje en los países en desarrollo importantes, especialmente la lenta demanda de China. Se prevé que el consumo chino de harina proteica crecerá 2.0% anual en comparación con 7.8% anual en la década anterior, pero esto es aún superior a la tasa de crecimiento de la producción animal.

Se espera que el crecimiento del comercio mundial de semillas oleaginosas disminuya considerablemente en la próxima década, en comparación con la década anterior. Este desarrollo está directamente vinculado a la desaceleración proyectada de la trituración de semillas oleaginosas en China. Debido a los rápidos aumentos en la producción ganadera en los principales países productores de harina proteica, el uso doméstico crecerá y el comercio sólo se expandirá ligeramente en la próxima década, lo que provocará una participación cada vez menor del comercio en la producción mundial.

Mientras tanto, las exportaciones de semillas oleaginosas y harinas proteicas estarán dominadas por el continente americano. Las exportaciones de aceite vegetal continuarán dominadas por Indonesia y Malasia (Figura 3.2). El aceite vegetal es uno de los productos agrícolas con mayor participación en el comercio en comparación con la producción, de 39%. Se espera que esta proporción se mantenga estable a lo largo de la proyección.

Figura 3.2. **Exportación de semillas oleaginosas y sus productos por origen**

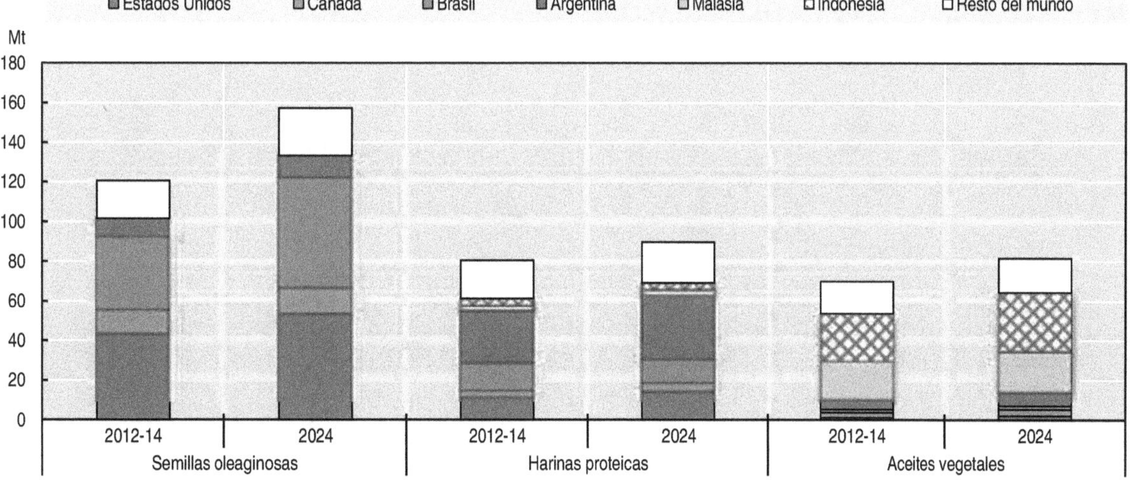

Fuente: OECD/FAO (2015), "OECD-FAO Agricultural Outlook", *OECD Agriculture Statistics* (base de datos), *http://dx.doi.org/10.1787/agr-outl-data-en.*

StatLinks http://dx.doi.org/10.1787/888933229182

Además de los problemas e incertidumbres comunes a la mayoría de los productos (como ambiente macroeconómico, precios del petróleo crudo y condiciones climáticas), cada sector tiene sus sensibilidades específicas en cuanto a la oferta y la demanda. El bajo nivel de reservas al final del periodo de proyección es una fuente de incertidumbre para la estabilidad de los precios, por ejemplo, si el sector padece eventos climáticos adversos. Las políticas de biodiésel en Estados Unidos de América, Unión Europea e Indonesia son una fuente de grandes incertidumbres para el sector del aceite vegetal porque afectan un gran porcentaje de la demanda en estos países.

El capítulo de semillas oleaginosas y sus productos ampliado está disponible en:
http://dx.doi.org/10.1787/agr_outlook-2015-08-es

AZÚCAR

Situación del mercado

Después de un aumento significativo en la producción de azúcar durante las últimas cuatro temporadas, que conllevaron a grandes excedentes de producción, los precios internacionales del azúcar cayeron a niveles que no se habían visto desde 2010. En espera de que la producción azucarera mundial supere el consumo mundial de azúcar una vez más, se prevé que las cotizaciones del azúcar permanecerán bajo una presión a la baja para el resto de la campaña comercial (véase en el Glosario la definición de campaña comercial).

Sin embargo, se espera que la temporada actual sea lo último en la fase de excedentes del ciclo de producción mundial de azúcar.[1] Con la caída de los precios mundiales y con muy repuestas reservas en varios países, la relación mundial existencias-usos será alta por tercer año consecutivo al inicio de las *Perspectivas*. Se espera que la inversión en el sector decaiga, lo que anunciará el inicio de la fase de déficit del ciclo de producción mundial de azúcar.

Figura 3.3. **Producción, consumo y relación existencias-usos del azúcar**

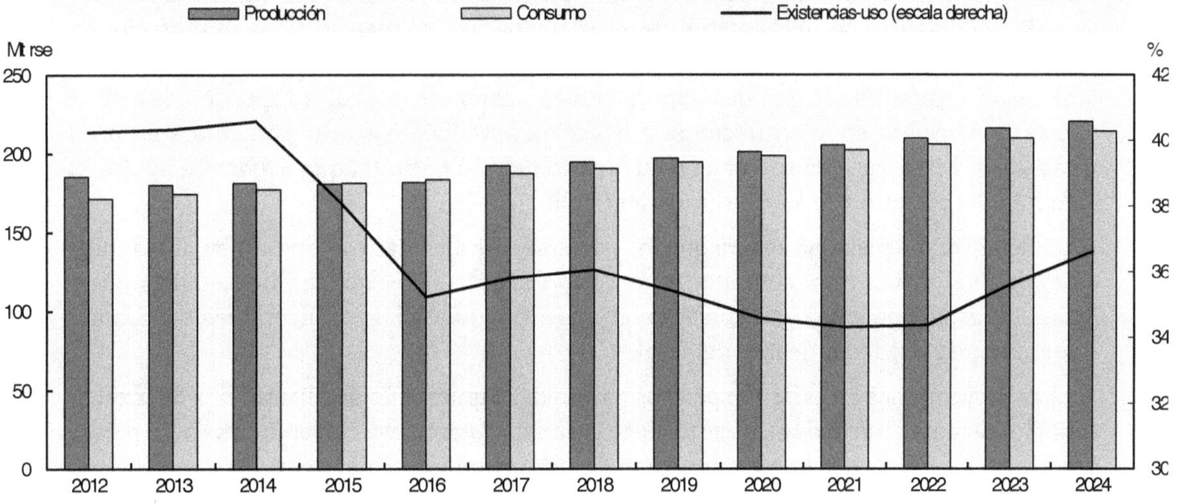

Nota: rse: Equivalente de azúcar sin refinar.

Fuente: OECD/FAO (2015), "OECD-FAO Agricultural Outlook", *OECD Agriculture Statistics* (base de datos), *http://dx.doi.org/10.1787/agr-outl-data-en*

StatLinks *http://dx.doi.org/10.1787/888933229199*

Aspectos relevantes de la proyección

Se espera que los precios mundiales del azúcar sigan siendo volátiles y oscilen durante el transcurso de las *Perspectivas* con una tendencia moderada al alza pero disminuyan en términos reales. Se espera que el precio internacional del azúcar sin refinar (Intercontinental Exchange núm. 11 contrato de futuros próximos) alcance USD 364/t (USD 16.5 cts/lb) en 2024, en términos nominales. Del mismo modo, se proyecta que el precio mundial indicador del azúcar refinada (Euronet, Liffe Contrato núm. 407, Londres) llegue a USD 434/t (USD 19.7 cts/lb) en términos nominales en 2024, y la prima de azúcar blanca se reduzca durante la próxima década. El costo de producción de azúcar de Brasil expresado en USD y la asignación de los cultivos de caña de azúcar de Brasil entre la producción de azúcar y de etanol serán los elementos clave en la determinación de los niveles de precio mundial del azúcar durante el periodo de las perspectivas.

Con base en condiciones climáticas normales y en el conjunto de expectativas macroeconómicas, se espera que la producción mundial de azúcar aumente 2.2% anual en la próxima década para llegar a casi 220 Mt hacia 2024, aumento de alrededor de 38 Mt respecto del periodo base (2012-2014).[2] La mayor parte de la producción adicional se originará en los países productores de caña de azúcar y no de remolacha azucarera, y se le atribuye más a la expansión del área en particular en Brasil, a pesar de que se prevén mejoras en el rendimiento de los cultivos de azúcar y la elaboración de azúcar. Una mayor parte de la producción de caña de azúcar del mundo se dedicará a la producción de etanol, de 20% durante el periodo base a 26% en 2024.

Sostenido por un crecimiento constante de la demanda de azúcar, se prevé que el consumo mundial de azúcar crecerá en torno a 2% anual, ligeramente mayor que en la década anterior, para llegar a 214 Mt en 2024. El crecimiento de la demanda mundial de azúcar se producirá sobre todo en algunos países en desarrollo en África y Asia. En cambio, se prevé que el consumo de azúcar mostrará poco o ningún crecimiento en muchos de los países desarrollados en consonancia con su condición de mercados de azúcar maduros o saturados. Como resultado, se espera que la relación mundial existencias-usos disminuya y se normalice en 36% en el periodo de las perspectivas, en comparación con 40% del periodo base.

En la próxima década, se espera que las exportaciones permanezcan muy concentradas, con Brasil que mantendrá su posición como principal exportador del mundo (alrededor de 40%) y Tailandia con un aumento de su participación de mercado. Las importaciones, por su parte, seguirán siendo más diversificadas. Según su nivel de producción de azúcar, India seguirá enfrentando grandes importaciones o exportaciones. La proporción de azúcar que se comercializa en relación con la producción mundial de azúcar aumentará un poco hasta llegar a 33% en 2024 con una creciente producción nacional que ayudará a apoyar el aumento del consumo en los países en desarrollo.

En el mediano plazo, se espera que los edulcorantes alternativos, en particular el jarabe de maíz rico en fructosa, compitan más con el azúcar en el mercado de edulcorantes. Sin embargo, el porcentaje de azúcar en el mercado mundial de edulcorantes continuará representando alrededor de 80% del total.

Las proyecciones en estas *Perspectivas* parten del supuesto de que los precios del azúcar serán lo bastante atractivos en el corto plazo para estimular nuevas inversiones en los países productores, tanto a nivel de granja como de procesamiento. Cualquier disrupción, como cambios de políticas públicas de azúcar procedentes de los principales países productores, la situación económica, los precios del petróleo (sobre todo para los productores y procesadores muy mecanizados), los tipos de cambio o las condiciones climáticas, afectaría los resultados de estas *Perspectivas*, con consecuencias para los productores y consumidores.

El capítulo de azúcar ampliado está disponible en:

http://dx.doi.org/10.1787/agr_outlook-2015-09-es

CARNE

Situación del mercado

Los precios de la carne alcanzaron niveles récord en 2014, impulsados sobre todo por un precio de la carne de res en aumento. Al mismo tiempo, el virus de la diarrea epidémica porcina (PEDV) en Estados Unidos de América y la peste porcina africana en Europa redujeron la oferta de carne de cerdo en 2014, lo que obligó el aumento de los precios de carne de cerdo. Los precios de la carne de ovino también aumentaron en 2014 tras varios años de reducción de rebaños en Nueva Zelanda, debido a la conversión de granjas de ovino en operaciones de lácteos más rentables y acentuado por las condiciones de sequía, mientras que la condición de sustitución entre las distintas carnes aseguró una demanda firme y precios avícolas fuertes.

Después de varios años de liquidar rebaños de vacas en las principales regiones productoras, el sector bovino de Estados Unidos de América, en particular, comenzó una fase de reconstrucción de hato ganadero en 2014 que elevó los precios de la carne de vacuno. Aunque se espera que la reconstrucción de rebaños apoye los precios de la carne en el corto plazo, los efectos de la PEDV están cediendo y por tanto el precio de la carne de cerdo y de aves seguirá los precios inferiores de los cereales forrajeros. Los precios de la carne de ovejas aún son altos, junto con otras carnes, apoyados por una mayor demanda de importaciones, en especial de China para carnero y la Unión Europea para cordero, junto con la reconstrucción de rebaños en Australia.

Aspectos relevantes de la proyección

Las *Perspectivas* para el mercado de la carne se mantienen muy positivas, pues se espera que los precios de los cereales forrajeros permanezcan bajos durante el periodo de proyección, para restaurar la rentabilidad en un sector que había estado operando en un ambiente de costos de forraje particularmente elevados y volátiles la mayor parte de la década pasada.

Se espera que la producción se expanda como resultado del aumento de la rentabilidad, sobre todo en los sectores de la carne de cerdo y de aves, así como en regiones como el continente americano, donde se utilizan cereales forrajeros intensamente para producir carne. Sin embargo, las *Perspectivas* de este año proyectan un menor crecimiento económico tanto para los países desarrollados como los que están en desarrollo, lo que de alguna manera limita el crecimiento del consumo.

Se espera que los precios nominales de la carne se mantengan altos durante todo el periodo de las perspectivas, aunque por debajo de los niveles de 2014, con excepción de la carne de vacuno, la cual se espera que se mantengan altos durante dos años más, pues los rebaños se están reconstruyendo en varias partes del mundo. Hacia 2024, se prevé que los precios de la carne de res y la carne de cerdo aumentarán a alrededor de USD 4 900/t en equivalente de peso en canal (c.w.e.) y USD 1 900/t c.w.e., respectivamente, mientras que se espera que los precios mundiales de la carne de aves y de ovejas aumenten a alrededor de USD 4 350/t c.w.e. y USD 1 550/t c.w.e., respectivamente. En términos reales, se espera que los precios de la carne tengan una tendencia a la baja respecto de sus últimos niveles altos, aunque seguirán siendo más altos que en la década anterior (Figura 3.4).

La producción mundial de carne aumentó casi 20% durante la última década, gracias al crecimiento de la carne de aves y de cerdo. Durante la próxima década, la producción mundial de carne se expandirá a un ritmo más lento, y en 2024 será 17% mayor que en el periodo base (2012-2014). Se espera que los países en desarrollo representen la gran mayoría del incremento total mediante un uso más intensivo de la harina proteica en las raciones forrajeras en la región. La carne de aves capturará más de la mitad de la carne adicional producida en todo el mundo hacia 2024 en comparación con el periodo base. En general, la producción también se beneficiará tanto de mejores márgenes de precios de carne para alimentación como de mejores tasas de conversión de forraje en la próxima década.

Figura 3.4. **Precios mundiales de la carne**

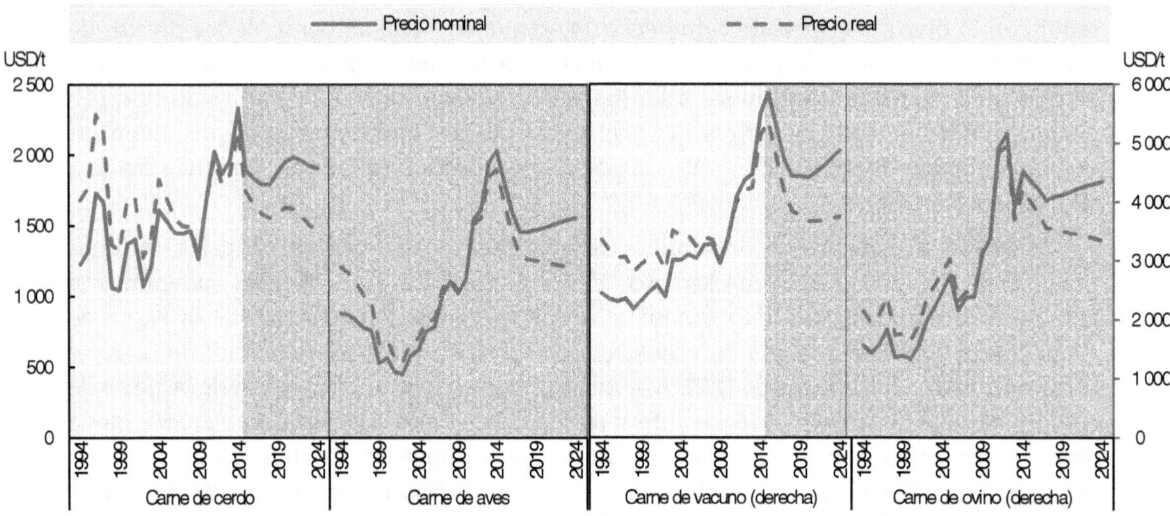

Nota: Novillos de primera calidad EUA, 1100-1300 lb en canal, Nebraska. Precio programado de cordero en canal de Nueva Zelanda, en promedio de todos los grados. Cerdos castrados y cerdas de EUA, núm. 1-3, 230-250 lb en canal, Iowa/Minnesota del Sur. Precio promedio de pollo al productor ya listo para cocinar, Brasil.

Fuente: OCDE/FAO (2015), "OECD-FAO Agricultural Outlook", *OECD Agriculture Statistics* (base de datos), *http://dx.doi.org/10.1787/agr-outl-data-en.*

StatLinks *http://dx.doi.org/10.1787/888933229200*

Se espera que el consumo global de carne per cápita anual llegue a 35.5 kg equivalentes en peso al menudeo (r.w.e) hacia 2024, aumento de 1.6 kg r.w.e. en comparación con el periodo base. Este consumo adicional consistirá principalmente en carne de aves. En todo el mundo, se espera que el consumo per cápita de carne de cerdo y de bovino se mantenga estable en niveles comparables con los del periodo base. En términos absolutos, se espera que el consumo per cápita de carne en los países desarrollados siga siendo más del doble que en los países en desarrollo (68 kg r.w.e en comparación con 28 kg r.w.e. en 2024). Sin embargo, se espera que el crecimiento del consumo en los países desarrollados durante el periodo de proyección permanezca bajo en relación con las regiones en desarrollo. El rápido crecimiento de la población y la urbanización en muchas regiones en desarrollo seguirá siendo un motor central del crecimiento total del consumo.

Se espera que el crecimiento en el comercio de carne se desacelere en comparación con la década pasada. En todo el mundo, casi 11% de la producción de carne se comercializará. El crecimiento más significativo de la demanda de importaciones se originará en Asia, la cual capta la mayor parte de las importaciones adicionales de todos los tipos de carne. África es otra región con una importación de carne rápidamente creciente, aunque desde una base inferior. A pesar de que aún se espera que los países desarrollados representen un poco más de la mitad de las exportaciones mundiales de carne hacia 2024, su participación será cada vez menor en relación con el periodo base. Se espera que el porcentaje de las exportaciones mundiales de Brasil se mantenga estable, en torno a 21%, para contribuir con una cuarta parte del aumento previsto en las exportaciones globales de carne del periodo de proyección. Las políticas comerciales seguirán siendo uno de los principales factores que impulsen las perspectivas y la dinámica de los mercados de carne del mundo. La aplicación de diversos acuerdos comerciales bilaterales durante el periodo de las perspectivas podría diversificar el comercio de carne considerablemente. El estallido de la PEDV en Estados Unidos de América ha puesto de manifiesto el grado en que los brotes de enfermedades pueden afectar tanto a los mercados nacionales como los internacionales. Una reducción de casi 1.5% en los suministros de Estados Unidos de América en 2014 contribuyó al alza en los precios de carne de cerdo. En todo el mundo, los impactos de los acuerdos comerciales o de las enfermedades de los animales varían significativamente; sin embargo, todo depende de que la región sea importadora o exportadora, y de la magnitud de la participación de mercado.

El capítulo de carne ampliado está disponible en:

http://dx.doi.org/10.1787/agr_outlook-2015-10-es

LÁCTEOS

Situación del mercado

La producción de leche en China se redujo 5.7% en 2013, lo que dio lugar a una fuerte demanda de importaciones de productos lácteos y precios mundiales más altos. Además, durante el primer semestre de 2013, los principales actores del mercado mundial de productos lácteos —Estados Unidos de América, la Unión Europea, Nueva Zelanda y Australia— produjeron menos leche que un año antes. Las principales razones fueron los altos costos del forraje y las condiciones climáticas adversas en Oceanía y algunas partes de Europa. Los precios de la leche descremada en polvo (LDP) y la leche entera en polvo (LEP) alcanzaron un nuevo máximo en abril de 2013, por encima del nivel en el auge de los productos básicos de 2007-2008.

La producción en los principales países exportadores de productos lácteos comenzó a aumentar a mediados de 2013, pues disminuyeron los precios del forraje y mejoraron los márgenes de la leche. Sin embargo, debido a la fuerte demanda en el mercado mundial, los precios de lácteos se mantuvieron altos hasta principios de 2014.

Los precios de los productos lácteos comenzaron a bajar a principios de 2014. Este descenso de los precios repuntó en agosto con la disminución de la demanda de LEP de China y la prohibición de importaciones de la Federación de Rusia de, entre otros productos, los quesos procedentes de la Unión Europea, Estados Unidos de América, Australia y otros orígenes. Desde finales de 2014, la producción de la Unión Europea es menos dinámica, sobre todo por las cuotas lecheras obligatorias hasta marzo de 2015, mientras que la disminución estacional en Oceanía será más fuerte que hace un año. Por otro lado, la devaluación del euro hace las exportaciones de la UE más competitivas y esto provoca aumentos de exportaciones de productos lácteos de la Unión Europea, y la producción de leche de Estados Unidos de América se mantendrá muy por encima del nivel de hace un año.

Aspectos relevantes de la proyección

Los precios internacionales de varios productos lácteos disminuyeron en 2014 tras nuevos máximos alcanzados en 2013. Se espera que los precios nominales en el mediano plazo se afirmen. Se espera que los precios reales disminuyan un poco en la próxima década, aunque aún muy por encima de los niveles anteriores a 2007.

Se espera que la producción mundial de leche aumente 175 Mt (23%) hacia 2024, en comparación con los años base (2012-2014), la mayoría de la cual (75%) provendrá de los países en desarrollo, en especial de Asia, según las proyecciones. Se espera que la tasa de crecimiento de la producción de leche durante el periodo de proyección promedie 1.8% anual, lo cual es inferior a 1.9% anual experimentado en la última década. Se espera que el número de vacas lecheras disminuya en los países desarrollados, mientras que la expansión de rebaños en los países en desarrollo se reducirá rápidamente, según las proyecciones. En términos de rendimiento por vaca lechera, se esperan aumentos más rápidos que en la década anterior, sobre todo en los países en desarrollo.

El crecimiento de la producción de los principales productos lácteos (mantequilla, queso, leche descremada en polvo y leche entera en polvo) aumenta en todo el mundo con un ritmo similar al de la producción de leche, lo que tendrá como resultado un aumento ligeramente más rápido en la producción de productos lácteos frescos, en especial en los países en desarrollo, con 3.0% anual, donde la parte del consumo será en forma de leche u otros productos lácteos frescos.

Se espera que el consumo per cápita de productos lácteos en los países en desarrollo aumente de 1.4% a 2.0% anual. La expansión de la demanda refleja un continuo pero más modesto crecimiento del ingreso y una mayor globalización de las dietas. Por el contrario, se espera que el consumo per cápita en el mundo desarrollado, lo que refleja el consumo ya relativamente alto per cápita de estos productos, aumente entre 0.2% y 1.0% anual, con una cifra más baja para la mantequilla, la cual compite con el aceite vegetal y una mayor cifra para el queso. Sin embargo, la mantequilla se recuperará de la caída del consumo en los países desarrollados observada en la última década.

Se espera una expansión general del comercio de productos lácteos en la próxima década, así como un fuerte crecimiento de suero de leche, leche entera en polvo y leche descremada en polvo, de más de 2% anual. Se proyecta un menor crecimiento para el queso y la mantequilla, con 2.0% anual y 1.5% anual, respectivamente. La mayor parte de este crecimiento será satisfecha por exportaciones ampliadas de Estados Unidos de América, la Unión Europea, Nueva Zelanda, Australia y Argentina (Figura 3.5). Hace poco, solo unos cuantos países proveyeron al mercado internacional de productos lácteos. Se espera que esta concentración aumente durante la próxima década. Nueva Zelanda es el exportador principal de mantequilla y la leche entera en polvo, y la Unión Europea, de queso y leche descremada en polvo.

Figura 3.5. **Exportaciones de productos lácteos por origen**

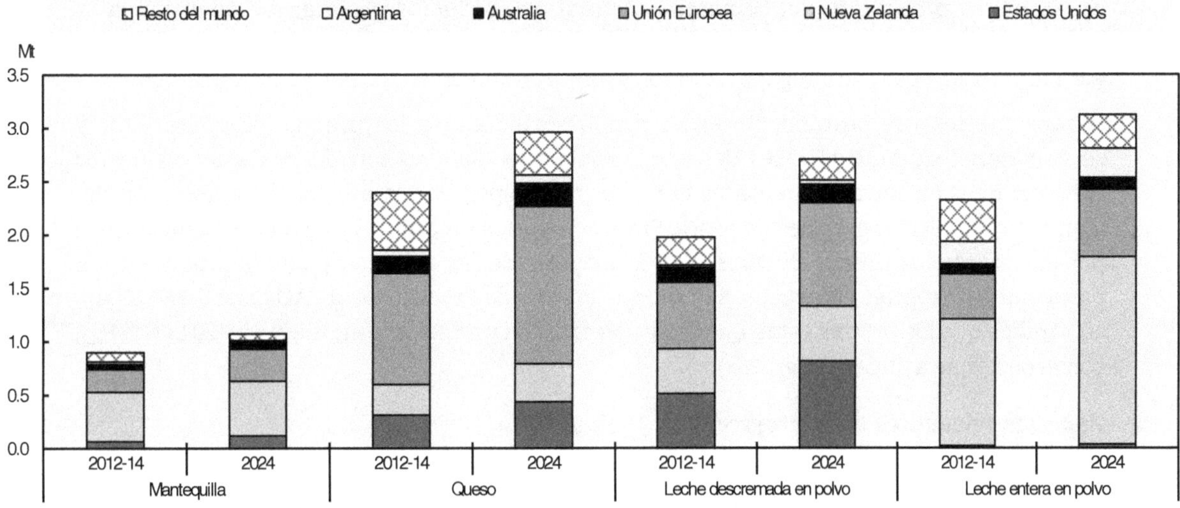

Fuente: OECD/FAO (2015), "OECD-FAO Agricultural Outlook", *OECD Agriculture Statistics* (base de datos), *http://dx.doi.org/10.1787/agr-outl-data-en.*

StatLinks *http://dx.doi.org/10.1787/888933229218*

El desarrollo del mercado de lácteos permanecerá incierto, lo que podría alterar los resultados descritos. Cabría esperar fuertes alteraciones por brotes de enfermedades, restricciones comerciales, desarrollos climáticos y cambios de políticas públicas. La demanda mundial permanecerá fuerte, en especial la china. Sin embargo, el desarrollo de las relaciones de autosuficiencia china en cuanto a leche y lácteos será un factor determinante para el desarrollo futuro de precios en los mercados internacionales de lácteos. Estas *Perspectivas* prevén un ligero aumento en la dependencia china de las importaciones. El mayor proveedor de exportaciones de lácteos, Nueva Zelanda, dependerá del clima debido a la producción basada sobre todo en pastura, y las restricciones ambientales podrían limitar el crecimiento previsto de la producción.

El capítulo de lácteos ampliado está disponible en:

http://dx.doi.org/10.1787/agr_outlook-2015-11-es

PESCADO

Situación del mercado

Las perspectivas de mercado del pescado se mantienen positivas. El año 2014 se caracterizó por picos históricos en producción, comercio y consumo, solo ligeramente afectados por eventos como la prohibición de importaciones de la Federación de Rusia y las reducciones en las capturas en América del Sur.

Se estima que el consumo visible de pescado per cápita alcance cerca de 20 kg en 2014, y la acuicultura se apodere de la pesca de captura como fuente principal de pescado para consumo humano por primera vez.

Los países en desarrollo, en particular en Asia, seguirán impulsando grandes cambios y la expansión de la producción, comercio y consumo mundiales de pescado, como los principales productores, exportadores y consumidores al alza. Sin embargo, en 2014, el comercio aumentó más rápido en los países desarrollados que en los países en desarrollo. Esto es contrario a la tendencia de largo plazo, la cual muestra que los países en desarrollo, en particular en América del Sur y Asia del sur y este, aumentan de manera constante su proporción del comercio mundial de productos pesqueros. Las principales causas de revés fueron un crecimiento en auge del mercado de Estados Unidos de América y un año récord para Noruega, productor y exportador clave.

Los precios del pescado crecieron con fuerza durante la primera parte de 2014 y se debilitaron durante el resto del año debido a la disminución de la demanda de los consumidores en muchos mercados europeos y en Japón, y a la mejora de la situación del suministro de ciertas especies de pesca. Sin embargo, los precios del pescado se mantuvieron por encima de los niveles de 2013 para la mayoría de las especies y de los productos, en particular las especies cultivadas. El Índice de Precios de Pescado de la FAO (base 2002-2004 = 100) indica que los precios están en niveles récord, con un máximo en marzo de 2014 (en 164, con especies de acuicultura en 168).

Aspectos relevantes de la proyección

Los principales factores que influyen en los precios mundiales de peces para la captura, la acuicultura y los productos comercializados serán el crecimiento de ingresos y de la población, el aumento limitado en la producción pesquera de captura, los altos precios de la carne en el corto plazo y los precios del forraje. Todos estos factores contribuirán a los altos precios de pescado en un futuro próximo, seguido por una disminución en los años restantes de esta década y un aumento en la década de 2020. En términos reales, se espera que los precios disminuyan del máximo histórico de 2014, y que la relación de precio acuicultura-cereales secundarios sea cíclica durante 2015-2024 y después se estabilice ligeramente por debajo de la media histórica (1990-2014). La relación de precios entre la acuicultura y la harina de pescado se mantendrá relativamente estable. Como la demanda de forraje para la harina de pescado de los sectores de la acuicultura y la ganadería crece más rápido que la oferta, se proyecta un aumento en la relación de precio entre la harina de pescado y la harina de semillas oleaginosas. La popularidad de los ácidos grasos omega-3 en las dietas de consumo humano y el crecimiento en la producción de la acuicultura contribuyeron al aumento de la relación de precio entre el aceite de pescado y las semillas oleaginosas desde 2012, lo cual se espera que se mantenga en el mediano plazo. Sin embargo, como los precios del aceite de pescado y del aceite de semillas oleaginosas parten de niveles muy altos, se espera una disminución en términos nominales para el resto de esta década.

Se espera que la producción pesquera mundial se expanda 19% entre el periodo base 2012-2014 y 2024, para llegar a 191 Mt. El principal impulsor de este incremento será la acuicultura, la cual se espera que ascienda a 96 Mt hacia 2024, 38% más que el nivel del periodo base (promedio 2012-2014). La acuicultura seguirá siendo uno de los sectores de alimentos de más rápido crecimiento a pesar de una desaceleración en su tasa de crecimiento anual promedio de 5.6% en la década anterior a 2.5% en el periodo de proyección. En 2023, la acuicultura superará el total de la pesca de captura (Figura 3.6). Este desarrollo anuncia una nueva era, lo que indica que la acuicultura será cada vez más el principal impulsor de los cambios en el sector de la pesca y la acuicultura. No obstante, el sector de captura seguirá siendo preponderante para una serie de especies y vital para la seguridad alimentaria nacional e internacional. Se proyecta que la producción mundial de harina de pescado vuelva posteriormente al nivel de 5 Mt hacia el final del periodo de las perspectivas y que la producción mundial de aceite de pescado deba estar alrededor de 1 Mt. En ambos casos, se espera que la proporción de la producción de harina de pescado y de aceite de pescado provenientes de la pesca entera disminuya en comparación con la década anterior.

Figura 3.6. **Pesca de acuicultura y de captura**

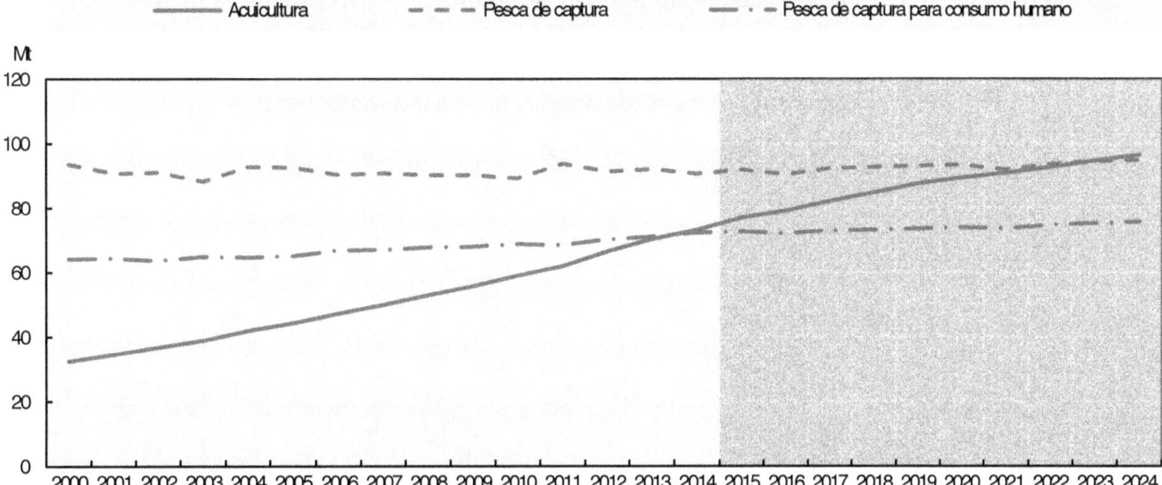

Nota: "La captura para consumo humano se refiere" a la producción de captura excluyendo al pescado ornamental, el pescado destinado a la producción de harina de pescado, aceite de pescado y otros usos no alimenticios. Se proyecta que toda la producción de acuicultura se destinará al consumo humano.

Fuente: OECD/FAO (2015), "OECD-FAO Agricultural Outlook", OECD Agriculture Statistics (base de datos), *http://dx.doi.org/10.1787/agr-outl-data-en.*

StatLinks *http://dx.doi.org/10.1787/888933229221*

Se espera que el consumo visible de alimentos de pescado mundial per cápita alcance 21.5 kg equivalentes en peso vivo (pv) en 2024, frente a 19.7 kg del periodo base. La tasa media anual de crecimiento será menor en la segunda mitad del periodo de las perspectivas debido a precios más competitivos de la carne. Se espera que el consumo de pescado per cápita aumente en todos los continentes, y que Asia muestre el crecimiento más rápido. En contraste con los informes anteriores de *Perspectivas*, por primera vez se prevé un ligero aumento para África. Menores precios de forraje y petróleo crudo redujeron los costos de producción y transporte, lo que mejoró la producción e importación acuícolas de África. El consumo per cápita de pescado seguirá siendo mayor en las economías más desarrolladas, si bien se espera que crezca más rápido en los países en desarrollo.

Impulsado por la demanda sostenida, las innovaciones y mejoras en el procesamiento, la preservación, envasado, transporte y logística, el total de pescado y productos pesqueros (pescado para el consumo humano, harina de pescado con una base de peso vivo) mantendrán su alta comercialización, con una representación de alrededor de 31% de la producción (36% si se incluye el comercio dentro de la UE) en 2024. Sin embargo, se espera que el comercio mundial de pescado para consumo humano crezca más lentamente que en la última década, debido al aumento del consumo interno por parte de los productores principales. Se espera que los países en desarrollo representen 64% de las exportaciones mundiales de peces para el consumo humano hacia 2024, por debajo de 66% del periodo base. Las regiones desarrolladas seguirán siendo los principales importadores.

La incertidumbre clave para las proyecciones de pescado es aún el aumento de la productividad en la acuicultura, la cual podría verse afectada por varios factores, como disponibilidad y accesibilidad a la tierra, agua, recursos financieros, mejoras tecnológicas, forrajes, etc. Además, los brotes de enfermedades de animales han demostrado su potencial para afectar la producción acuícola y, posteriormente, los mercados nacionales e internacionales, en función del tamaño y de las especies involucradas. La productividad natural de las reservas pesqueras y los ecosistemas, y los eventos de El Niño, son las principales incertidumbres que afectan a la pesca de captura y también el panorama de la harina de pescado y del aceite de pescado. Las políticas comerciales, y en particular los acuerdos comerciales bilaterales, se mantienen como factor importante que influye en las dinámicas de los mercados mundiales de pescado.

El capítulo de pescado ampliado está disponible en:

http://dx.doi.org/10.1787/agr_outlook-2015-12-es

BIOCOMBUSTIBLES

Situación del mercado

Los precios de los cereales, semillas oleaginosas y aceite vegetal en 2014 continuaron su descenso en términos nominales. Esto, unido a la fuerte caída de los precios del petróleo crudo en la segunda mitad del año, provocó la baja de los precios mundiales del etanol[3] y el biodiésel[4] en un contexto de amplio suministro para ambos productos.

El entorno de políticas públicas referentes a los biocombustibles permaneció incierto, con la ausencia de una reglamentación final por la Agencia de Protección Ambiental de Estados Unidos de América (EPA) para las políticas en 2014 y 2015, y porque el Marco 2030 de la Unión Europea para las Políticas de Clima y Energía adoptado en octubre 2014 no definió objetivos claros para los biocombustibles más allá de 2020. La evolución del precio del petróleo crudo y los diversos señalamientos de políticas internas proveyeron incentivos a la industria brasileña de etanol.

Aspectos relevantes de la proyección

Estas *Perspectivas* asumen que el uso de etanol en Estados Unidos de América se verá limitado por la pared de mezcla de etanol[5] a 10% y que el etanol celulósico no estará disponible en gran escala hasta los últimos años del periodo de proyección. Para la Unión Europea, se espera que el porcentaje de cumplimiento de la meta de la Directiva de Energía Renovable (RED)[6] procedente de los biocombustibles expresados en porcentajes energéticos llegue a 7% en 2019.[7] En Brasil, las *Perspectivas* suponen que los precios minoristas brasileños de gasolina durante la primera parte de la próxima década se mantendrán ligeramente por encima de los precios internacionales.[8] En otras partes del mundo, los sectores de biocombustibles en general seguirán siendo impulsados por una mezcla de tendencias de precios y de apoyo de políticas públicas eficaces. Los objetivos de producción y de consumo propuestos varían considerablemente entre países, lo que brinda una amplia gama de perspectivas de crecimiento para cada país.

Las disminuciones de los precios del petróleo crudo y de las materias primas para los biocombustibles provocarán una fuerte caída de los precios del etanol y del biodiésel al comienzo del periodo de proyección. Más adelante, se proyecta que los precios del etanol y del biodiésel se recuperen en términos nominales a cerca de sus niveles de 2014 (Figura 3.7).

Se espera que la producción mundial del etanol y del biodiésel se expanda para alcanzar, respectivamente, casi 134.5 y 39 Mml hacia 2024. Se espera que las materias primas a base de cultivos alimenticios continúen dominando la producción de etanol y de biodiésel en la próxima década, como lo indica la falta de inversión para la investigación y desarrollo (I y D) de biocombustibles avanzados, la magnitud de las inversiones necesarias y la falta de visibilidad de las políticas para los operadores. Se espera que la mayor parte de la producción adicional de etanol tenga lugar en Brasil. Los incentivos basados en políticas nacionales de biocombustibles mantendrán su influencia en los patrones de producción de biodiésel. Indonesia superará a Estados Unidos de América y Brasil en los últimos años del periodo de las perspectivas para convertirse en el segundo mayor productor de biodiésel, detrás de la Unión Europea.

El uso del etanol en Estados Unidos de América se verá limitado por la pared de mezcla de etanol y por la disminución del consumo de gasolina en los últimos años del periodo de proyección. En Brasil, la expansión del uso de etanol está ligada al alto requerimiento de mezcla de etanol anhidro obligatorio y a un sistema tributario diferencial que permite al etanol hidratado competir con el gasohol, al menos en algunos estados. En la Unión Europea, se prevé que el uso de biodiésel aumentará a su nivel más alto en 2019, cuando se cumpla el objetivo de RED, según proyecciones.

No se espera que el comercio del etanol y del biodiésel se expanda en los próximos diez años, ni que tenga lugar el comercio bilateral de etanol que se produjo entre Brasil y Estados Unidos de América, pues la necesidad de que el etanol a base de caña de azúcar cumpla con la normatividad obligatoria avanzada de Estados Unidos de América seguirá siendo limitada. Argentina e Indonesia continuarán dominando las exportaciones de biodiésel, con Estados Unidos de América y la Unión Europea como únicos importadores significativos.

La evolución futura de la voluntad política para apoyar la mezcla de biocombustibles en el transporte de combustible representará una incertidumbre clave del sector. Este proceso de decisión tomará forma sobre todo por el desarrollo macroeconómico de países clave, en relación con los precios de las materias primas y los combustibles fósiles, las opiniones sobre los beneficios ambientales de los biocombustibles y la situación mundial de la seguridad alimentaria.

Figura 3.7. **Evolución de los precios mundiales del biocombustible**

Expresado en términos nominales (panel izquierdo) y en términos reales (panel derecho)

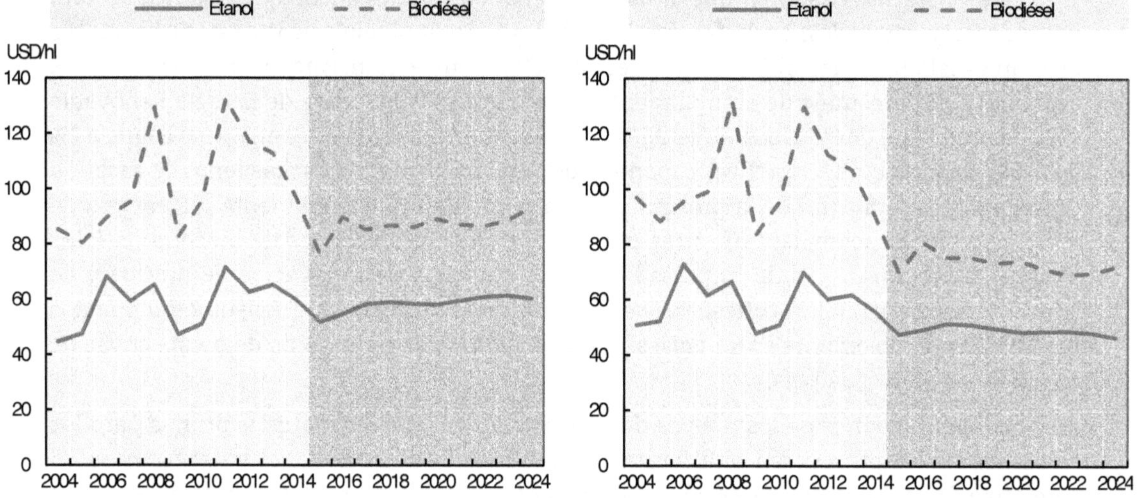

Nota: Etanol: precio al mayoreo, EUA, Omaha; Biodiésel: Precio al productor, Alemania, neto del arancel de biodiésel y el impuesto de energía.

Fuente: OECD/FAO (2015), "OECD-FAO Agricultural Outlook", *OECD Agriculture Statistics* (base de datos), *http://dx.doi.org/10.1787/agr-outl-data-en.*

StatLinks http://dx.doi.org/10.1787/888933229237

El capítulo de biocombustibles ampliado está disponible en:

http://dx.doi.org/10.1787/agr_outlook-2015-13-es

ALGODÓN

Situación del mercado

El mercado mundial de algodón en 2014 se vio afectado por los cambios de políticas en China, la cual redujo la cantidad de apoyo para los agricultores. Este cambio de políticas redujo la brecha entre los precios nacionales e internacionales de algodón introducida en 2011. La caída de los precios internos aumentó el consumo industrial después de varias temporadas de declive, y una reducción en las cuotas de importación disminuyó drásticamente la demanda china de algodón del resto del mundo.

La producción mundial de algodón se redujo y el consumo aumentó en los últimos años, pero el mercado internacional todavía tiene que equilibrarse. La producción mundial, con 25.8 Mt en 2014, supera el consumo y la reserva mundial de algodón aumentó por quinto año consecutivo, pues la relación existencias-uso subió a 86%. Estados Unidos de América y Pakistán aumentaron su producción en 2014, pero la caída de los precios internacionales al comienzo de 2014 dio lugar a una menor producción en países del hemisferio sur, como Brasil y Australia. El consumo industrial mundial continuó su repunte en 2014. A excepción de Brasil, los principales consumidores industriales de algodón, a saber, China, India, Pakistán, Turquía, Bangladesh, Estados Unidos de América e Indonesia, aumentaron su consumo.

Las importaciones mundiales de algodón se redujeron por segunda temporada consecutiva a 7.6 Mt; China, Indonesia y Turquía redujeron sus importaciones. Los cambios de políticas en China y una menor demanda de importaciones en otros lugares causaron el declive de las exportaciones de algodón. Las exportaciones de India también se redujeron drásticamente, pero a medida que la superficie cosechada se expandió, India superó a China como mayor productor de algodón del mundo en 2014.

Aspectos relevantes de la proyección

Se espera que los precios del algodón se mantengan relativamente estables durante 2015-2024, a medida que se desploma la volatilidad que rodea el pico de 2010 de estos precios. El cambio en China de almacenar reservas a reducirlas será uno de los principales factores de una caída prevista en los precios mundiales del algodón durante los primeros años del periodo de las perspectivas. Hacia 2024, se espera que los precios mundiales del algodón sean menores que en 2012-2014, en términos tanto reales como nominales. Se espera que el precio mundial en términos reales para 2024 sea 23% menor que en el periodo base (2012-2014), 9% por debajo de su promedio de 2000-2009.

Se espera que la producción mundial crezca más lentamente que el consumo durante los primeros años del periodo de las perspectivas, lo que refleja los anticipados precios inferiores con grandes reservas mundiales que se acumularon entre 2010 y 2015, que tendrán su influencia en el mercado. La relación de existencias-uso llegará a 46% en 2024. El área mundial de algodón crecerá durante todo el periodo de proyección, pero no superará los picos observados en 2004 y 2011. Los rendimientos se elevarán en todo el mundo, pero el rendimiento promedio mundial crecerá lentamente a medida que la producción cambie de países con un rendimiento relativamente alto, como China, a países con rendimientos relativamente bajos en Asia meridional y África subsahariana.

Se espera que el uso mundial de algodón crezca 1.8% anual, una tasa ligeramente superior al promedio de largo plazo de 1.7% visto durante los últimos 20 años. En 2006 y 2007, el consumo mundial alcanzó un máximo de 26.5 Mt, y después de una disminución significativa en 2008-2011 —y con una recuperación relativamente lenta— no es probable que este pico se supere de nuevo sino hasta 2017. El consumo mundial per cápita de algodón crecerá, pero se espera que el nivel de 2024 se mantenga por debajo de los picos históricos. Se espera que China siga siendo el mayor consumidor de fibra de algodón, pero que su crecimiento de consumo disminuya más que el de India y otros consumidores en crecimiento, como Bangladesh y Vietnam. En consecuencia, se espera que el porcentaje de China en el consumo mundial se estanque (Figura 3.8). Si bien las reformas de las políticas chinas en apoyo al algodón ayudarán a mantener su proporción de uso industrial textil mundial de algodón, los aumentos salariales y los cambios demográficos serán factores importantes que limitarán esa proporción. Se espera que el consumo de India aumente 39% en el mediano plazo, para que sea el beneficiario principal del crecimiento del consumo mundial.

Figura 3.8. **Consumo de algodón en los principales países**

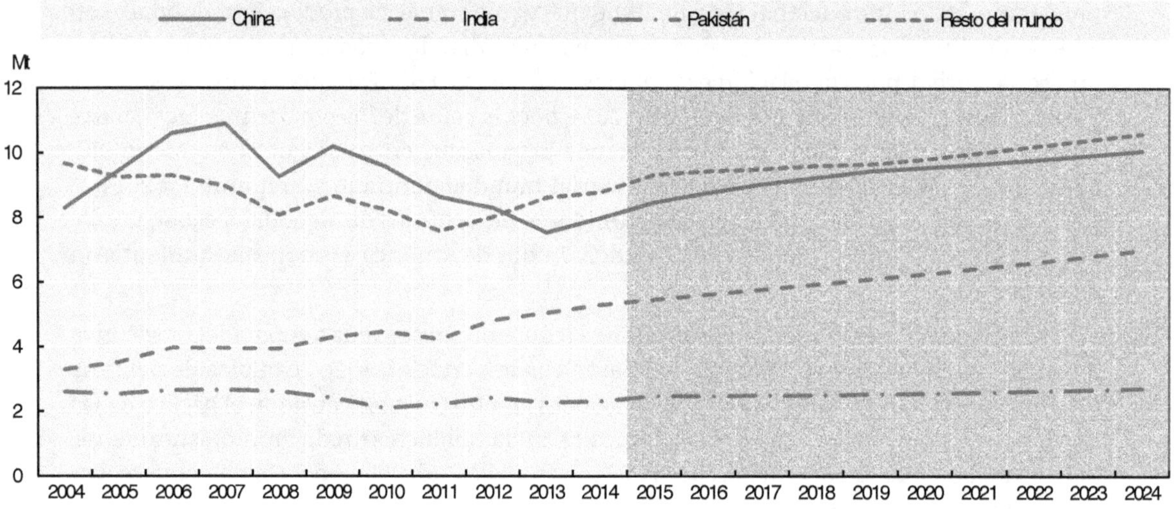

Fuente: OECD/FAO (2015), "OECD-FAO Agricultural Outlook", *OECD Agriculture Statistics* (base de datos), *http://dx.doi.org/10.1787/agr-outl-data-en*.

StatLinks *http://dx.doi.org/10.1787/888933229240*

El comercio mundial se elevará a una velocidad por encima de su media de largo plazo durante las *Perspectivas*, con exportaciones en 2024 19% superiores a las del periodo base. Estados Unidos de América mantendrá su posición como el mayor exportador del mundo, para representar 24% del comercio mundial. India mantendrá su posición como la segunda mayor fuente mundial de algodón, al aumentar su porcentaje mundial de 18% en el periodo base a 20% hacia 2024. Se espera que Brasil y los países menos desarrollados (PMD) de la África subsahariana también aumenten sus porcentajes de exportaciones. China mantendrá su posición como el mercado importador de algodón más grande del mundo durante todo el periodo de las perspectivas. Como reflejo de la recuperación de su consumo, se prevé que la participación comercial mundial de China aumentará a 39% en 2024. La participación de Bangladesh se elevará más que la de cualquier otro importador, de 10% a 13%. También se espera que las importaciones aumenten para Vietnam e Indonesia, con un aumento de su participación en el mercado internacional del algodón.

Importantes fuentes de incertidumbre en las actuales *Perspectivas* son el nivel de la demanda de los consumidores y su relación con la demanda industrial de fibra de algodón, el más grande entre las fibras naturales de origen vegetal o animal. Debido al significativo valor agregado en la producción de productos de consumo, y las oportunidades sustanciales para sustituir las fibras sintéticas por algodón, la relación entre el gasto de los consumidores en ropa y el volumen de algodón consumido podrá variar significativamente. Las políticas y las perspectivas de aumento de productividad del algodón chino en todo el mundo son otra fuente de incertidumbre.

El capítulo de algodón ampliado está disponible en:

http://dx.doi.org/10.1787/agr_outlook-2015-14-es

Notas

1. En algunos países productores asiáticos clave, como India, los movimientos contrarios entre la caña de azúcar administrada y los precios del azúcar determinados por el mercado generan atrasos por parte de los ingenios a los productores de caña de azúcar, lo que genera periodos de excedentes seguidos por otros de déficit.
2. Véase en el Glosario la definición de campaña agrícola de azúcar. Los supuestos para las proyecciones base se encuentran en el Recuadro sobre supuestos macroeconómicos.
3. Precio al mayoreo, Estados Unidos de América, Omaha.
4. Precio al productor, Alemania, neto del arancel de biodiésel y del impuesto energético.
5. El término pared de mezcla se refiere a las limitaciones técnicas de corto plazo que actúan como impedimento para el uso incrementado de etanol. Se prevé en estas *Perspectivas* que los coches de Estados Unidos de América no serán capaces de consumir gasohol con más de 10% de etanol mezclado con gasolina.
6. *http://eur-lex.europa.eu/LexUriServ/LexUriServ.do?uri=OJ:L:2009:140:0016:0062:EN:PDF.*
7. El resto de la meta RED se satisfará al menos parcialmente por los autos eléctricos y otras fuentes.
8. En el Capítulo 2 se describe la industria del etanol de Brasil y su relación con el nivel de precios de la gasolina.

Anexo estadístico: cuadros resumen de los productos básicos

Cuadro 3.A1.1. Proyecciones mundiales para los cereales

Campaña agrícola

		Promedio 2012-14est	2015	2016	2017	2018	2019	2020	2021	2022	2023	2024
TRIGO												
Mundo												
Producción	Mt	700.4	723.8	723.8	731.6	740.3	745.9	756.4	763.2	771.6	779.2	786.7
Superficie	Mha	221.6	224.6	222.8	223.5	224.2	223.9	224.7	225.0	225.4	225.8	226.1
Rendimiento	t/ha	3.16	3.22	3.25	3.27	3.30	3.33	3.37	3.39	3.42	3.45	3.48
Consumo	Mt	694.4	711.1	720.9	727.1	737.4	744.1	752.7	760.2	768.4	776.9	784.3
Uso para forraje	Mt	125.7	129.3	132.5	133.6	137.1	138.0	140.4	141.9	144.0	147.0	148.9
Uso alimentario	Mt	480.9	489.2	495.1	500.1	505.8	510.7	515.5	519.7	525.1	530.6	535.7
Uso para biocombustibles	Mt	6.6	6.9	7.3	8.1	8.3	8.6	8.2	8.1	7.9	7.6	7.5
Otro uso	Mt	81.2	85.7	85.9	85.3	86.2	86.8	88.6	90.5	91.5	91.8	92.2
Exportaciones	Mt	147.7	150.9	150.3	153.3	156.0	157.6	159.6	160.9	162.2	163.2	164.6
Existencias finales	Mt	180.6	211.4	214.2	218.7	221.7	223.4	227.1	230.2	233.3	235.6	238.0
Precio[1]	USD/t	302.0	246.6	249.0	248.2	249.5	256.7	258.5	262.2	266.3	270.2	271.8
Países desarrollados												
Producción	Mt	362.4	368.5	367.2	370.2	375.7	376.9	382.7	385.0	388.9	392.4	395.6
Consumo	Mt	265.2	267.9	270.8	269.9	273.1	274.2	276.7	278.3	280.5	282.5	283.9
Comercio neto	Mt	99.2	97.9	96.4	97.9	100.0	101.6	103.9	105.2	106.9	108.6	110.6
Existencias finales	Mt	67.2	77.3	77.3	79.8	82.3	83.5	85.6	87.1	88.6	89.8	90.9
Países en desarrollo												
Producción	Mt	338.0	355.3	356.6	361.4	364.6	369.0	373.7	378.2	382.7	386.8	391.1
Consumo	Mt	429.3	443.2	450.1	457.2	464.2	470.0	476.0	481.9	487.9	494.4	500.4
Comercio neto	Mt	-97.1	-97.9	-96.4	-97.9	-100.0	-101.6	-103.9	-105.2	-106.9	-108.6	-110.6
Existencias finales	Mt	113.4	134.0	136.9	139.0	139.4	140.0	141.6	143.1	144.7	145.8	147.1
OCDE[2]												
Producción	Mt	285.7	288.0	284.8	285.5	288.9	289.0	293.6	294.7	297.4	299.9	302.2
Consumo	Mt	219.2	220.9	222.6	220.7	222.5	222.7	224.4	225.2	226.8	228.3	229.1
Comercio neto	Mt	65.4	65.4	62.3	62.9	64.1	65.1	67.3	68.3	69.5	70.6	72.4
Existencias finales	Mt	49.0	56.1	56.0	57.9	60.2	61.3	63.2	64.4	65.6	66.6	67.4
CEREALES SECUNDARIOS												
Mundo												
Producción	Mt	1 255.3	1 276.2	1 297.2	1 323.9	1 345.3	1 365.6	1 381.5	1 396.4	1 414.7	1 431.0	1 449.4
Superficie	Mha	336.8	341.7	344.4	346.6	348.9	350.4	351.1	351.6	352.3	353.0	353.7
Rendimiento	t/ha	3.73	3.73	3.77	3.82	3.86	3.90	3.94	3.97	4.02	4.05	4.10
Consumo	Mt	1 215.0	1 280.0	1 296.5	1 312.2	1 334.6	1 353.6	1 371.1	1 391.0	1 408.0	1 424.7	1 440.1
Uso para forraje	Mt	694.7	736.3	747.9	760.5	775.3	788.1	800.3	813.9	826.0	839.1	850.7
Uso alimentario	Mt	200.2	205.5	209.5	212.9	216.4	220.3	224.0	227.7	231.7	235.7	239.5
Uso para biocombustibles	Mt	143.9	150.9	150.7	150.6	153.8	155.0	153.8	154.1	153.8	153.0	152.1
Otro uso	Mt	130.9	140.6	141.1	139.3	139.5	139.7	141.5	143.0	143.6	143.4	143.8
Exportaciones	Mt	159.4	155.4	158.7	161.9	164.7	167.6	171.0	174.2	178.0	181.3	185.0
Existencias finales	Mt	220.4	251.1	245.9	251.7	256.5	262.5	267.1	266.6	267.5	267.9	271.2
Precio[3]	USD/t	227.4	169.9	171.5	182.1	186.0	188.2	188.0	190.0	191.9	193.4	193.7
Países desarrollados												
Producción	Mt	645.8	664.8	675.0	687.4	697.2	703.9	708.2	711.5	717.4	723.0	729.8
Consumo	Mt	580.9	605.9	608.7	612.4	620.8	626.9	629.7	635.6	639.3	642.9	646.0
Comercio neto	Mt	54.8	67.1	69.7	70.5	71.6	72.7	74.9	76.2	78.0	79.7	82.1
Existencias finales	Mt	81.3	97.0	93.6	98.0	102.8	107.1	110.7	110.3	110.4	110.7	112.4
Países en desarrollo												
Producción	Mt	609.5	611.4	622.2	636.5	648.0	661.8	673.4	685.0	697.3	708.0	719.6
Consumo	Mt	634.1	674.2	687.8	699.7	713.8	726.8	741.4	755.4	768.7	781.7	794.1
Comercio neto	Mt	-39.5	-59.4	-61.4	-61.9	-63.1	-64.0	-65.9	-66.8	-68.3	-69.7	-71.7
Existencias finales	Mt	139.0	154.1	152.3	153.7	153.7	155.4	156.5	156.3	157.1	157.2	158.8
OCDE[2]												
Producción	Mt	585.3	600.4	608.5	618.7	626.6	632.1	635.4	637.8	642.9	647.5	653.3
Consumo	Mt	571.8	595.7	598.6	601.4	609.1	615.0	618.2	624.1	627.8	631.6	635.1
Comercio neto	Mt	3.5	12.4	13.3	13.0	12.6	12.8	13.9	14.2	14.9	15.7	16.6
Existencias finales	Mt	76.6	90.7	87.3	91.7	96.5	100.8	104.2	103.8	103.9	104.0	105.7

StatLinks http://dx.doi.org/10.1787/888933229752

Cuadro 3.A1.1. Proyecciones mundiales para los cereales *(cont.)*

Campaña agrícola

		Promedio 2012-14est	2015	2016	2017	2018	2019	2020	2021	2022	2023	2024
ARROZ												
Mundo												
Producción	Mt	494.0	506.3	509.2	516.3	523.3	530.3	538.2	545.8	552.2	558.0	564.1
Superficie	Mha	162.3	161.4	160.3	160.3	160.0	160.1	160.3	160.3	160.3	160.5	160.9
Rendimiento	t/ha	3.04	3.14	3.18	3.22	3.27	3.31	3.36	3.41	3.45	3.48	3.51
Consumo	Mt	488.8	505.6	511.3	518.7	524.3	529.6	536.2	543.4	549.6	555.5	561.9
Uso para forraje	Mt	17.6	18.7	19.4	19.8	20.4	20.7	21.1	21.6	22.0	22.6	23.1
Uso alimentario	Mt	409.5	420.3	424.7	431.4	436.3	441.1	446.7	452.7	457.9	462.6	467.5
Exportaciones	Mt	40.1	42.8	42.5	43.5	44.4	45.5	46.7	48.4	49.7	51.0	52.2
Existencias finales	Mt	178.2	177.7	175.6	173.2	172.1	172.8	174.8	177.2	179.8	182.3	184.5
Precio[4]	USD/t	518.9	369.8	374.9	384.8	399.4	411.9	416.0	430.3	438.8	443.5	449.4
Países desarrollados												
Producción	Mt	17.9	18.7	18.5	18.7	18.9	19.0	19.1	19.2	19.4	19.5	19.6
Consumo	Mt	18.7	19.1	19.0	19.2	19.3	19.4	19.5	19.5	19.6	19.7	19.8
Comercio neto	Mt	-0.8	-0.5	-0.5	-0.5	-0.5	-0.4	-0.4	-0.3	-0.3	-0.2	-0.2
Existencias finales	Mt	4.7	4.5	4.4	4.4	4.5	4.5	4.5	4.5	4.6	4.6	4.6
Países en desarrollo												
Producción	Mt	476.2	487.6	490.7	497.6	504.4	511.4	519.1	526.6	532.8	538.5	544.5
Consumo	Mt	470.1	486.5	492.3	499.5	505.0	510.3	516.7	523.8	530.0	535.8	542.1
Comercio neto	Mt	1.1	0.5	0.5	0.5	0.5	0.4	0.4	0.3	0.3	0.2	0.2
Existencias finales	Mt	173.6	173.3	171.1	168.7	167.7	168.4	170.3	172.7	175.2	177.7	180.0
OCDE[2]												
Producción	Mt	21.4	22.2	22.0	22.3	22.3	22.4	22.5	22.6	22.8	22.9	23.0
Consumo	Mt	22.4	23.0	23.0	23.2	23.3	23.4	23.6	23.7	23.8	23.9	24.0
Comercio neto	Mt	-1.1	-0.9	-0.9	-0.9	-0.9	-1.0	-1.0	-1.0	-1.0	-1.0	-1.0
Existencias finales	Mt	6.5	6.4	6.3	6.3	6.3	6.2	6.3	6.2	6.2	6.2	6.2

Nota: Campaña agrícola: Véanse las definiciones en el glosario.

Promedio 2012-14est: los datos de 2014 son estimaciones.

1. Núm. 2 trigo rojo duro de invierno, proteína ordinaria, Estados Unidos f.o.b. puertos del golfo (junio/mayo), menos pagos PFE cuando sean aplicables.
2. Excluye Islandia pero incluye los 28 países miembros de la UE.
3. Núm. 2 maíz amarillo, EUA f.o.b. puertos del golfo (septiembre/agosto).
4. Blanqueado 100%, clase b, presupuesto de precio nominal, f.o.b. Bangkok (enero/diciembre).

Fuente: OCDE/FAO (2015), "OECD-FAO Agricultural Outlook", *OECD Agriculture statistics* (base de datos). *doi: dx.doi.org/10.1787/agr-outl-data-en*

StatLinks http://dx.doi.org/10.1787/888933229752

Cuadro 3.A1.2. Proyecciones mundiales para las oleaginosas

		Promedio 2012-14est	2015	2016	2017	2018	2019	2020	2021	2022	2023	2024
OLEAGINOSAS (campaña agrícola)												
Mundo												
Producción	Mt	425.2	451.4	455.6	463.4	468.7	479.6	486.8	494.3	501.8	508.3	516.4
Superficie	Mha	196.0	201.8	201.8	203.1	203.4	205.8	207.0	208.3	209.4	210.2	211.4
Rendimiento	t/ha	2.17	2.24	2.26	2.28	2.30	2.33	2.35	2.37	2.40	2.42	2.44
Consumo	Mt	428.4	450.7	459.4	466.4	470.8	478.9	486.3	494.1	501.3	508.3	515.7
Trituración	Mt	368.3	389.7	397.7	404.8	408.9	416.4	422.9	430.2	437.0	443.5	450.6
Exportaciones	Mt	120.7	138.3	142.0	144.1	145.8	147.6	150.2	152.0	154.2	155.8	157.4
Existencias finales	Mt	41.0	50.7	46.9	43.9	41.9	42.6	43.1	43.3	43.8	43.8	44.4
Precio[1]	USD/t	511.2	403.0	396.9	403.9	434.3	433.9	435.2	444.7	446.7	456.7	459.6
Países desarrollados												
Producción	Mt	186.8	201.4	198.7	200.0	201.3	204.8	207.2	210.0	212.2	214.3	216.7
Consumo	Mt	149.0	155.7	156.9	158.2	158.1	160.0	161.4	163.3	164.8	166.1	167.5
Trituración	Mt	134.7	140.7	142.0	143.3	143.3	145.2	146.5	148.3	149.7	151.0	152.3
Existencias finales	Mt	15.6	22.7	20.3	17.2	15.5	15.8	16.0	16.2	16.4	16.4	16.7
Países en desarrollo												
Producción	Mt	238.4	250.0	256.9	263.4	267.4	274.8	279.6	284.3	289.6	294.0	299.7
Consumo	Mt	279.5	295.0	302.5	308.2	312.7	318.9	324.9	330.8	336.5	342.1	348.2
Trituración	Mt	233.6	248.9	255.7	261.5	265.7	271.2	276.4	281.9	287.3	292.5	298.3
Existencias finales	Mt	25.5	28.0	26.7	26.7	26.3	26.8	27.1	27.1	27.4	27.4	27.8
OCDE[2]												
Producción	Mt	156.9	169.1	165.6	166.6	167.5	170.2	172.3	174.7	176.4	178.2	180.1
Consumo	Mt	131.3	136.6	137.4	138.6	138.5	140.0	141.2	142.9	144.2	145.3	146.4
Trituración	Mt	118.2	123.1	124.0	125.2	125.2	126.8	127.9	129.4	130.7	131.8	132.9
Existencias finales	Mt	14.1	21.4	18.9	15.8	14.2	14.4	14.6	14.8	15.0	15.0	15.2
HARINAS PROTEICAS (campaña comercial)												
Mundo												
Producción	Mt	289.2	305.9	312.1	317.7	321.2	327.0	332.3	338.2	343.8	349.1	354.8
Consumo	Mt	287.1	306.0	312.3	317.6	321.3	326.8	332.1	338.2	343.5	349.0	354.5
Existencias finales	Mt	17.0	17.3	17.1	17.1	17.0	17.3	17.5	17.6	17.9	18.0	18.3
Precio[3]	USD/t	453.1	354.1	356.4	354.4	375.0	378.4	379.8	396.2	398.0	408.7	411.1
Países desarrollados												
Producción	Mt	93.7	98.0	98.9	99.7	99.6	100.8	101.8	103.2	104.2	105.3	106.2
Consumo	Mt	109.5	114.7	115.2	115.9	114.7	115.1	115.2	116.3	116.7	117.2	117.9
Existencias finales	Mt	1.8	1.9	1.9	1.9	1.9	1.9	1.9	1.9	2.0	2.0	2.0
Países en desarrollo												
Producción	Mt	195.4	207.9	213.3	218.0	221.5	226.2	230.5	235.1	239.5	243.9	248.6
Consumo	Mt	177.6	191.2	197.0	201.7	206.6	211.7	216.9	221.9	226.8	231.8	236.6
Existencias finales	Mt	15.2	15.4	15.2	15.2	15.1	15.4	15.6	15.6	15.9	16.0	16.3
OCDE[2]												
Producción	Mt	87.2	90.4	91.3	92.0	91.9	92.9	93.8	95.0	96.0	96.9	97.8
Consumo	Mt	114.5	119.6	120.2	120.8	119.8	120.2	120.4	121.5	122.0	122.6	123.3
Existencias finales	Mt	2.0	2.1	2.1	2.1	2.0	2.1	2.1	2.1	2.1	2.1	2.1
ACEITES VEGETALES (campaña comercial)												
Mundo												
Producción	Mt	169.4	179.1	183.1	186.9	190.0	193.8	197.3	200.9	204.2	207.3	210.5
de los cuales aceite de palma	Mt	58.4	62.7	64.7	66.5	68.3	69.9	71.5	73.0	74.3	75.6	76.8
Consumo	Mt	167.5	178.8	183.1	186.7	190.0	193.5	197.2	200.7	204.0	207.2	210.4
Uso alimentario	Mt	136.7	143.6	146.7	149.5	151.9	154.5	157.3	160.4	163.2	165.9	168.6
Uso para biocombustibles	Mt	20.4	23.3	24.3	24.9	25.7	26.4	27.0	27.2	27.6	27.8	28.2
Exportaciones	Mt	69.9	70.3	71.7	73.2	74.4	75.6	76.9	78.3	79.4	80.7	81.8
Existencias finales	Mt	23.1	23.8	23.9	24.1	24.0	24.4	24.5	24.8	24.9	25.1	25.2
Precio[4]	USD/t	902.6	698.1	726.9	725.9	754.0	773.3	784.5	796.0	809.3	822.9	839.4
Países desarrollados												
Producción	Mt	43.0	44.3	44.5	44.9	44.9	45.5	45.9	46.3	46.8	47.1	47.4
Consumo	Mt	48.8	49.9	50.0	50.2	50.5	50.6	50.8	50.7	50.6	50.5	50.4
Existencias finales	Mt	3.3	3.5	3.6	3.6	3.6	3.5	3.5	3.5	3.5	3.5	3.5
Países en desarrollo												
Producción	Mt	126.4	134.8	138.6	142.0	145.0	148.4	151.5	154.5	157.4	160.2	163.1
Consumo	Mt	118.7	128.9	133.1	136.5	139.5	142.9	146.3	149.9	153.4	156.7	160.0
Existencias finales	Mt	19.8	20.4	20.3	20.4	20.5	20.8	21.0	21.2	21.4	21.6	21.7
OCDE[2]												
Producción	Mt	36.0	36.9	37.1	37.5	37.5	37.9	38.2	38.7	39.0	39.3	39.5
Consumo	Mt	48.0	49.1	49.2	49.4	49.6	49.7	49.9	49.8	49.6	49.6	49.5
Existencias finales	Mt	2.8	3.1	3.2	3.3	3.2	3.2	3.1	3.1	3.1	3.2	3.2

StatLinks http://dx.doi.org/10.1787/888933229765

Cuadro 3.A1.2. Proyecciones mundiales para las oleaginosas *(cont.)*

Nota: Promedio 2012-14est: los datos de 2014 son estimaciones.

1. Precio promedio ponderado de las semillas oleaginosas, puerto europeo.
2. Excluye Islandia pero incluye los 28 países miembros de la UE.
3. Precio promedio ponderado de harinas proteicas, puerto europeo.
4. Precio promedio ponderado de aceites de semillas oleaginosas y aceite de palma, puerto europeo.

Fuente: OCDE/FAO (2015), "OECD-FAO Agricultural Outlook", *OECD Agriculture statistics* (base de datos). *doi: dx.doi.org/10.1787/agr-outl-data-en*

StatLinks http://dx.doi.org/10.1787/888933229765

Cuadro 3.A1.3. Proyecciones mundiales para el azúcar

Campaña agrícola

		Promedio 2012-14est	2015	2016	2017	2018	2019	2020	2021	2022	2023	2024
MUNDO												
REMOLACHA AZUCARERA												
Producción	Mt	257.7	255.9	258.6	263.2	266.9	269.6	271.0	271.8	273.3	274.9	275.6
Superficie	Mha	4.6	4.6	4.6	4.6	4.7	4.7	4.7	4.7	4.7	4.7	4.7
Rendimiento	t/ha	56.35	55.91	56.19	56.63	57.03	57.42	57.79	58.00	58.23	58.50	58.77
Uso para biocombustibles	Mt	14.5	15.5	15.7	12.6	12.5	12.5	12.4	12.4	11.3	11.3	11.1
CAÑA DE AZÚCAR												
Producción	Mt	1 766.0	1 807.8	1 843.7	1 954.9	1 962.5	1 983.9	2 017.3	2 060.2	2 102.6	2 174.7	2 213.0
Superficie	Mha	25.1	25.7	26.0	27.3	27.4	27.5	27.7	28.0	28.4	29.2	29.6
Rendimiento	t/ha	70.37	70.47	70.81	71.53	71.71	72.10	72.84	73.46	74.03	74.43	74.83
Uso para biocombustibles	Mt	352.0	398.1	427.0	445.3	447.2	465.6	484.3	503.8	526.0	547.8	564.9
AZÚCAR												
Producción	Mt rse	182.2	180.6	181.7	192.3	194.5	197.0	200.9	205.2	209.8	216.2	220.5
Consumo	Mt rse	174.3	181.2	183.6	187.5	190.5	194.5	198.6	202.1	205.9	209.9	214.3
Existencias finales	Mt rse	70.4	69.0	64.7	67.1	68.7	68.8	68.7	69.3	70.8	74.7	78.5
Precio, azúcar sin refinar[1]	USD/t	364.8	347.4	388.5	361.7	347.5	351.3	359.8	370.3	385.5	375.3	363.9
Precio, azúcar blanca[2]	USD/t	452.4	415.3	467.3	455.4	440.8	436.2	429.7	440.2	451.6	447.5	434.0
Precio, HFCS[3]	USD/t	596.4	475.4	469.8	456.1	477.1	483.9	477.7	481.6	488.8	485.2	479.6
PAÍSES DESARROLLADOS												
REMOLACHA AZUCARERA												
Producción	Mt	202.9	197.9	198.5	200.7	202.9	204.4	204.7	204.4	204.5	204.5	203.9
CAÑA DE AZÚCAR												
Producción	Mt	76.6	79.1	79.9	80.3	81.2	82.0	83.1	83.6	83.8	83.9	84.2
AZÚCAR												
Producción	Mt rse	42.1	41.7	42.1	43.2	43.9	44.4	44.7	44.8	45.1	45.2	45.3
Consumo	Mt rse	49.7	50.0	50.0	50.6	50.1	50.4	50.8	50.9	51.2	51.5	51.9
Existencias finales	Mt rse	15.4	14.6	13.3	12.5	12.5	12.5	12.7	12.9	13.0	13.4	13.8
HFCS												
Producción	Mt	9.7	9.8	9.9	10.5	10.7	10.8	11.1	11.4	11.6	11.8	12.0
Consumo	Mt	8.1	8.2	8.2	8.9	9.0	9.1	9.2	9.5	9.7	9.9	10.0
PAÍSES EN DESARROLLO												
REMOLACHA AZUCARERA												
Producción	Mt	54.7	58.0	60.2	62.5	64.0	65.3	66.3	67.4	68.8	70.3	71.6
CAÑA DE AZÚCAR												
Producción	Mt	1 689.4	1 728.7	1 763.8	1 874.6	1 881.3	1 901.9	1 934.2	1 976.6	2 018.7	2 090.8	2 128.8
AZÚCAR												
Producción	Mt rse	140.1	138.9	139.6	149.1	150.6	152.6	156.2	160.4	164.6	171.0	175.2
Consumo	Mt rse	124.6	131.2	133.5	136.9	140.3	144.0	147.8	151.2	154.7	158.4	162.4
Existencias finales	Mt rse	55.0	54.4	51.4	54.7	56.2	56.3	55.9	56.4	57.8	61.3	64.6
HFCS												
Producción	Mt	3.1	3.1	3.2	3.2	3.2	3.3	3.3	3.4	3.4	3.5	3.5
Consumo	Mt	3.8	3.9	4.0	4.1	4.2	4.3	4.4	4.5	4.6	4.7	4.8
OCDE[4]												
REMOLACHA AZUCARERA												
Producción	Mt	167.2	165.5	166.2	168.3	171.0	172.7	173.6	173.4	173.6	173.8	173.8
CAÑA DE AZÚCAR												
Producción	Mt	116.7	118.9	120.7	123.3	124.8	125.1	124.9	125.0	125.6	126.4	127.7
AZÚCAR												
Producción	Mt rse	41.2	40.1	40.6	41.8	42.5	43.0	43.2	43.3	43.6	43.8	43.9
Consumo	Mt rse	45.7	46.1	46.1	46.6	46.1	46.3	46.6	46.7	46.9	47.1	47.4
Existencias finales	Mt rse	13.0	12.5	11.4	10.4	10.3	10.1	10.3	10.5	10.7	11.0	11.3
HFCS												
Producción	Mt	10.9	11.0	11.1	11.8	11.9	12.1	12.4	12.7	12.9	13.2	13.4
Consumo	Mt	10.2	10.4	10.5	11.3	11.4	11.6	11.8	12.2	12.4	12.6	12.9

Nota: Campaña agrícola: Véanse las definiciones en el glosario.
Promedio 2012-14est: los datos de 2014 son estimaciones.
rse: equivalente al azúcar sin refinar.
HFCS: jarabe de maíz rico en fructosa.

1. Precio mundial del azúcar sin refinar, contrato ICE, Núm. 11 cercanía, octubre/septiembre.
2. Precio del azúcar refinada, Contrato de Futuros del Azúcar Blanca Núm. 407, mercado Euronext, Liffe, Londres, Europa, octubre/septiembre.
3. Precio de lista de mayoreo Estados Unidos HFCS-55, octubre/septiembre.
4. Excluye Islandia pero incluye los 28 países miembros de la UE.

Fuente: OCDE/FAO (2015), "OECD-FAO Agricultural Outlook", *OECD Agriculture statistics* (base de datos). *doi: dx.doi.org/10.1787/agr-outl-data-en*

StatLinks http://dx.doi.org/10.1787/888933229770

Cuadro 3.A1.4. Proyecciones mundiales para la carne

Año calendario

		Promedio 2012-14est	2015	2016	2017	2018	2019	2020	2021	2022	2023	2024
MUNDO												
CARNE BOVINA												
Producción	kt cwe	67 139	68 091	68 205	68 778	69 820	71 084	72 006	72 944	73 921	74 657	75 391
Consumo	kt cwe	66 704	67 567	67 651	68 248	69 304	70 554	71 472	72 412	73 389	74 125	74 863
CARNE DE CERDO												
Producción	kt cwe	115 315	118 444	120 219	121 799	123 158	124 119	125 069	126 042	126 846	127 836	128 762
Consumo	kt cwe	114 641	118 230	119 733	121 327	122 680	123 642	124 604	125 574	126 365	127 344	128 265
CARNE DE AVES												
Producción	kt rtc	107 638	111 954	114 386	117 474	119 941	122 164	124 630	126 935	129 294	131 552	133 785
Consumo	kt rtc	107 081	111 108	113 543	116 649	119 114	121 340	123 805	126 107	128 468	130 727	132 956
CARNE OVINA												
Producción	kt cwe	13 962	14 457	14 726	14 995	15 294	15 638	15 924	16 232	16 525	16 833	17 124
Consumo	kt cwe	13 846	14 416	14 685	14 963	15 243	15 586	15 873	16 181	16 476	16 780	17 071
TOTAL CARNE												
Consumo per cápita[1]	kg rwt	33.9	34.1	34.2	34.5	34.7	34.9	35.0	35.1	35.3	35.4	35.5
PAÍSES DESARROLLADOS												
CARNE BOVINA												
Producción	kt cwe	29 094	28 250	27 719	27 562	27 869	28 283	28 694	29 050	29 361	29 530	29 675
Consumo	kt cwe	28 815	27 978	27 450	27 314	27 656	28 164	28 521	28 804	29 060	29 171	29 284
CARNE DE CERDO												
Producción	kt cwe	41 806	42 485	43 042	42 903	43 214	43 387	43 480	43 630	43 863	44 159	44 486
Consumo	kt cwe	39 092	39 742	40 141	40 009	40 188	40 249	40 307	40 308	40 334	40 430	40 538
CARNE DE AVES												
Producción	kt rtc	44 499	46 341	47 467	48 451	49 338	49 985	50 778	51 556	52 214	52 889	53 515
Consumo	kt rtc	41 996	43 605	44 487	45 295	45 819	46 200	46 807	47 338	47 790	48 267	48 762
CARNE OVINA												
Producción	kt cwe	3 287	3 333	3 353	3 374	3 415	3 454	3 492	3 527	3 562	3 593	3 623
Consumo	kt cwe	2 650	2 669	2 665	2 670	2 662	2 674	2 692	2 710	2 728	2 741	2 756
TOTAL CARNE												
Consumo per cápita[1]	kg rwt	64.5	65.0	65.3	65.4	65.8	66.1	66.5	66.8	67.1	67.3	67.6
PAÍSES EN DESARROLLO												
CARNE BOVINA												
Producción	kt cwe	38 045	39 841	40 486	41 216	41 951	42 801	43 312	43 893	44 560	45 127	45 715
Consumo	kt cwe	37 889	39 589	40 201	40 934	41 648	42 390	42 951	43 608	44 329	44 954	45 579
CARNE DE CERDO												
Producción	kt cwe	73 509	75 959	77 176	78 896	79 945	80 732	81 589	82 411	82 983	83 677	84 277
Consumo	kt cwe	75 549	78 488	79 592	81 317	82 492	83 394	84 297	85 265	86 031	86 914	87 727
CARNE DE AVES												
Producción	kt rtc	63 140	65 613	66 919	69 023	70 604	72 179	73 852	75 379	77 080	78 663	80 271
Consumo	kt rtc	65 085	67 504	69 056	71 354	73 295	75 140	76 998	78 768	80 678	82 460	84 194
CARNE OVINA												
Producción	kt cwe	10 676	11 125	11 373	11 622	11 879	12 184	12 432	12 705	12 963	13 239	13 501
Consumo	kt cwe	11 195	11 747	12 019	12 293	12 582	12 912	13 181	13 472	13 748	14 039	14 315
TOTAL CARNE												
Consumo per cápita[1]	kg rwt	26.5	26.8	27.0	27.3	27.5	27.7	27.9	28.0	28.2	28.3	28.5
OCDE[2]												
CARNE BOVINA												
Producción	kt cwe	27 162	26 338	25 761	25 634	25 937	26 320	26 690	27 017	27 349	27 538	27 720
Consumo	kt cwe	26 366	25 849	25 301	25 206	25 502	25 871	26 216	26 495	26 778	26 907	27 053
CARNE DE CERDO												
Producción	kt cwe	39 858	40 347	40 793	40 609	40 819	40 964	41 064	41 243	41 471	41 744	42 087
Consumo	kt cwe	36 744	37 791	38 219	38 047	38 178	38 234	38 319	38 385	38 415	38 481	38 587
CARNE DE AVES												
Producción	kt rtc	43 182	44 698	45 851	46 864	47 738	48 389	49 203	49 983	50 661	51 340	51 987
Consumo	kt rtc	40 361	41 848	42 787	43 714	44 299	44 700	45 316	45 858	46 317	46 807	47 315
CARNE OVINA												
Producción	kt cwe	2 639	2 690	2 710	2 726	2 763	2 798	2 832	2 861	2 891	2 919	2 947
Consumo	kt cwe	2 006	2 027	2 020	2 016	2 001	2 008	2 020	2 032	2 046	2 053	2 067
TOTAL CARNE												
Consumo per cápita[1]	kg rwt	64.7	65.4	65.6	65.7	66.0	66.2	66.5	66.8	67.0	67.1	67.3

Nota: Año calendario: año que termina el 30 de septiembre para Nueva Zelanda.

Promedio 2012-14est: los datos de 2014 son estimaciones.

1. Consumo per cápita expresado en peso al por menor. Conversión de peso en canal a peso de venta utilizando los factores de conversión de 0.7 para la carne bovina, 0.78 para la carne de cerdo y 0.88 para la carne ovina y la carne de aves.
2. Excluye Islandia pero incluye los 28 países miembros de la UE.

Fuente: OCDE/FAO (2015), "OECD-FAO Agricultural Outlook", *OECD Agriculture statistics* (base de datos). *doi: dx.doi.org/10.1787/agr-outl-data-en*

StatLinks http://dx.doi.org/10.1787/888933229782

Cuadro 3.A1.5. Proyecciones mundiales para los lácteos: mantequilla y queso

Año calendario

		Promedio 2012-14est	2015	2016	2017	2018	2019	2020	2021	2022	2023	2024
MANTEQUILLA												
Mundo												
Producción	kt pw	9 972	10 357	10 537	10 760	11 021	11 266	11 520	11 759	12 013	12 272	12 522
Consumo	kt pw	9 890	10 279	10 528	10 746	11 002	11 233	11 487	11 727	11 983	12 241	12 491
Cambio de existencias	kt pw	1	16	5	2	1	0	0	-1	-2	-2	-2
Precio[1]	USD/t	3 695	3 387	3 433	3 578	3 571	3 635	3 648	3 711	3 784	3 852	3 937
Países desarrollados												
Producción	kt pw	4 442	4 581	4 577	4 617	4 665	4 702	4 749	4 780	4 814	4 847	4 879
Consumo	kt pw	3 916	3 993	4 036	4 052	4 075	4 081	4 107	4 121	4 138	4 155	4 173
Países en desarrollo												
Producción	kt pw	5 530	5 777	5 960	6 143	6 356	6 564	6 771	6 979	7 200	7 425	7 643
Consumo	kt pw	5 974	6 286	6 493	6 694	6 927	7 152	7 380	7 607	7 845	8 086	8 318
OCDE[2]												
Producción	kt pw	4 131	4 263	4 273	4 323	4 377	4 421	4 477	4 516	4 560	4 602	4 643
Consumo	kt pw	3 535	3 643	3 676	3 702	3 731	3 745	3 781	3 804	3 831	3 858	3 887
Cambio de existencias	kt pw	1	16	5	2	1	0	0	-1	-2	-2	-2
QUESO												
Mundo												
Producción	kt pw	21 501	22 284	22 483	22 874	23 273	23 651	24 037	24 367	24 717	25 078	25 466
Consumo	kt pw	21 251	21 997	22 277	22 626	23 005	23 387	23 775	24 107	24 460	24 824	25 211
Cambio de existencias	kt pw	23	32	-49	-7	13	9	8	5	2	0	1
Precio[3]	USD/t	4 226	3 667	3 974	4 130	4 201	4 299	4 346	4 457	4 558	4 640	4 714
Países desarrollados												
Producción	kt pw	17 311	17 865	18 057	18 397	18 705	19 003	19 319	19 575	19 834	20 098	20 387
Consumo	kt pw	16 576	17 042	17 206	17 434	17 669	17 919	18 166	18 357	18 560	18 768	18 996
Países en desarrollo												
Producción	kt pw	4 190	4 419	4 425	4 478	4 568	4 648	4 718	4 792	4 882	4 980	5 079
Consumo	kt pw	4 674	4 956	5 071	5 193	5 336	5 469	5 608	5 751	5 900	6 056	6 216
OCDE[2]												
Producción	kt pw	16 714	17 338	17 478	17 770	18 054	18 336	18 628	18 862	19 102	19 351	19 629
Consumo	kt pw	15 879	16 374	16 506	16 729	16 958	17 200	17 443	17 626	17 823	18 025	18 247
Cambio de existencias	kt pw	23	32	-49	-7	13	9	8	5	2	0	1

Nota: Año calendario: año que termina el 30 de junio para Australia y el 31 de mayo para Nueva Zelanda en el agregado de la OCDE.
Promedio 2012-14est: los datos de 2014 son estimaciones.

1. Precio de exportación f.o.b., mantequilla, 82% de grasa de leche, Oceanía.
2. Excluye Islandia pero incluye los 28 países miembros de la UE.
3. Precio de exportación f.o.b., queso cheddar, 39% de humedad, Oceanía.

Fuente: OCDE/FAO (2015), "OECD-FAO Agricultural Outlook", *OECD Agriculture statistics* (base de datos). *doi: dx.doi.org/10.1787/agr-outl-data-en*

StatLinks http://dx.doi.org/10.1787/888933229796

Cuadro 3.A1.6. Proyecciones mundiales para los lácteos: leche en polvo y caseína

Año calendario

		Promedio 2012-14est	2015	2016	2017	2018	2019	2020	2021	2022	2023	2024
LECHE DESCREMADA EN POLVO												
Mundo												
Producción	kt pw	3 804	4 081	4 121	4 196	4 286	4 369	4 447	4 528	4 606	4 687	4 776
Consumo	kt pw	3 826	4 057	4 125	4 197	4 287	4 369	4 447	4 526	4 604	4 686	4 775
Cambio de existencias	kt pw	2	1	-2	-2	-2	0	1	2	1	1	0
Precio[1]	USD/t	3 771	2 678	3 172	3 213	3 301	3 337	3 371	3 463	3 524	3 592	3 630
Países desarrollados												
Producción	kt pw	3 356	3 623	3 662	3 726	3 821	3 907	3 982	4 059	4 138	4 210	4 284
Consumo	kt pw	1 825	1 871	1 888	1 888	1 909	1 918	1 922	1 931	1 936	1 946	1 959
Países en desarrollo												
Producción	kt pw	448	458	458	470	465	462	465	469	468	477	492
Consumo	kt pw	2 001	2 186	2 236	2 309	2 378	2 451	2 524	2 595	2 668	2 741	2 817
OCDE[2]												
Producción	kt pw	3 191	3 457	3 496	3 559	3 652	3 737	3 809	3 885	3 962	4 035	4 115
Consumo	kt pw	1 982	2 052	2 071	2 071	2 092	2 100	2 106	2 116	2 122	2 133	2 148
Cambio de existencias	kt pw	2	1	-2	-2	-2	0	1	2	1	1	0
LECHE ENTERA EN POLVO												
Mundo												
Producción	kt pw	4 843	5 224	5 382	5 534	5 691	5 871	6 017	6 176	6 333	6 499	6 657
Consumo	kt pw	4 854	5 224	5 382	5 534	5 691	5 871	6 017	6 176	6 333	6 499	6 657
Cambio de existencias	kt pw	1	0	0	0	0	0	0	0	0	0	0
Precio[3]	USD/t	3 900	2 941	3 263	3 357	3 395	3 444	3 473	3 560	3 616	3 682	3 728
Países desarrollados												
Producción	kt pw	2 237	2 519	2 562	2 630	2 703	2 781	2 845	2 917	2 985	3 051	3 117
Consumo	kt pw	563	620	597	602	608	612	618	623	630	635	641
Países en desarrollo												
Producción	kt pw	2 606	2 705	2 820	2 904	2 988	3 091	3 172	3 258	3 348	3 448	3 540
Consumo	kt pw	4 291	4 604	4 784	4 932	5 083	5 260	5 398	5 552	5 703	5 864	6 016
OCDE[2]												
Producción	kt pw	2 472	2 752	2 801	2 873	2 950	3 030	3 097	3 173	3 246	3 316	3 387
Consumo	kt pw	837	903	888	901	914	926	941	954	968	982	997
Cambio de existencias	kt pw	1	0	0	0	0	0	0	0	0	0	0
SUERO LÁCTEO EN POLVO												
Precio de mayoreo, Estados Unidos[4]	USD/t	1 296	1 221	1 278	1 244	1 296	1 290	1 287	1 316	1 313	1 324	1 318
CASEÍNA												
Precio[5]	USD/t	8 924	8 683	9 215	9 121	9 306	9 207	9 213	9 338	9 332	9 434	9 338

Nota: Año calendario: año que termina el 30 de junio para Australia y el 31 de mayo para Nueva Zelanda en el agregado de la OCDE.
Promedio 2012-14est: los datos de 2014 son estimaciones.

1. Precio de exportación f.o.b., leche descremada en polvo, 1.25% de grasa de leche, Oceanía.
2. Excluye Islandia pero incluye los 28 países miembros de la UE.
3. Precio de exportación f.o.b., leche entera en polvo, 26% de grasa de leche, Oceanía.
4. Suero lácteo en polvo, región oeste, Estados Unidos.
5. Precio de exportación, Nueva Zelanda.

Fuente: OCDE/FAO (2015), "OECD-FAO Agricultural Outlook", *OECD Agriculture statistics* (base de datos). *doi: dx.doi.org/10.1787/agr-outl-data-en*

StatLinks http://dx.doi.org/10.1787/888933229804

Cuadro 3.A1.7. Proyecciones mundiales para el pescado y mariscos

Año calendario

		Promedio 2012-14est	2015	2016	2017	2018	2019	2020	2021	2022	2023	2024
PESCADO												
Mundo												
Producción	kt	161 180	168 792	169 486	174 471	177 582	180 775	182 833	182 831	186 256	189 130	191 348
Acuicultura	kt	69 942	76 945	79 113	82 124	84 843	87 544	89 352	90 869	92 648	94 618	96 395
Consumo	kt	160 982	168 779	169 473	174 458	177 569	180 762	182 820	182 818	186 243	189 117	191 335
para alimentación	kt	140 807	149 520	151 142	155 028	158 031	161 124	163 298	164 577	167 327	169 905	172 199
para reducción	kt	14 998	14 774	13 911	15 075	15 248	15 413	15 362	14 147	14 886	15 247	15 236
Precio												
Acuicultura[1]	USD/t	2 132.1	2 183.9	2 187.2	2 075.6	2 015.4	2 007.4	2 041.0	2 158.4	2 174.5	2 188.3	2 215.3
Captura[2]	USD/t	1 525.2	1 528.7	1 564.4	1 535.5	1 521.2	1 537.2	1 566.2	1 621.5	1 644.4	1 666.9	1 693.5
Producto comercializado[3]	USD/t	2 913.9	2 983.5	2 992.1	2 843.3	2 760.9	2 749.9	2 795.9	2 956.7	2 978.7	2 997.6	3 034.6
Países desarrollados												
Producción	kt	28 472	28 780	28 884	29 095	29 202	29 367	29 492	29 552	29 641	29 729	29 821
Acuicultura	kt	4 310	4 439	4 574	4 762	4 968	5 175	5 333	5 440	5 560	5 659	5 762
Consumo	kt	36 665	36 921	36 372	36 770	36 855	37 010	37 093	37 073	37 247	37 519	37 696
para alimentación	kt	31 634	32 231	31 692	32 140	32 276	32 494	32 636	32 635	32 894	33 203	33 417
para reducción	kt	4 221	4 073	4 062	4 013	3 960	3 898	3 839	3 820	3 735	3 698	3 660
Países en desarrollo												
Producción	kt	132 707	140 012	140 601	145 376	148 380	151 408	153 341	153 279	156 615	159 401	161 527
Acuicultura	kt	65 632	72 505	74 540	77 362	79 875	82 369	84 019	85 429	87 088	88 958	90 632
Consumo	kt	124 317	131 858	133 101	137 688	140 715	143 753	145 728	145 745	148 996	151 599	153 639
para alimentación	kt	109 173	117 290	119 450	122 888	125 755	128 630	130 662	131 942	134 433	136 702	138 782
para reducción	kt	10 777	10 701	9 849	11 062	11 288	11 515	11 524	10 326	11 151	11 550	11 576
OCDE												
Producción	kt	30 829	31 302	31 144	31 571	31 771	32 061	32 277	32 183	32 526	32 642	32 766
Acuicultura	kt	5 962	6 184	6 385	6 644	6 906	7 196	7 434	7 615	7 766	7 918	8 061
Consumo	kt	38 509	39 057	38 492	38 993	39 167	39 432	39 613	39 571	39 950	40 321	40 596
para alimentación	kt	31 656	32 568	32 185	32 702	32 909	33 210	33 446	33 529	33 905	34 329	34 655
para reducción	kt	6 097	5 961	5 779	5 763	5 729	5 695	5 639	5 514	5 516	5 464	5 413
HARINA DE PESCADO												
Mundo												
Producción	kt	4 666.3	4 701.3	4 518.7	4 840.2	4 913.2	4 986.3	5 009.3	4 728.6	4 950.5	5 072.2	5 100.4
de pescado entero	kt	3 446.2	3 433.0	3 239.1	3 535.8	3 592.0	3 646.3	3 647.7	3 359.1	3 556.9	3 661.9	3 673.0
Consumo	kt	4 872.8	4 782.4	4 573.8	4 600.9	4 863.0	4 936.0	5 067.8	4 971.4	4 693.7	5 045.9	5 074.1
Cambio de existencias	kt	-206.5	-81.1	-55.1	239.3	50.2	50.3	-58.6	-242.8	256.8	26.4	26.3
Precio[4]	USD/t	1 674.3	1 574.5	1 547.9	1 296.7	1 323.1	1 370.7	1 387.1	1 565.4	1 459.2	1 487.5	1 520.3
Países desarrollados												
Producción	kt	1 316.5	1 377.3	1 394.5	1 397.0	1 395.9	1 398.2	1 398.7	1 405.2	1 399.0	1 402.7	1 406.5
de pescado entero	kt	977.3	978.0	979.3	971.5	962.5	951.0	940.1	939.3	921.9	916.2	910.3
Consumo	kt	1 689.2	1 502.1	1 411.8	1 422.3	1 474.6	1 453.7	1 457.7	1 385.6	1 288.0	1 377.8	1 381.1
Cambio de existencias	kt	11.7	-42.4	-6.1	24.3	0.2	0.3	-28.6	19.2	14.8	1.4	1.3
Países en desarrollo												
Producción	kt	3 349.8	3 324.0	3 124.2	3 443.2	3 517.3	3 588.1	3 610.6	3 323.5	3 551.5	3 669.5	3 693.9
de pescado entero	kt	2 469.0	2 455.0	2 259.9	2 564.3	2 629.4	2 695.3	2 707.5	2 419.8	2 635.1	2 745.7	2 762.7
Consumo	kt	3 183.6	3 280.3	3 162.0	3 178.6	3 388.5	3 482.3	3 610.1	3 585.8	3 405.7	3 668.0	3 693.0
Cambio de existencias	kt	-218.2	-38.7	-49.0	215.0	50.0	50.0	-30.0	-262.0	242.0	25.0	25.0
OCDE												
Producción	kt	1 684.8	1 760.4	1 737.0	1 745.8	1 748.7	1 757.2	1 758.0	1 739.8	1 754.0	1 754.4	1 755.1
de pescado entero	kt	1 327.1	1 351.9	1 312.6	1 311.0	1 306.1	1 300.8	1 290.2	1 264.7	1 267.7	1 258.6	1 249.8
Consumo	kt	1 913.6	1 735.2	1 628.8	1 662.7	1 728.8	1 720.4	1 736.7	1 650.6	1 542.2	1 660.9	1 672.6
Cambio de existencias	kt	-30.1	-53.1	-18.1	34.3	0.2	0.3	-28.6	8.2	25.8	1.4	1.3

StatLinks http://dx.doi.org/10.1787/888933229811

Cuadro 3.A1.7. Proyecciones mundiales para el pescado y mariscos *(cont.)*

Año calendario

		Promedio 2012-14est	2015	2016	2017	2018	2019	2020	2021	2022	2023	2024
ACEITE DE PESCADO												
Mundo												
Producción	kt	951.7	1 021.3	974.2	1 036.3	1 048.3	1 063.2	1 065.3	1 006.7	1 049.0	1 071.1	1 074.3
de pescado entero	kt	575.3	600.4	552.3	610.5	618.4	625.9	622.5	559.7	597.2	614.4	612.7
Consumo	kt	996.3	1 039.9	1 029.9	942.0	1 049.2	1 064.0	1 066.0	1 102.5	954.2	1 071.6	1 074.8
Cambio de existencias	kt	-44.6	-18.7	-55.6	94.3	-0.9	-0.8	-0.7	-95.8	94.8	-0.5	-0.5
Precio[5]	USD/t	1 951.3	1 731.1	1 661.1	1 571.5	1 575.9	1 608.8	1 639.0	1 823.1	1 700.1	1 727.0	1 754.5
Países desarrollados												
Producción	kt	418.7	460.0	459.0	458.9	461.0	465.8	468.4	471.6	472.1	474.9	477.8
de pescado entero	kt	173.8	181.1	179.3	175.6	173.7	171.4	168.8	168.1	164.1	162.3	160.5
Consumo	kt	596.4	661.9	654.5	565.6	630.6	631.1	624.6	660.2	535.1	604.5	599.5
Cambio de existencias	kt	11.1	-9.7	-23.6	22.3	-0.9	-0.8	-0.7	-23.8	22.8	-0.5	-0.5
Países en desarrollo												
Producción	kt	533.0	561.3	515.3	577.4	587.4	597.5	596.9	535.1	576.9	596.1	596.5
de pescado entero	kt	401.5	419.3	373.0	434.9	444.7	454.5	453.6	391.6	433.2	452.1	452.2
Consumo	kt	399.9	378.0	375.3	376.4	418.6	432.9	441.3	442.4	419.1	467.1	475.2
Cambio de existencias	kt	-55.7	-9.0	-32.0	72.0	0.0	0.0	0.0	-72.0	72.0	0.0	0.0
OCDE												
Producción	kt	554.7	614.9	606.1	608.6	610.4	615.3	617.4	614.9	619.5	621.4	623.4
de pescado entero	kt	268.7	286.4	276.5	275.3	273.0	270.6	267.2	260.5	260.4	257.5	254.7
Consumo	kt	747.4	806.1	792.4	702.0	783.4	786.6	781.0	810.3	674.8	760.1	753.8
Cambio de existencias	kt	10.7	-23.5	-30.6	29.3	-0.9	-0.8	-0.7	-30.8	29.8	-0.5	-0.5

Nota: El término "pescado" indica pescado, crustáceos, moluscos y otros animales acuáticos, pero excluye mamíferos acuáticos, cocodrilos, caimanes, lagartos y plantas acuáticas.

Promedio 2012-14est: los datos de 2014 son estimaciones.

1. Valor unitario mundial de la producción pesquera de acuicultura (sobre una base de peso vivo).
2. Valor estimado por la FAO del valor mundial en muelle de la producción pesquera de captura excluyendo el producto para reducción.
3. Valor unitario mundial del comercio (suma de exportaciones e importaciones).
4. Harina de pescado, 64-65% proteína, Hamburgo, Alemania.
5. Aceite de pescado, cualquier origen, noroeste de Europa.

Fuente: OCDE/FAO (2015), "OECD-FAO Agricultural Outlook", *OECD Agriculture statistics* (base de datos). *doi: dx.doi.org/10.1787/agr-outl-data-en*

StatLinks http://dx.doi.org/10.1787/888933229811

Cuadro 3.A1.8. Proyecciones mundiales para los biocombustibles: etanol

	PRODUCCIÓN (Mil L)		Crecimiento (%)[1]	USO INTERNO (Mil L)		Crecimiento (%)[1]	USO DE COMBUSTIBLES (Mil L)		Crecimiento (%)[1]	PROPORCIÓN EN USO DE COMBUSTIBLE TIPO GASOLINA (%)				COMERCIO NETO (Mil L)[2]	
										Parte en energía		Parte en volumen			
	Promedio 2012-14est	2024	2015-24	Promedio 2012-14est	2024	2015-24	Promedio 2012-14est	2024	2015-24	Promedio 2012-14est	2024	Promedio 2012-14est	2024	Promedio 2012-14est	2024
AMÉRICA DEL NORTE															
Canadá	1 853	2 039	0.08	2 880	3 034	0.52	2 880	3 034	0.52	4.7	5.1	6.8	7.4	-1 027	-996
Estados Unidos	53 961	56 691	0.04	52 499	55 063	0.05	51 452	53 447	-0.07	6.7	7.2	9.7	10.4	1 416	1 621
de los cuales, segunda generación	0	1 273	..	..	..	..	..	..	..	..	..	..	..	..	..
EUROPA															
Unión Europea	6 896	9 491	2.19	7 783	11 074	3.51	5 419	8 568	4.78	3.1	5.4	4.5	7.8	-887	-1 583
de los cuales, segunda generación	67	430	..	..	..	..	..	..	..	..	..	..	..	..	..
OCEANÍA, PAÍSES DESARROLLADOS															
Australia	340	348	0.05	327	347	0.05	327	347	0.05	1.0	1.0	1.4	1.5	13	0
OTROS PAÍSES DESARROLLADOS															
Japón	356	361	0.00	1 338	1 774	1.50	887	1 298	2.11	0.0	0.0	0.0	0.0	-982	-1 413
Sudáfrica	265	466	6.53	87	263	11.22	46	222	15.53	..	..	..	..	179	203
ÁFRICA SUBSAHARIANA															
Mozambique	92	128	0.67	126	160	2.27	70	103	3.69	..	..	..	..	-34	-33
Tanzania	145	195	0.39	199	254	2.35	110	163	3.82	..	..	..	..	-53	-59
AMÉRICA LATINA y EL CARIBE															
Argentina	664	1 750	6.21	598	1 130	3.65	495	1 023	4.13	4.1	7.9	5.9	11.3	65	620
Brasil	26 566	42 482	3.71	24 367	38 968	3.13	22 600	36 890	3.26	37.7	45.0	47.5	55.0	2 199	3 514
Colombia	417	536	3.01	531	695	2.96	460	621	3.33	..	..	..	..	-114	-159
México	84	227	9.19	285	533	3.06	0	0	..	0.0	0.0	0.0	0.0	-200	-306
Perú	361	377	0.38	331	368	1.63	234	283	2.14	..	..	..	..	29	9
ASIA y PACÍFICO															
China	8 064	8 898	1.54	8 185	9 334	2.10	5 294	6 153	2.16	3.0	1.9	4.4	2.7	-121	-436
India	2 081	2 317	0.14	1 943	2 426	1.37	1 138	1 595	2.10	..	..	..	..	138	-109
Indonesia	197	207	0.66	156	209	1.31	108	157	1.75	..	..	..	..	41	-2
Malasia	0	0	-0.01	0	0	1.26	0	0	2.30	..	..	..	..	0	0
Filipinas	191	294	0.64	519	736	2.43	462	663	2.71	..	..	..	..	-328	-442
Tailandia	1 242	2 323	5.09	1 092	2 100	4.71	984	1 980	5.08	..	..	..	..	150	223
Turquía	104	118	0.24	160	170	1.08	105	117	1.57	..	..	..	..	-55	-52
Vietnam	448	582	2.74	357	475	2.47	254	380	3.15	..	..	..	..	91	108
TOTAL	**108 197**	**134 436**	**1.57**	**107 771**	**134 118**	**1.58**	**93 777**	**117 522**	**1.57**	**7.0**	**7.8**	**10.1**	**11.3**	**5 667**	**4 300**

Nota: ..: dato no disponible.

Promedio 2012-14est: los datos de 2014 son estimaciones.

1. Tasa de crecimiento de mínimos cuadrados (véase el glosario).
2. Para el comercio neto total, la suma de todas las posiciones positivas de comercio neto.

Fuente: OCDE/FAO (2015), "OECD-FAO Agricultural Outlook", *OECD Agriculture statistics* (base de datos). *doi: dx.doi.org/10.1787/agr-outl-data-en*

StatLinks http://dx.doi.org/10.1787/888933229825

Cuadro 3.A1.9. Proyecciones mundiales para los biocombustibles: biodiésel

	PRODUCCIÓN (Mil L)		Crecimiento (%)[1]	USO INTERNO (Mil L)		Crecimiento (%)[1]	PROPORCIÓN EN USO DE COMBUSTIBLE TIPO DIÉSEL(%)				COMERCIO NETO (Mil L)[2]	
							Parte en energía		Parte en volumen			
	Promedio 2012-14est	2024	2015-24	Promedio 2012-14est	2024	2015-24	Promedio 2012-14est	2024	Promedio 2012-14est	2024	Promedio 2012-14est	2024
AMÉRICA DEL NORTE												
Canadá	392	486	0.33	538	794	1.56	1.9	2.1	2.1	2.3	-145	-308
Estados Unidos	5 149	4 723	0.41	5 719	6 633	2.19	2.3	2.4	2.5	2.6	-570	-1 910
EUROPA												
Unión Europea	11 599	13 120	0.27	13 014	13 452	-0.34	5.3	5.9	5.7	6.4	-1 415	-332
de los cuales, segunda generación	52	185	..	..	..	..	..	..	..	..	..	..
OCEANÍA, PAÍSES DESARROLLADOS												
Australia	63	280	11.96	72	276	11.04	0.3	1.1	0.3	1.2	-9	4
OTROS PAÍSES DESARROLLADOS												
Sudáfrica	77	268	17.55	77	268	17.55	..	..	..	..	0	0
ÁFRICA SUBSAHARIANA												
Mozambique	74	78	-0.07	29	42	3.70	..	..	..	..	45	37
Tanzania	63	101	4.70	6	38	14.97	..	..	..	..	56	63
AMÉRICA LATINA y EL CARIBE												
Argentina	2 565	2 923	1.17	1 043	1 429	0.62	6.7	9.5	7.3	10.3	1 522	1 494
Brasil	3 118	5 094	1.23	3 119	5 070	1.19	4.9	6.5	5.3	7.0	-1	24
Colombia	666	968	3.34	665	968	3.37	..	..	..	..	1	0
Perú	98	108	0.03	275	272	1.57	..	..	..	..	-177	-165
ASIA y PACÍFICO												
India	300	792	12.89	433	900	8.65	..	..	..	..	-133	-108
Indonesia	2 044	6 789	7.62	1 007	5 638	9.92	..	..	..	..	1 037	1 151
Malasia	240	619	5.42	105	294	11.28	..	..	..	..	135	325
Filipinas	187	281	2.04	187	281	2.04	..	..	..	..	0	0
Tailandia	944	1 001	1.01	944	1 001	1.01	..	..	..	..	0	0
Turquía	13	14	0.88	13	14	0.92	..	..	..	..	0	0
Vietnam	28	145	10.02	28	145	10.14	..	..	..	..	0	0
TOTAL	**27 913**	**38 569**	**2.13**	**27 568**	**38 297**	**2.14**	**3.2**	**3.6**	**3.5**	**4.0**	**1 795**	**1 700**

Nota: ..: dato no disponible.

Promedio 2012-14est: los datos de 2014 son estimaciones.

1. Tasa de crecimiento de mínimos cuadrados (véase el glosario).
2. Para el comercio neto total, la suma de todas las posiciones positivas de comercio neto.

Fuente: OCDE/FAO (2015), "OECD-FAO Agricultural Outlook", *OECD Agriculture statistics* (base de datos). *doi: dx.doi.org/10.1787/agr-outl-data-en*

StatLinks http://dx.doi.org/10.1787/888933229833

Cuadro 3.A1.10. Proyecciones mundiales para el algodón

Campaña agrícola

		Promedio 2012-14est	2015	2016	2017	2018	2019	2020	2021	2022	2023	2024
MUNDO												
Producción	Mt	26.0	25.1	25.1	25.4	26.0	26.6	27.3	28.0	28.6	29.3	29.9
Superficie	Mha	33.2	32.7	32.6	32.7	33.0	33.3	33.8	34.2	34.6	35.0	35.3
Rendimiento	t/ha	0.71	0.77	0.77	0.78	0.79	0.80	0.81	0.82	0.83	0.84	0.85
Consumo	Mt	23.8	25.7	26.3	26.8	27.3	27.7	28.2	28.7	29.2	29.8	30.4
Exportaciones	Mt	8.8	8.0	8.4	8.6	8.8	9.1	9.4	9.7	10.0	10.3	10.5
Existencias finales	Mt	19.2	20.6	19.6	18.4	17.3	16.3	15.6	15.1	14.7	14.4	14.0
Precio[1]	USD/t	1 830.6	1 377.3	1 396.5	1 472.6	1 551.9	1 678.2	1 718.3	1 709.1	1 713.3	1 725.6	1 754.9
PAÍSES DESARROLLADOS												
Producción	Mt	6.1	5.7	5.6	5.6	5.7	5.8	6.0	6.2	6.3	6.4	6.5
Consumo	Mt	1.7	1.8	1.9	1.9	1.9	1.9	1.9	1.9	2.0	2.0	2.0
Exportaciones	Mt	4.8	4.1	4.2	4.2	4.2	4.3	4.4	4.5	4.6	4.7	4.8
Importaciones	Mt	0.3	0.4	0.3	0.3	0.3	0.3	0.3	0.3	0.3	0.3	0.3
Existencias finales	Mt	1.7	1.9	1.8	1.7	1.7	1.6	1.7	1.7	1.8	1.8	1.8
PAÍSES EN DESARROLLO												
Producción	Mt	20.0	19.5	19.6	19.9	20.3	20.8	21.3	21.9	22.3	22.8	23.3
Consumo	Mt	22.1	23.9	24.5	25.0	25.4	25.9	26.3	26.8	27.3	27.8	28.3
Exportaciones	Mt	4.0	3.9	4.3	4.4	4.6	4.8	5.0	5.2	5.4	5.6	5.8
Importaciones	Mt	8.4	7.7	8.1	8.3	8.5	8.8	9.1	9.4	9.7	10.0	10.3
Existencias finales	Mt	17.5	18.7	17.8	16.7	15.6	14.7	14.0	13.4	12.9	12.5	12.2
OCDE[2]												
Producción	Mt	5.4	5.1	5.1	5.1	5.3	5.3	5.5	5.6	5.7	5.9	6.0
Consumo	Mt	3.2	3.4	3.4	3.4	3.4	3.3	3.3	3.4	3.4	3.4	3.4
Exportaciones	Mt	3.8	3.3	3.5	3.5	3.5	3.6	3.6	3.7	3.8	4.0	4.1
Importaciones	Mt	1.6	1.7	1.6	1.6	1.6	1.6	1.5	1.5	1.5	1.5	1.5
Existencias finales	Mt	1.8	2.2	2.1	1.9	1.9	1.9	1.9	2.0	2.0	2.1	2.1

Nota: Campaña agrícola: Véanse las definiciones en el glosario.

Promedio 2012-14est: los datos de 2014 son estimaciones.

1. Índice A de Cotlook, Middling 1 3/32", costo y flete, puertos del Lejano Oriente (agosto/julio).
2. Excluye Islandia pero incluye los 28 países miembros de la UE.

Fuente: OCDE/FAO (2015), "OECD-FAO Agricultural Outlook", *OECD Agriculture statistics* (base de datos). *doi: dx.doi.org/10.1787/agr-outl-data-en*

StatLinks http://dx.doi.org/10.1787/888933229841

OECD PUBLISHING, 2, rue André-Pascal, 75775 PARIS CEDEX 16
(51 2015 02 4) ISBN 978-92-64-23211-2 – 2015

www.ingramcontent.com/pod-product-compliance
Lightning Source LLC
LaVergne TN
LVHW081403110826
845149LV00010B/1655

* 9 7 8 9 2 6 4 2 3 2 1 1 2 *